本书得到了西南交通大学出版基金的资助

A Library of Academics by PHD Supervisors
博士生导师学术文库

技术究竟是什么？

广义技术世界的理论阐释

王伯鲁　著

图书在版编目（CIP）数据

技术究竟是什么?：广义技术世界的理论阐释/王伯鲁著．—北京：中国书籍出版社，2019.1

ISBN 978－7－5068－7166－2

Ⅰ.①技…　Ⅱ.①王…　Ⅲ.①技术哲学—研究　Ⅳ.①N02

中国版本图书馆 CIP 数据核字（2018）第 288838 号

技术究竟是什么?：广义技术世界的理论阐释

王伯鲁　著

责任编辑　张　文

责任印制　孙马飞　马　芝

封面设计　中联华文

出版发行　中国书籍出版社

地　　址　北京市丰台区三路居路 97 号（邮编：100073）

电　　话　（010）52257143（总编室）　（010）52257140（发行部）

电子邮箱　eo@chinabp.com.cn

经　　销　全国新华书店

印　　刷　三河市华东印刷有限公司

开　　本　710 毫米×1000 毫米　1/16

字　　数　287 千字

印　　张　15.5

版　　次　2019 年 1 月第 1 版　2019 年 1 月第 1 次印刷

书　　号　ISBN 978－7－5068－7166－2

定　　价　78.00 元

序　言

技术哲学是科学技术哲学领域的一个重要分支。然而,与科学哲学相比,技术哲学的发展相对缓慢,较不成熟。导致这一状况的原因是多方面的,其中一个重要原因就是中外文化传统中崇尚理论、轻视技术的思想观念。即使个别民族或个别历史时期重视技术,那也多限于实际操作的功利层面,很少把技术活动作为思维对象加以理性反思。人们多以为技术是一种操作性活动,是知识的具体应用,不必要也不值得进行哲学探讨。这种状况直到19世纪末期才有所改观。工业技术的飞速发展以及在社会生活中所起作用的不断增强,迫切要求人们从哲学高度理解和说明技术现象,从而催生了技术哲学。

在技术哲学一百多年的发展历程中,形成了技术哲学的工程学传统和人文主义传统。这两种学术传统在价值观、切入点、关注问题等方面各不相同,其间的对立或冲突是很自然的。现在来看,突出的问题是工程学传统视野较窄,对技术现象的反思不够充分;人文主义传统虽然视野开阔,但却缺乏对技术现象本身的深刻洞悉,未能系统揭示技术体系的结构与演化。这些缺憾局限了这两种学术传统的发展,也预示着技术哲学理论创新的时机即将来临。

王伯鲁博士的著作《技术究竟是什么?——广义技术世界的理论阐释》,正是技术哲学的一部力作。作者十年来思考技术哲学问题,敢啃硬骨头,敢于挑战传统的技术哲学范式,提出了建构广义技术范式问题,并尝试给出了一种系统而全面的解答,可谓开辟了技术哲学研究的新途径。该著作立意高远，总领全局，有高屋建瓴之势。全书逻辑结构严谨，脉络清晰，行文流畅，资料丰富翔实，写作规范，提出了许多有见地、有价值的新思想，反映出作者宽广的知识背景和深厚的学术积累，读后使人耳目一新，是一部不可多得的上乘之作。

该著作是在伯鲁的博士论文基础上修改补充后完成的。作为他的导师，欣闻力作即将付梓，甚感快慰。文以载道，文如其人，识人有助于识文。我与伯鲁的初次见面是在2000年国庆节期间。当时我在兰州讲学，他在兰州铁道学院从教。那天中午，他为报考博士一事到住处找我，寒暄之后，彼此就博士生招生之事作了一些问答。伯鲁给我的第一印象是心静如水，慈眉善目，脸庞有如一尊弥勒佛。2001年，他如愿以偿，考取了人民大学，在我名下做博士生。此后，彼此交往渐多，对他的了解也逐步加深。伯鲁不善言谈，地方口音浓重，但学术功底扎实，勤于钻研，凡事都有自己的独到见解，对学术有一种执着追求的精神。尤需特别提及的是，伯鲁生活简朴，为人忠厚，做事认真，诚实守信，故而口碑甚好，这在当下是极其可贵的。

伯鲁在这里论述的属于一个生题能力强、富有生命力的技术哲学新范式，无疑前面的路还很长。希望他和更多的人能把这一领域的研究工作继续下去，取得更丰硕的研究成果。欣然写下这些话，是为序。

刘大椿

2004年秋于人民大学宜园

目　录
CONTENTS

引　言

技术是一种重要的社会文化现象和文明元素，广泛存在于人类生活的各个领域。近代以来，由于与科学的合流及其间互动机理的形成，技术进入了快速发展时期。技术在社会生活中的地位和作用日渐突出，已成为推动社会发展的主导性力量。以反思技术现象为根本宗旨的技术哲学，就是在这一时代背景下孕育和发展起来的。

在展开广义技术世界的理论阐释之前，就该选题的由来、理论背景、研究思路等相关问题做一简短交代，是一项不应省略的基础性铺垫工作。

一、技术哲学的历史发生

1877 年，德国黑格尔主义者恩斯特·卡普（Ernst Kapp，1808—1896 年）的《技术哲学原理》（Grundlinien einer Philosophie der Technik）一书的出版，标志着技术哲学学科的诞生。“现代西方技术哲学的产生与发展，有着它自身的历史进程和独特的特征。特别是技术哲学在现象论的传统中得以确立，从广阔的文化视界去进行扩张，进而走向工具实在论的发展趋向，对于我们把握哲学的本质特征有着许多令人启迪的方面。”①一百多年来，技术哲学研究虽然取得了许多重要成果，但迟迟不能形成一个牢固确立和普遍承认的理论基础和方法论手段，尚未出现有持久生命力的学术纲领或有深远影响的学术流派。与 20 世纪科学哲学的迅速成长相比，技术哲学发展缓慢，共同关注的研究领域形成较晚，还处于成长发育的幼

---

① 郭贵春. 后现代科学哲学[M]. 长沙：湖南教育出版社，1998，226.

年时期,属哲学这棵古老的参天大树上的细枝嫩叶。

技术哲学的这一发展状况有其深刻的历史文化根源。当代技术哲学家拉普,曾就影响技术哲学发展的原因进行过系统分析。从社会历史根源上说,“几十年以前,人们对于现代技术为文明所做的贡献,总的来说还是满怀热情地予以接受,因此,并无探讨技术哲学问题的实际需要”。从思想文化根源上说,“这还跟西方哲学注重理论的传统有关。人们曾认为技术就是手艺,至多不过是科学发现的应用,是知识贫乏的活动,不值得哲学来研究”。从哲学史根源上说,“技术哲学缺乏根深蒂固的哲学传统,……在哲学史上,学者们曾对唯理论、经验论、先验哲学、现象学、分析哲学进行过集中的探讨,而技术哲学研究却没有这种情况,每个研究者必须制定自己的研究方法。”①这与植根于认识论传统的科学哲学的状况形成了鲜明的对照。事实上,技术的广泛渗透性、技术现象的复杂性,以及与认识问题、实践问题、价值问题、伦理问题、审美问题、信仰问题等重大理论问题之间的纠结缠绕,则是影响技术哲学发展的认识论根源。“显然,原因之一就是这个问题本身的复杂性。因为人们在对技术进行分析时,不能像分析科学那样轻易地撇开技术的社会根源和它的实际功能问题。”②

正是基于这些复杂原因,技术哲学研究进展缓慢。直到 20 世纪 60 年代以来,国际技术哲学研究才渐趋活跃。西欧、美国、日本、前苏联的学者探讨技术哲学问题的热情高涨,从不同学科领域、知识背景甚至理论问题切入,对技术哲学的研究不断增多,逐步出现了各种名义、流派的技术哲学学说。“技术的认识论、伦理学、文化、社会和形而上学问题之间的联系如此密切,看来最好用一种足够广泛的技术哲学统一地加以探讨。对技术的系统分析和历史分析必须相互补充。”③正是在这一历史背景下,技术哲学才开始步入快速发展、大有作为的“青春期”和“壮年期”。“自从斯柯列莫夫斯基 1968 年在《当代哲学概览》中发表的那篇评论第一次正式承认‘技术与哲学’这一主题并把它同其他问题一道作为哲学课题以来,技术哲学研究已取得了巨大的进展。1968 年在维也纳、1973 年在瓦尔纳(这次会议突出地表明了马克思列宁主义的立场)和 1978 年在杜塞尔多夫举行的最近三次世界哲学大会所提交的有关论文的数量,清楚地反映出人们对技术哲学问题的兴趣在日益增长。”④20 世纪 80 年代以来的几次世界哲学大会、相关学术刊

---

① F. 拉普.技术哲学导论[M].沈阳:辽宁科学技术出版社,1986,176—180.

② F. 拉普.技术科学的思维结构[M].长春:吉林人民出版社,1988,2.

③ F. 拉普.技术哲学导论[M].沈阳:辽宁科学技术出版社,1986,214.

④ F. 拉普.技术哲学导论[M].沈阳:辽宁科学技术出版社,1986,178.

物、网站的创办、讨论技术问题论著的增多等国际学术动态,也反映出技术哲学研究正在迅速深化和拓展的大趋势。①

与西方技术哲学发展相比,我国的技术哲学研究起步较晚。国内学者对技术哲学问题的早期涉猎,可上溯到1979年在武汉举行的第一届全国技术史学大会,以及同年教育部组织编写的《自然辩证法讲义》教材。② 从那时起,学者们开始就技术的定义、分类、发展规律及模式等技术哲学的基本问题展开讨论。进入80年代以来,在译介日本及德、美、英等西方国家技术哲学论著的推动下,国内的技术哲学研究活动趋于活跃。

我国技术哲学的早期研究,是在马克思主义哲学框架尤其是"自然辩证法"的学科体系内,以"技术论"的独特理论形态展开的。这一研究迅速渡过了技术哲学的萌发期,初步完成了追赶西方技术哲学发展的"补课"任务。为了实现与西方科学哲学、技术哲学研究的对接,国务院学位委员会在1997年修改研究生学科目录时,将沿用了60多年的"自然辩证法"学科名称更改为"科学技术哲学"。从此,作为哲学门类三级学科的技术哲学,名正言顺地活跃在学术舞台上。随着国际学术交流的不断增多,我国的技术哲学研究活动日渐规范和成熟。近十年来,在广泛吸收西方技术哲学研究成果的基础上,许多学者都致力于技术哲学领域的专门研究,已经分化形成了一支稳定的技术哲学学术研究队伍。

技术在现实生活中的基础地位及其所显现出来的重要作用,愈来愈要求反映时代精神的哲学予以揭示和概括。纵观近年来国内外学术研究动态,"技术转向"已成为当代哲学发展的一个重要趋势。可以说,不涉及技术问题的哲学就不是当代哲学。本选题就是在技术哲学发展的这一时代背景下提出的。

二、技术哲学领域的两类基本问题

波普尔的证伪主义表明,问题是研究活动的逻辑起点,是孕育新理论、形成新学科乃至学科群体的基础。要想从事技术哲学领域的研究工作,就必须从技术哲学的具体问题入手。而技术哲学领域各个层面的问题难以胜数,如陈昌曙、陈红

---

① 郭冲辰 樊春华 陈凡. 当代欧美技术哲学研究回顾及未来趋向分析[J]. 哲学动态,2002(9)、(10).

② Paul T. Durbin(ed.),Philosophy of Technology,pp133 (London:Kluwer Academic Publishers,1989).

兵二位先生一口气就提出了技术哲学基础研究领域的35组问题。① 因此，如何选题就成为治学之第一要务。作为研究活动的起始环节，选题肩负着重要的使命。因为，所选择问题的性质直接关涉研究活动的方向、目标和内容，影响着研究途径和方法的选取，决定着未来研究成果的价值、水准与发展前途等。

从本质上说，问题是主体在认识或实践活动中所遇到的已知与未知、能行与不行之间的矛盾。根据问题的性质和研究需要，对问题进行不同的分类，是选择研究课题的参照系，是从外延上宏观地把握问题体系的逻辑方法。把认识对象从它所处的复杂环境中分离抽取出来，是认识活动的基础性工作。笔者认为，技术活动及其所形成的具体技术系统，是自然与社会巨系统中的一个子系统，众多具体技术系统的集合就构成了社会的技术体系，对技术体系的结构与运行的分析是技术哲学的基本任务。技术哲学领域的所有问题都可以以技术体系为边界，相对地划分为内部问题（或本原问题）与外部问题（或相邻问题）两大类。所谓内部问题就是关于技术体系自身的性质、结构、内在矛盾、运行机制等方面的问题，指向技术体系本身；外部问题则是指技术体系与自然地域环境、政治、经济、文化、科学等外部因素之间的相互作用，技术的社会运行机理，技术形成与发展的自然和社会条件等层面的问题，指向技术体系所处的外部环境。对技术哲学领域问题的这种简单的内外二分法，与工程学的技术哲学传统和人文主义的技术哲学传统（或技术哲学的实证论传统与超越论传统）之间的区分，②③以及科学技术史编史学上的内史学派和外史学派之间的划分一脉相承，其间蕴涵着内在的逻辑联系。这一划分应当成为技术哲学领域研究选题的基本线索。

从理论上说，对技术哲学内外两类问题的探究活动之间关系密切。内部问题的研究是开展外部问题研究的逻辑前提；反过来，外部问题的研究又有助于内部问题研究的深化与拓展。二者之间的这种互动促进机理有如解释学循环一样，是推动技术哲学学科发展的内在动力之一。然而，受知识背景、价值观念、认识阶段等多重因素的影响，在技术哲学的现实发展中，以内部问题研究为核心内容的工程学的技术哲学传统（或实证论传统），与以外部问题研究为主要对象的人文主义的技术哲学传统（或超越论传统）之间存在着巨大的鸿沟。这两种学术传统之间一时难于沟通和融合，其间取长补短、互动互补、相互促进、竞相发展的良性机制

---

① 陈昌曙 陈红兵．技术哲学基础研究的35组问题[J]．哈尔滨工业大学学报（社会科学版），2001（2）．

② E. 舒尔曼．科技文明与人类未来——在哲学深层的挑战[M]．北京：东方出版社，1995，3.

③ 卡尔·米切姆．技术哲学概论[M]．天津：天津科学技术出版社，1999，1.

尚未形成。这是当前影响技术哲学健康发展的体制性弊端。

三、技术哲学的两大学术传统

在技术哲学的孕育和发展过程中,虽然学派林立、观点纷呈、切入点与研究方法各异,①但是却逐步形成了两大研究传统。米切姆把它们概括为工程学的技术哲学传统与人文主义的技术哲学传统。"技术哲学是像一对孪生子那样孕育的,甚至在子宫中就表现出相当程度的兄弟竞争。'技术哲学(philosophy of technology)'可以意味着两种十分不同的东西。当'of technology(属于技术的)'被认为是主语的所有格,表明技术是主体或作用者时,技术哲学就是技术专家或工程师精心创立一种技术的哲学(technological philosophy)的尝试。当'of technology(关于技术的)'被看作是宾语的所有格,表示技术是被论及的客体时,技术哲学就是指人文科学家,特别是哲学家,认真地把技术当作是专门反思的主题的一种努力。第一个孩子比较倾向于亲技术,第二个孩子则对技术多少有点持批判态度。"②E.舒尔曼则把它们概括为实证论传统与超越论传统。"各种有关技术的哲学观的确大相径庭。不过,我们可以在超越论与实证论之间作出一种整体的划分。这种划分在哲学意义上有其价值。对超越论者来说,自由是压倒一切的。在日常经验前后的自由或是他们哲学的源泉或是其方向,或者二者兼有。对实证论者来说,哲学的根基就是日常经验;他们的出发点是技术本身的可能性。可以从这种划分的本质中看出:超越论者对技术必定不怀好意,而实证论者则对技术赞赏不已。"③其实,这两种区分具有内在一致性,只是名称或视角不同罢了。

---

① 从不同角度对技术哲学理论的划分很多,其间存在着交叉重叠关系。如芬伯格(Feenberg)以技术是否负载价值与技术是否自主为依据,把技术哲学理论划分为技术工具论、技术决定论、技术实体论与技术批判理论四种类型。(参见赵乐静.可选择的技术:关于技术的解释学研究.山西大学2004届博士研究生学位论文,3.)拉普则认为,"虽然不能按哪一种模式来总结技术哲学的发展,不过,大体上可以区分出四种研究方式。在一定时期,它们各自在哲学探讨中占主导地位,不过并不排除其他观点。这四种观点是工程科学、文化哲学、社会批判主义和系统论。它们的前后相继大体上同19世纪的技术乐观主义向当前的更具有批判性的态度过渡相对应。"(详见F.拉普.技术哲学导论[M].沈阳:辽宁科学技术出版社,1986,3.)其实,这里除工程科学研究方式可以归入工程学的技术哲学传统外,其他三种研究方式都可以纳入人文主义的技术哲学传统之列。

② 卡尔·米切姆.技术哲学概论[M].天津:天津科学技术出版社,1999,1.

③ E.舒尔曼.科技文明与人类未来——在哲学深层的挑战[M].北京:东方出版社,1995,3.

以往人们对技术哲学领域的内部问题与外部问题的研究多是分别进行的。工程学的技术哲学着重从内部分析技术，体现的是技术自身的逻辑，而人文主义的技术哲学侧重于从外部透视和解释技术，展现的是技术与社会文化之间的互动。从表面上看，这是形成狭义与广义两种技术视野，以及技术哲学的两种学术传统的直接原因。然而，追根溯源，技术哲学的这两种学术传统却根源于科学精神与人文精神的对立。“因为对现代技术问题未加充分注意就单单责怪人文主义的传统教育，则是错误的。当然，对这种教育方式的反应往往是更加强调科学技术教育。这多半意味着用只注重成功的技术主义取代喜好沉思的人文主义，而这就造成了科学与人文‘两种文化’之间的对峙。”①技术哲学的这两种学术传统之间的对立，就是这两种文化对峙的具体体现。简言之，工程学的技术哲学传统或实证论传统体现的是科学精神，而人文主义的技术哲学传统或超越论传统所彰显的则是人文精神，两者在价值观上是根本对立的。

技术哲学的这两种学术传统之间的差异是多方面的，其中技术概念定义上的分歧最为根本。定义是揭示概念内涵的逻辑方法，是一个理论体系的基础和逻辑起点，从根本上决定着该理论体系的建构与发展。技术定义是人们对丰富多彩的技术现象抽象与概括的结果，是从众多个别技术形态中抽取出来的技术的一般共性，是形成技术哲学范式的基础，属技术哲学的核心范畴。不同知识背景、价值观念、精神追求的主体，对技术现象的认识和概括往往有所出入，尚未形成统一的技术哲学研究范式。据不完全统计，至今关于技术的不同定义有数百种之多。“甚至有人说，对技术作整体考察的人们中间，似乎根本没有完全相同的技术定义。”②但这些定义大致都可以归入关于技术的狭义界定与广义界定两大类。技术界定上的这一基本差异，进而形成了技术哲学领域的狭义技术视野与广义技术视野。③ 一般而言，工程学的技术哲学或实证论者多持狭义技术定义，认为人外在于技术，可以创造、操纵和驾驭技术，而不受技术之约束，而人文主义的技术哲学或超越论者更倾向于广义技术定义，认为人是技术系统难以分离的构成要素，总是被纳入种种技术系统之中，受外在的技术模式或节奏的调制。

事实上，科学精神与人文精神、工程学的技术哲学与人文主义的技术哲学传

---

① F. 拉普. 技术哲学导论[M]. 沈阳：辽宁科学技术出版社，1986，3.

② 远德玉 陈昌曙. 论技术[M]. 沈阳：辽宁科学技术出版社，1986，47.

③ Paul T. Durbin 主编的系列出版物《Philosophy and Technology》的第七辑的主题就是《技术哲学的广义与狭义解释》（详见 Paul T. Durbin, Broad and Narrow Interpretations of Philosophy of Technology (London: Kluwer Academic Publishers, 1990).）

统之间的对立并不是绝对的，在一定的条件下，两者又具有相互依存、相互贯通的统一性。同样，技术哲学的这两类定义或视角之间既相互区别，各具特点，又密切相关，相互转化。"后者（狭义技术定义）作为具体的技术概念，在理解和分析由现代技术所导致的物理世界的大尺度变换方面，具有极大的启示作用，而前者（广义技术定义）作为广泛的概念，则在处理各个历史时期不同技术类型和工具的产生发展方面，具有更适当的解释力。无论如何，这两种视角并不具有绝对对立的性质，它们相辅相成，并行不悖。而且，技术现象的广阔领域绝不会由于任何术语的规定性而被消除，存在的仅是人们对它的不断深入的理解和分析。"①笔者确信，随着人们对技术认识的深化，技术的狭义定义与广义定义之间，以及技术哲学的两种学术传统之间相互融合，走向统一的局面，迟早都会出现。

技术哲学的两种学术传统之间的分野主要体现在研究重心上的差异。简而言之，工程学的技术哲学或实证论传统，注重对技术哲学内部问题尤其是技术运行机理的探究。它"把人在人世间的技术活动方式看作是了解其他各种人类思想和行为的范式"②，"在技术中看出了对人类力量的确认和对文化进步的保证"③。而人文主义的技术哲学或超越论传统，则侧重于对外部问题的研究和技术价值的评判，普遍性更强，哲学色彩更浓厚。它"用非技术的或超技术的观点解释技术的意义"④，"觉察了人类与技术之间的冲突，他们确信技术危及人类自由"⑤，认为"人的本质不是制造，而是发现或解释"⑥。可见，这两种学术传统呈现在我们面前的是研究范式或内涵迥异的理论形态。

抽象地说，工程学的技术哲学或实证论者对技术问题的研究虽然精细、具体，但视野过窄。他们对技术现象的概括是不全面的，往往无视社会领域、文化领域和思维领域的技术现象，无视智能技术形态，无视充当技术单元或子系统的人的作用；缺少对众多技术形态统一基础的深入探究，在理论上多是不完备、不彻底、不深刻的。⑦ 而人文主义的技术哲学或超越论者，虽然长于对技术价值尤其是技术负效应或奴役性的全面而深刻的评判，但却短于对技术本质、技术体系结构以

---

① 郭贵春. 后现代科学哲学[M]. 长沙：湖南教育出版社，1998，232.
② 卡尔·米切姆. 技术哲学概论[M]. 天津：天津科学技术出版社，1999，1.
③ E. 舒尔曼. 科技文明与人类未来——在哲学深层的挑战[M]. 北京：东方出版社，1995，3.
④ 卡尔·米切姆. 技术哲学概论[M]. 天津：天津科学技术出版社，1999，17.
⑤ E. 舒尔曼. 科技文明与人类未来——在哲学深层的挑战[M]. 北京：东方出版社，1995，3.
⑥ 卡尔·米切姆. 技术哲学概论[M]. 天津：天津科学技术出版社，1999，20.
⑦ 田鹏颖 陈凡. 当前技术哲学研究中的一个理论缺失[J]. 求是学刊，2002(4).

及技术效应发生机理等技术体系内部问题的精细分析和系统研究，在理论上多不够深入、扎实、细致。这些也是目前技术哲学理论发育尚不成熟的具体体现。

四、狭义技术视野及其局限性

工程学的技术哲学传统与人文主义的技术哲学传统之间的对立，始于技术界定上的分野。目前，在技术哲学领域并存着数百种具体技术定义，对技术的这些不同界定之间存在着某些相似性。这些相似性主要体现在众多技术定义之间的融通性，都可以简并、归约为狭义技术定义与广义技术定义两种基本类型。① 正如米切姆②所言，"在通常的流行语言中，技术一词有狭义、广义之分——它们取决于工程技术人员和社会科学工作者运用这个词的不同方式。一开始就注意到这一点是很重要的，因为这两种用法之间的不同引出了一系列的概念之争，很容易由此造成分析上的混乱。"③

学术界对技术现象的哲学思索与概括始于具体的工程实践经验。如果从卡普（Ernst Kapp）算起，工程学的技术哲学传统的发轫早于人文主义的技术哲学传统的孕育。作为工程学的技术哲学传统的基础，狭义技术界定也有多种表现形态，国内"有代表性的、新一点狭义技术定义，认为技术（Technology）是'人类为了满足社会需要而依靠自然规律和自然界的物质、能量和信息，来创造、控制、应用和改进人工自然系统的手段和方法'。这里讲的手段既可以指知识手段，也可以包括物质手段——尽管对此是有争论的"④。狭义技术定义所给出的技术边界比较明确，即把技术仅限于人与自然的关系领域，不超出人工自然界。其实，这只是一种简单的外延框定做法，其中存在着许多逻辑漏洞。正如拉普所指出的，"只要试图给'技术'一词下定义，人们就会发现离开这个术语的模糊性，就等于不适当地减少了问题的复杂性，从而抹煞了所要研究的现象的复杂性。"⑤

---

① Paul T. Durbin, Broad and Narrow Interpretations of Philosophy of Technology (London: Kluwer Academic Publishers, 1990, ⅸ—ⅹⅴ).

② 国内有些译者或译著也将 Carl Mitcham 译为卡尔·米奇安。（如邹珊刚. 技术与技术哲学［M］. 北京：知识出版社，1987.）

③ 邹珊刚. 技术与技术哲学［M］. 北京：知识出版社，1987，244.

④ 陈昌曙. 技术哲学引论［M］. 北京：科学出版社，1999，95.

⑤ F. 拉普. 技术哲学导论［M］. 沈阳：辽宁科学技术出版社，1986，184.

由于自然技术形态结构比较直观、规范，因而狭义技术视野具有研究领域明确、对象或问题具体、研究环节相对简单等优点。但狭义技术定义涵盖面狭窄，存在着许多理论缺陷。这一定义的缺陷之一在于“自然界”概念的不明确性。其实，广义的自然界概念与客观世界概念等同，包括自然界、人类社会和人类思维等领域，而狭义的自然界概念仅指相对于人类思维和人类社会而言的自然界。在上述定义的语境中，自然界概念显然是在狭义上使用的。这样就会把社会调查技术、管理技术、广告技术、计算机软件、司法制度、语言分析技术等，直接服务于主体精神活动和社会政治文化生活的众多具体技术形态，排除在技术概念外延范围之外，从而使技术概念外延略显狭窄。

这一定义的缺陷之二在于简单的“外延”框定，人为地割断了技术概念“内涵”上的连续性、一贯性，导致技术概念“内涵”与“外延”之间的非协调性。人是由自然界提升出来的，有了人就有了人类社会和人类思维。人兼具自然与社会双重属性，人类活动尤其是建构和改进人工自然系统的活动，同时涉及自然、社会和思维领域，是多层次的众多技术成果的综合与协调。离开一定的思维技术和社会技术的支持与保障，仅仅依靠物化的自然技术系统的运作，是不可能真正实现社会需要的。其实，创造、控制、应用和改进人工自然系统的过程首先是人的活动，而人又是社会的人，总是处于一定的社会组织和体制之中。没有相应的社会组织体制的有序运转，缺少一定的操作技能，创造、控制、应用和改进人工自然系统的活动就难以实施。同样，人的活动又是有目的的理性活动，总要自觉或不自觉地依赖于一定的逻辑思维技术。如果只认定前者是技术，那么后者又是什么呢？按照“为了满足社会需要”的“内涵”要求，技术概念的“外延”就应囊括社会技术、思维技术等技术形态，这样才能使技术概念内涵与外延之间趋于协调。因此，只把直接的、眼前的自然技术界定为技术，而把与此相关联的社会机制、思维方法、技巧等排斥在技术外延范围之外的做法，是一种孤立、静止和片面的观点，在逻辑上也是不一致的。

狭义技术视野的局限性还在于否认人是技术系统的组成部分。狭义技术论者不仅只着眼于自然技术形态，而且常常只关注物化技术形式。他们虽然并不否认物化技术源于主体智慧的创造，也不否认主体对物化技术的控制与操纵，但往往只把物化技术视为技术，而把主体智能或动作技能(如配方、软件、计划、技巧等形态)排斥到技术系统之外。也就是说，他们总是把技术创造者或使用者从技术系统中分离出来，孤立、静止、片面地探究物化技术形态。这是不符合实际的。其实，人是技术系统的重要组成部分，离开了人的直接或间接操纵，任何技术形态都不可能创建或运转。这种狭隘技术观念与传统的主、客体二元对立的认识论框架不无联系。关于狭义技术观念产生的根源将在第五章第一节中说明。

狭义技术视野的局限性限制了工程学的技术哲学研究纲领的贯彻。目前，广泛吸纳人文主义的技术哲学研究成果，提炼技术概念内涵，拓展技术概念外延，已成为工程学的技术哲学发展的重要趋势。广义技术概念是对狭义技术概念的进一步提升和抽象，属哲学层次的基本范畴。广义技术观念在国内尚属支流观点，但它在西方理论界的影响较大，是有生命力的技术哲学研究纲领之一。① 目前，广义技术界定也有许多表现形态，但多隐晦、抽象或空泛，未能明确给出技术的外延边界以及技术世界的内部结构。温纳（Langdon Winner）在批评埃吕尔（Jacques Ellul）等人的广义技术观念时指出："可是，对这种情况所感兴趣的是，一个概念一旦以某种特殊的方式曾被使用，那么在极端情况下，它现在就变成了无定形的东西。在我们这个时代，在那些谈论技术的人中间有一种倾向，那就是断定技术是万事万物，以及每件事物都是技术。在黑格尔曾经欣赏的辩证概念中，一词可以意谓每件事物以及任何事物。因而，这也就预示着该词什么也不意谓的危险。"② 温纳的批评虽有偏颇，但却切中了当前广义技术哲学研究方面的要害，即只注重技术概念内涵的抽象界定，却忽视对其外延详细说明的倾向。

国内著名技术哲学家陈昌曙先生也持狭义技术观点，反对广义技术观念。"如有所谓社会技术，技术既包括'自然技术'又包括社会技术，在阐明技术的本质时就不能只讲利用改造自然，而且要把利用、控制、变革各种对象的各种方法和活动都归之于技术，把一切能达到目的的手段都称为技术，这样一来，岂不认为权术、骗术和阴谋诡计都是技术，岂不是把投机取巧'成功者'都视为技术专家。"③ 陈先生是从狭义技术视角责难广义技术界定的。他把技术的认识论问题与价值论问题混为一谈，并以主观价值偏好否定技术的广义界定，难以令人信服。从哲学角度看，事实判断不同于价值判断。④ 技术的认识论问题与价值论问题是两类性质不同的问题，后者不能取代或排斥对前者的研究。事实上，狭义技术视野中

---

① 伊德认为，当今世界技术哲学领域形成了四大学术流派，即埃吕尔学派、马克思学派、海德格尔学派和杜威学派。（详见 Don Ihde, Philosophy of Technology 1975—1995. Society for Philosophy & Technology, Volume1, No. 1 and 2, Fall 1995.）其中，除马克思学派外，其他三个学派都可以归入广义技术哲学范畴，其影响范围与发展优势明显。

② Langdon Winner, Autonomous Technology: Technics—out—of—control as a Theme in Political (Cambridge, mass. : MIIT Press, 1977). P9.

③ 陈昌曙. 技术哲学引论[M]. 北京：科学出版社，1999，235.

④ 大卫·休谟. 人性论[M]. 北京：商务印书馆，1980，509.

所认定的典型技术形态也关涉价值、伦理等问题,也存在着可怕的负效应。然而,狭义技术论者却并没有因此就把这些技术形态都排斥到狭义技术范围之外。

五、广义技术世界理论阐释问题的提出

技术是社会生活展开的重要基础,揭示技术现象的内在本质、微观机理、宏观结构与演进规律等是技术哲学的基本任务。事实上,学术界对技术问题的研究是从多层面、多途径切入的。我们可以从剖析具体的技术形态入手,也可以对所有的技术形态进行分门别类的研究,也可以抽象地探究众多技术形态的一般结构与属性,还可以从宏观上探讨技术世界的结构与演进等问题。这些研究路径殊途同归,其间相互补充、协同促进,从而推动对技术现象全面而深入的认识。

有多少种人类活动领域,就有多少种具体技术形态,众多技术形态的集合构成了一个全新的世界。虽然这些技术形态之间千差万别,但它们却具有许多共同属性,并在横向上联为一体,从而形成了内涵丰富、结构复杂的技术世界。本书侧重于从宏观上探讨技术世界的结构与演进问题。以技术世界为研究对象是一个富有挑战性的课题,R. 舍普曾指出:"技术的蓬勃发展使得人们很难对它进行全面的探讨,在19世纪已经很难想象如何轻轻松松地对技术做一番全面论述了。而今天,这简直就是痴心妄想。"①然而,我们又必须对技术现象进行全面的概括与阐释,这是历史赋予技术哲学的重要使命。

从技术哲学理论体系的结构来看,技术是什么?它的外延有多大?各种技术形态之间又是如何联系在一起的?技术世界是如何形成和演进的?等等,这些问题都是技术哲学研究难以绕开的理论前提,是形成技术哲学研究范式的基础。虽然许多学者并不直接回答或探讨这些问题,但是在他们的研究成果中却都暗含着这些问题的答案,这是由上述问题的逻辑性质所决定的。对这些问题的不同回答决定着技术哲学研究的走向,是各技术哲学流派分化的十字路口。

以往技术哲学家尤其是国内学者,多是从人与自然关系的维度理解和阐释技术现象的,从而形成了狭义技术哲学理论。如前所述,狭义技术观念的最大困难就在于技术概念内涵与外延之间的不协调、不一致性。因此,有必要重新审视狭义技术界定的理论依据,反思狭义技术观念的合理性。这是当代技术哲学研究范

---

① R. 舍普. 技术帝国[M]. 北京:生活·读书·新知三联书店,1999,12.

式转换的内在要求。从人类认识发展史角度看,从现象到本质、由个别到一般、从分立到统一,是人类认识发展的大趋势。狭义技术视野的局限性是进行广义技术范式探索的出发点和动力。冲破狭义技术观念的束缚,转向广义技术定义,是建构广义技术哲学理论体系的出发点。广义技术概念内涵的提炼与外延的扩大,必然导致形态、结构与功能各异的众多技术形态的显现,这些技术形态的聚集就构成了广义技术世界。从理论上揭示不同技术形态之间的内在联系,阐明广义技术世界的形成、结构、功能、演化趋势等问题,是广义技术哲学理论探讨的重要内容。本选题就是基于这一考虑而提出来的。

"面对技术发展和传播提出的种种问题,最近几年,哲学家们主要对与技术的实际掌握有关的问题感兴趣,而对基本上属于理论问题的课题兴趣不大。不过要记住,要想比单纯描述可见事实更为深刻地理解技术,就离不开全面的基本的哲学分析和思考。"①广义技术世界的理论阐释绝不是标新立异,哗众取宠。探讨这一课题至少具有以下四个方面的理论意义：

一是把人们对技术现象的认识引向深入。长期以来,人们对技术现象的认识主要局限于自然技术领域。即使许多人文主义的技术哲学家摆脱了这一局限性,但他们对技术的认识和把握也多是不深刻、不系统、不全面的。广义技术世界的理论阐释,不仅有助于认识众多技术形态的内在联系,系统、全面地把握广义技术世界,而且有利于拓展学术视野,推动学术争鸣与繁荣。

二是有助于人文主义的技术哲学传统的贯彻。如前所述,人文主义的技术哲学多侧重于技术哲学外部问题的探讨,而忽视内部问题的探究,因而其理论基础是松疏的、脆弱的。广义技术世界的理论阐释是围绕技术哲学的内部问题展开的,因而,这一探究有助于强化人文主义的技术哲学的理论基础。

三是有利于广义技术范式的发育和推进技术哲学理论研究的深化。本选题是在技术广义界定的基础上展开的,形成了由概念、原理、推论和方法等因素构成的理论框架,可望发育和演化为广义技术研究范式。同时,对广义技术世界的理论剖析,又是技术哲学研究的新视角,必然会拓展技术哲学研究领域,促进技术哲学理论的丰富和发展。

四是促进技术哲学外部问题的研究。由于该选题处于技术哲学领域的基础地位,因此,对它的深入探讨有助于技术哲学领域其他内部问题的解决,从而为外部问题的研究提供理论支持。应当指出,本选题还为人们认识主、客体关系提供

① F. 拉普. 技术哲学导论[M]. 沈阳:辽宁科学技术出版社,1986,17.

了新的视角,有助于重新认识人类文明发展的基础与机理,以及技术世界的本体论地位等技术哲学领域的重大理论问题。

六、探讨广义技术世界问题的基本思路

内容决定形式,研究对象的性质决定着研究思路的推进、研究方法的选取与叙述逻辑的展开。广义技术世界存在的形而上学性质,客观上要求对它的分析与阐释应当从技术的划界问题开始。鉴于狭义技术视野的局限性,广义技术研究范式尚未确立,以及相关理论问题有待澄清的研究现状,本选题主要着眼于技术哲学领域内部问题的探讨,力图实现技术哲学两种研究传统之间的初步融合。

研究的逻辑与叙述的逻辑程序不同。研究的逻辑是"从感性具体到抽象规定,再从抽象规定到思维具体"①,而"叙述逻辑,也就是从最简单、最抽象的范畴出发,经过范畴之间的推演,最终建立范畴体系的逻辑"②。在探讨技术哲学问题的10年间,笔者从工程学的技术哲学问题入手,经过人文主义的技术哲学的中间过渡,最终走向了广义技术哲学范式,实现了技术哲学观念的根本性转变。从研究逻辑角度看,笔者对技术世界的探究,与恩格迈尔(Peter K · Engelmeier,1855—1941)当年对技术问题的哲学思索的演进历程类似,"他从对'技术帝国'的描述开始,转而考虑科学——技术关系和对技术的哲学分析,以说明这个领域的范围。最后,他在人类意志和技术的内在目的中发现了这个范围。"③而本书就是这一思索结果的系统呈现,只是将沿着相反的程序与过程渐次展开。笔者拟从技术概念的广义界定入手,全面分析和概括技术现象,探求纷繁复杂的技术形态的共同本质。在技术的广义界定基础上,沿着从微观基础到宏观体系,由静态及动态,从内到外的次序,在广义技术视野中展开对技术形态的多维度剖析,进而揭示广义技术世界的结构、功能与演化发展机理,全面评价广义技术世界的地位与作用。这就是笔者讨论广义技术世界问题的基本思路。

从研究方法角度看,广义技术世界不仅是一个内容庞杂、结构复杂的体系,而且经历了一个从无到有、由小到大的演化发展历程。因此,研究对象的这一特点

---

① 孙显元. 毛泽东辩证逻辑思想[M]. 合肥:中国科学技术大学出版社,1993,128.
② 孙显元. 毛泽东辩证逻辑思想[M]. 合肥:中国科学技术大学出版社,1993,163.
③ 卡尔·米切姆. 技术哲学概论[M]. 天津:天津科学技术出版社,1999,8.

要求我们必须运用多学科的理论与方法进行综合研究，并根据研究活动的需要灵活地使用这些方法。其中，历史与逻辑相统一的方法、分析与综合相结合的方法、系统科学方法、结构主义方法、语言分析方法等，都是认识广义技术世界的重要方法。笔者试图运用这些方法对技术的统一性、广义技术世界结构及其相关问题进行深入剖析，积极探求和倡导广义技术的研究范式。

本选题旨在揭示复杂技术现象背后内在的本质联系，致力于对广义技术世界的全面理论阐释，试图确立广义技术的研究范式，属形而上学探索。从研究性质上说，广义技术世界的理论阐释，既是对技术哲学领域内部问题的探求，同时也是一个关涉技术世界整体面貌的基础理论性课题，具有较强的派生问题能力，值得深入研究。这些问题的性质要求我们必须以体系化的理论形式再现技术与技术世界的内在联系，以说明方式把技术世界的未知部分系统地揭示和表述出来。因而，难免会有"形而上学思辨""创建理论体系"或"宏大叙事"之嫌。在后现代主义思潮盛行的今天，这一"建设性"的传统研究模式，显然已经"落伍"了，但如果没有这些阐释性的建构工作，后现代主义的研究方法就会失去"解构"与"消解"的对象，更不可能多角度、多层面地展示技术世界的丰富内涵。事实上，"建构"与"解构"工作的难度之间是不对称的，前者的评价标准是"完满"或"无懈可击"，后者的评价标准则是寻找到"瑕疵"或"薄弱环节"。因而，求完满的"建构"比较困难，难免留下漏洞或不足，而求疵性的"解构"相对容易，因为十全十美的"文本"或工作几乎是不存在的。笔者的这一工作若有幸能被学术界"解构"与"批判"，成为推动技术哲学发展的引玉之砖，无疑将是有价值、有意义的。

第一章

技术的广义界定

技术是什么？是一个关乎整个技术哲学理论体系的重大基础性问题，也是技术哲学研究的逻辑起点。技术哲学的发展历史表明，不仅技术哲学的两种学术传统之间的分野，就是同一传统内部不同理论派别、学术见解之间的差异，都源于技术定义上的分歧。“当若干事物虽然有一个共通的名称，但与这个名称相应的定义却各不相同时，则这些事物乃是同名而异义的东西。”①今天，同名而异义的“技术”概念，已经成为技术哲学研究与交流的障碍。因此，在分析广义技术形态及其结构之前，有必要先澄清技术概念，搭建好理论分析与建构的操作“平台”。

给技术下一个确切的定义并不简单，困难不在于人们不熟悉技术现象，而在于如何从习以为常、纷繁复杂的众多技术现象中，全面准确地概括出技术的本质。如前所述，技术哲学领域的技术定义大致有狭义和广义两大类。简言之，狭义技术观念多是从人与自然的关系层面理解技术的，其狭隘性就在于否认人类其他活动领域的技术存在。广义技术定义的优势就在于承认技术存在的普遍性，把狭义技术仅作为一个特例涵盖其中，两者的外延是真包含关系。也就是说，当把人的活动领域限定在人与自然关系维度时，广义技术定义就转化为狭义技术定义。技术在现实生活中所起的基础性作用告诉我们，如果不从更为广泛的意义上界定技术，就不能深刻理解人与技术关系的丰富性、多层面性，尤其是技术的奴役性与解放性等深层次问题。

一、技术定义上的分歧及其根源

技术范畴是技术哲学理论体系建构的基石。从内涵角度看，给技术下定义就

---

① 亚里士多德. 范畴篇 解释篇[M]. 北京：商务印书馆，1959，9.

是揭示和概括技术现象的内在本质；从外延角度看，给技术下定义就是划定技术的边界，把技术与非技术区别开来。因此，从本质上说，技术概念的定义问题就是技术的划界问题，而技术的划界问题往往又涉及主体信仰、价值观、知识背景等主观因素，是技术哲学领域的一个元理论问题。

1. 定义上的分歧

概念是反映对象特有属性或本质属性的思维形式，给一个概念下定义就是揭示它所反映对象的特有属性或本质属性。技术概念就是对纷繁复杂的技术现象抽象与概括的结果，给技术概念下一个人人都认可的定义并非易事。"初看起来，'技术'一词的涵义似乎十分明白，因为到处都可以看到技术装置、器械和工艺，人们已承认它们是'第二自然'。不过，倘若要给技术概念下一个明确的定义，人们马上就会陷入困境。这种情形与那些同样具有高度普遍性的概念有些类似。尽管人人都以为自己知道'科学''政治''社会'等概念是什么意思，但是大家却很难就一个确切的定义取得一致意见。"①技术定义上的种种分歧正是在这一认识背景下出现的。

技术定义上的分歧俯拾即是，几乎在每一部技术哲学著作中都或多或少、或隐或显地提及这一点。②③④⑤ 其中，美国技术哲学家卡尔·米切姆，对西方学术界在技术概念理解上的分歧的表述最具代表性。"技术的现有解释多种多样，如把技术说成是'感觉运动技巧'（费布里曼提出）、'应用科学'（本奇提出）、'设计'（工程师们自己提出的）、'效能'（巴文克和斯考利莫斯基提出）、'理性有效行为'（埃卢尔提出）⑥、'中间方法'（贾斯珀斯提出）、'以经济为目的的方法'（古特尔—奥特林费尔德和其他经济学家提出）、'实现社会目的的手段'（贾维尔提出）、'适应人类需要的环境控制'（卡本特提出）、'对能的追求'（芒福德和斯潘格勒提出）、'实现工人格式塔心理的手段'（琼格提出）、'实现任何超自然自我概念

① F. 拉普. 技术哲学导论[M]. 沈阳：辽宁科学技术出版社，1986，20.

② William H. New-Smith(ed), Companion to the Philosophy of Science, Oxford: Blackwell Publishers, 2000.

③ F. 拉普. 技术哲学导论[M]. 沈阳：辽宁科学技术出版社，1986，29.

④ 陈昌曙. 技术哲学引论[M]. 北京：科学出版社，1999，94.

⑤ 关锦堂. 技术史[M]. 长沙：中南工业大学出版社，1987，18.

⑥ 埃卢尔认为，"在我们的技术社会，技术是在一切人类活动领域中，通过理性获得的（就给定的发展阶段来说）具有绝对有效性的各种方法的整体。"（详见 Jacques Ellul, The Technological Society, New York: Alfred A. Knopf, 1976, xxv.）

的方式'（奥特加提出）、'人的解放'（迈希恩和马可费森提出）、'自发救助'（布里克曼提出）、'超验形式的发明和具体的实现'（德塞尔提出）、'迫使自然暴露本质的手段'（黑德格提出）等等，某些解释在字面上都明显不同。但即使把这些都考虑在内，也还有很多其他的定义，其中每一种定义——这样假设是合理的——都在技术的普遍含义上揭示了某些真实方面，但又都是暗中运用有限的几个中心点。因此，关于这些解释的真假常常要看这个狭窄观点的排他性而定。解决争议的合适方法应该是对技术进行结构的和现象学的分析，描述其不同类型及其内在联系，只有这样的分析才能为评价每一种个别解释的相对真理性和重要性提供基础。"①人们对技术本质的理解以及在技术概念界定上的分歧程度，由此可见一斑。其实，众多技术定义形式的涌现反映了技术内涵的丰富性与外延的宽泛性。这些定义从不同角度、层面揭示了技术的固有属性，有助于人们全面地把握技术的本质。

事实上，米切姆的这一略显累赘的概述也是很不全面的，至少没有涵盖东方学者对技术的不同见解，以及近几十年来新出现的不同技术定义，也未包括此后米切姆本人所给出的技术定义，②远未穷尽曾经出现过的或正在使用的种种技术定义形式。技术定义上的严重分歧，一方面反映了技术现象本身的复杂性，另一方面也反映了人们对技术现象的认识尚处于初级阶段，有待于深化和发展。这些定义都是基于一定经验事实或某一层面的共性而提出来的，都从一个侧面揭示了技术现象的本质。但由于定义形式本身的局限性，它对技术对象的认识又是片面的、不完整的。正如F.奥格伯恩所言："技术像一座山峰，从不同的侧面观察，它的形象就不同。从一处看到的一小部分面貌，当换一个位置观看时，这种面貌就变得模糊起来，但另外一种印象仍然是清晰的。大家从不同的角度去观察，都有可能抓住它的部分本质内容，总还可以得到一幅较小的图画。因而，从各个不同的角度来分析技术就很必要了。"③

2. 定义分歧的根源

技术定义上的分歧，是导致目前技术哲学领域体系林立、观点纷呈、难于沟通和对话的根源。技术定义上的分歧反映了人们对技术现象理解上的差异，而理解

---

① 邹珊刚. 技术与技术哲学[M]. 北京：知识出版社，1987，247.
② 邹珊刚. 技术与技术哲学[M]. 北京：知识出版社，1987，248.
③ 邹珊刚. 技术与技术哲学[M]. 北京：知识出版社，1987，227.

上的差异又源于认识活动的局限性，以及技术现象的复杂性等多重因素。

从哲学信念角度看，一直存在着本质主义与非本质主义的对立。本质主义者认为，本质属性规定了事物的存在与外延的可能范围。每一类事物都有唯一不变的普遍本质，人们可以透过变动不居的丰富个性而看到普遍的共同的本质。而非本质主义者大多从维特根斯坦的"家族相似"①观念出发，认为不存在一般的、抽象的事物，而只有具体的、特定的事物，个别现象或多样性中不存在某些相同或相似之处。因此，本质主义者认为，可以抽象出技术的本质，给出技术定义，而非本质主义者认为，一般地谈论技术的本质是不可能的，不可能给出一般的技术定义。笔者是本质主义者，认为众多个别的、具体技术形态中潜存着共同的本质，可以以此为内涵给出技术定义。正如赵乐静博士所言："就技术本质而言，如果不承认人类能够通过'类'的概括把握技术，那么技术哲学本身便只能蜕化为对个体技术或技术系统的描述。并且，如果技术仅仅由偶然的局域条件所主宰的话，似乎便不会有任何个人或群体能够真正控制技术，以及对技术的负面作用负责。"②

从逻辑学角度看，概念是反映对象特有属性或本质属性的思维形式。一类事物的属性是多种多样的，本质属性也是多层面的。因此，对于同一类事物而言，人们往往从不同的视角揭示事物不同的本质属性，从而形成不同的概念，给出不同的定义。事物愈复杂、属性愈丰富，概念上的这种分歧就愈严重。此外，下定义这种逻辑方法也存在着不确定性的缺陷。单就常见的"属加种差"的定义方法而言，某一概念邻近的属概念往往不止一个，常常并存着多种选取属概念的可能路径。同样，由于事物的特有属性或本质属性也是多层面的，究竟以哪一种特有属性或本质属性作为种差，往往也存在着多种选择方案。如此，就同一个对象而言，运用属加种差的定义方法所给出的定义就是多种多样的。③ 历史上曾经出现过的，以

---

① "家族相似"观念可以追溯至尼采，但通过后期维特根斯坦对语言本性的讨论而广为人知。传统的本质主义认为，像"语言""游戏"这样的词项必须有单一的共性，以便把归之于它的所有东西联系起来。而维特根斯坦认为，在许多一般词项之下的词项就像一个家族，其不同成员以不同的方式彼此相像，形成一整套交叉重叠的相似性。这些关系和相似性就叫作家族相似。所有家庭成员之间不存在一种共同的特征，因而不能用同一标准划定界限，但这并不意味着它们之间毫无相似性。我们应该描述这些为任何研究所需要的关系，而不是去寻求说明应用词项的必要和充分条件。

② 赵乐静. 可选择的技术：关于技术的解释学研究[D]. 山西大学 2004 届博士研究生学位论文，21.

③ 徐长福先生从本质主义角度对属加种差定义方法的批判尤为深刻。可参见他的《理论思维与工程思维——两种思维方式的僭越与划界》一书，上海人民出版社，2002，114.

"动物"为属概念而给出的人的种种定义就是一例。这是造成技术定义分歧的逻辑根源,也是人类认识能力与认识形式局限性的具体表现。

从认识论角度看,人们对技术现象的认识受来自主体与客体多重因素的影响。从认识对象层面看,技术遍及人类活动的各个领域,总是处于普遍联系和发展变化之中。同时,技术现象丰富多彩,千变万化,十分复杂。从认识主体角度看,人们总是从各自的学科背景、知识结构、问题情境、研究重心等主观因素出发,揭示技术现象不同层面的特有属性或本质属性,从而形成不同的技术概念,产生不同的技术定义。这两方面的因素就导致了在技术界定问题上各抒己见,难于统一的尴尬局面。同时,人们对技术现象的认识也有一个不断深化的过程,所形成的技术概念也会随着认识的深化而不断发展。这是导致技术定义分歧的认识论根源。

可见,技术现象本身的复杂性、人类认识的局限性以及反映认识成果的概念的易变性等因素,是造成关于技术定义分歧的根本原因。正是基于对技术定义分歧根源的洞悉,陈昌曙曾指出:"给技术下定义,正像给科学、物理、文明、信息等'大概念'下定义那样,是相当困难的事情,至少是难于把它们包容到一个'更大的'概念中去,难以用通常的'种加属差'的方式表述。"①②"我不大主张给技术下一个简明的定义,而倾向于描述技术,描述技术有哪些基本的特征。"③从本质上说,任何技术定义形式只能揭示技术概念的某一层面内涵,而不可能揭示它的全部内涵。正如列宁所说:"所有定义都只有有条件的、相对的意义,永远也不能包括充分发展的现象的各方面联系。"④因此,我们既要重视定义在认识过程中的重要作用,又要善于摆脱定义局限性的束缚,积极主动地把认识活动引向深入。

其实,"技术不是一个简单的具有单一意义和内容的词语,对技术的任何一个定义都会因强调了问题的这一方面而忽略了那一方面,然而,无论如何也必须给出一个定义,这是研究和理解技术本质所必要的。"⑤那么,究竟应该如何界定技术呢?"芒福德认为,如果没有对人的本性的深入洞察,我们就不能理解技术在人类发展过程中所起的作用。"⑥事实上,技术是人现实存在的最根本的因素,只有

① 陈昌曙.技术哲学引论[M].北京:科学出版社,1999,92.

② 此处的"种加属差"应为"属加种差"。

③ 陈红兵 陈昌曙.关于"技术是什么"的对话[J].自然辩证法研究,2001(4).

④ 列宁.列宁选集(第二卷)[M].北京:人民出版社,1972,808.

⑤ 乔瑞金.马克思技术哲学纲要[M].北京:人民出版社,2002,16.

⑥ 高亮华.人文主义视野中的技术[M].北京:中国社会科学出版社,1996,44.

从人的本体层面思考和把握技术现象，才有可能揭示技术的本质。为了推进技术哲学研究的深入，应运用从抽象到具体的辩证思维方法，在人的活动层面上探寻技术的本质，从众多个别技术形态中抽取出技术的共性。如此，所形成的抽象技术定义才具有更大的包容性，才有可能在不同层面上过渡或转化为诸多具体技术定义形式，实现众多技术定义的大统一。海德格尔从“存在”“此在”概念出发，对现代技术本质的追问与把握方式，之所以引起学术界越来越多的关注，原因之一就在于他是在本体论基础上思考和揭示技术本质的。①

二、技术概念的广义界定

既然定义形式先天不足，那我们为何还要执意采用该形式揭示技术概念的内涵呢？对此应当说明两点：一是定义是巩固认识成果的逻辑形式，甚至是唯一形式。我们不能因噎废食，指出它的局限性是为了更好地运用它，而不是为了取消它。二是概念是逻辑思维的细胞形态，是逻辑思维活动展开的基础。这是人类难以逾越的逻辑环节。如果谁不给出明确的技术定义，那么在技术问题的探讨或理论体系的建构过程中，他肯定会以默认的方式使用某一具体技术概念。正如拉普所述，“人们可能会怀疑这些全面的定义和可能提出的其他定义对技术哲学研究是否有指导作用。有两点理由可以说明这种尝试性定义还是值得注意甚至必不可少的。首先，它们勾画了研究范围，明确说明了某位作者头脑中的技术概念，这样就有助于避免无谓的争论。其次，它们将人们的注意力引向特定的问题，从而促使人们就技术的真正重要的特征进行讨论。其实，凡是探讨技术问题的人无不预先暗自假定一个哪怕是很不完善的定义，这必然会事先决定了他所要得到的结果。”②与其羞羞答答地暗中偷运概念，不如名光明正大地讨论技术定义。

1. 技术定义的思路

技术定义既是技术哲学的研究成果，也是技术哲学研究展开的基础。当下的技术定义与作为认识背景的技术哲学理论之间密不可分，它们相互解释、协同发展，从而形成所谓的“解释学循环”。因此，解释学方法也是进行技术哲学研究的

---

① 海德格尔. 海德格尔选集[M]. 上海：上海三联书店，1996，947.

② F. 拉普. 技术哲学导论[M]. 沈阳：辽宁科学技术出版社，1986，185.

基本方法,抽象的技术概念会随着认识的深化和技术哲学理论体系的逐步展开而不断丰富。

海德格尔在概括以往学术界对技术的通行理解时指出:"当我们问技术是什么时,我们便在追问技术。尽人皆知,对我们的问题有两种回答:其一曰:技术是合目的的工具。其二曰:技术是人的行为。这两个对技术的规定是一体的。因为设定目的,创造和利用合目的的工具,就是人的行为。技术之所以是,包含着对器具、仪器和机械的制作和利用,包含着这种被制作和被利用的东西本身,包含着技术为之效力的需要和目的。这些设置的整体就是技术。技术本身乃是一种设置(Einrichtung),用拉丁语讲,是一种工具(instrumentum)。"①并且,海德格尔把前者称为工具性的技术规定,把后者称为人类学的技术规定。海德格尔本人并不认可对技术的这一传统理解,认为它未能揭示出技术的本质。因此,他在其"存在"范畴的基础上进一步揭示了技术的内在本质。"如是看来,技术就不仅是手段。技术乃是一种解蔽方式。倘我们注意到这一点,那么就会有一个完全不同的适合于技术之本质的领域向我们开启出来。"②"技术乃是在解蔽和无蔽状态的发生领域中,在 αληθεια 即真理的发生领域中成其本质的。"③

海德格尔揭示技术本质的思路是可取的,但笔者并不赞成他对技术本质的这种具体理解。因为这一定义直接在"存在"概念基础上界定技术,抽象过度。对技术的这一界定超越了主体的存在(此在),超越了人的活动,过分夸大了技术的自主性与独立性,因而是不恰当的。④ 人类社会发展史表明,技术是人的能动创造物,它与人的本质固结在一起。没有人就没有技术,没有人的目的性活动也不可能有技术的发生。因此,应当以人的现实存在为基础,以人的活动为切入点,在主体与客体的二元论框架下,沿着"由具体到抽象"的路线,探寻技术的内在本质。

这里有两点值得强调:一是海德格尔没有采用通常的"属加种差"的定义方法界定技术,而是使用"语词定义"方法,揭示和描述了"技术"一词所表达的意义;二是海德格尔此后对技术的本体论追问,就是在关于技术的这一流行观念基础上展开的。应当指出的是,海德格尔并不反对的上述流行的技术界定,倒是抽象适度,为大多数学者所认可,值得深思。以下我们关于技术的广义界定也采用"语词定义"方法,也将在对技术的这一流行见解基础上展开。

① 海德格尔.海德格尔选集[M].上海:上海三联书店,1996,947.
② 海德格尔.海德格尔选集[M].上海:上海三联书店,1996,931.
③ 海德格尔.海德格尔选集[M].上海:上海三联书店,1996,932.
④ 海德格尔.海德格尔选集[M].上海:上海三联书店,1996,941.

2. 人类活动方式

动物，顾名思义就是能自主活动之物。现实的人首先是一种高等动物，活动可看作人的一种基本属性。人及其活动是大多数人文社会科学学科和部分自然科学学科共同的研究对象。这些学科从各自研究视角，揭示了人的种种活动方式的内容、性质和特点，为我们从技术哲学层面探究人的活动的技术成分，提供了丰富的素材。

(1)动物本能性活动

人是由动物进化而来的，动物的活动方式是理解人类活动的进化论基础。人们通常认为，动物的生存需要是通过其本能性活动方式实现的。本能性活动被概括为动物活动的基本特点。达尔文认为，本能就是："我们自己需要经验才能完成的一种活动，而被一种没有经验的动物，特别是小动物所完成时，并且许多个体并不知道为了什么目的却按同一方式去完成时，一般被称为本能。"①可见，本能是一种不需要经验或后天学习过程即可获得的天赋品质或本领。

动物的生理机能或躯体构造是造就本能的物质基础。经过大自然漫长岁月的塑造与选择，在动物身上体现出来的千姿百态的本能相当发达，十分完美。许多动物本能甚至达到了不可思议的程度，其中的许多品质是作为物种的人类本能和现代技术所望尘莫及的。发现和研究动物本能资源已成为现代新技术开发的重要途径之一。这一点可以从模仿生物机体构造或功能原理，发明与制造新型机械、仪器设备、建筑结构和工艺流程的现代仿生学得到间接印证。一般认为，与物种的形成和进化同步，本能也是自然界长期发展的产物，并以"基因"的稳定形态在种群内世代相传。作为一种综合性的求生能力体系，天赋的本能性活动方式是动物生存的内在根据。不同种类动物的本能特点，决定着该类动物在生态系统及其种系演化历程中所处的具体位置。

大自然不仅赋予了人类本能，而且也赐予了人类超越自身本能的本领。受先验唯心论的影响，"戴沙沃将预先存在的解释这个柏拉图式的概念同一种神学解释结合起来，认为人们的创造活动就是使预先存在的技术形态由可能变为现实，上帝利用技术人员继续他的创世活动。"②人从动物界提升出来以后，南方古猿的动物本能在人身上得以传承。但是，由于意识的出现及其对自身行为的自觉调

---

① 达尔文. 物种起源[M]. 商务印书馆，1963，288.

② F. 拉普. 技术哲学导论[M]. 沈阳：辽宁科学技术出版社，1986，5.

节,人的活动开始突破动物"本能阱"的束缚,发展出了丰富多彩的文化活动形态,创造了灿烂的史前文明。"[在体力和敏捷上我们比野兽差,]可是我们使用我们自己的经验、记忆、智慧和技术。"①尽管这些活动方式形态各异,各具特色,不时会呈现出感性、情感等特点,但是从中却可以概括出目的性这一共同本质。"有意识的生命活动直接把人跟动物的生命区别开来。"②目的性的社会活动是人类区别于动物的本质特征,也是理解技术现象的出发点。无论是阿波罗登月计划,还是购买一支铅笔,人类的活动无一不体现出目的性的特点,只是目的的大小、意义不同而已。

(2)人的目的性活动方式

目的是以意志形式体现的主体活动指向,是主体生存与发展需求或主观意愿的理性表达。从心理学角度看,目的是个体动机的外在表现,而动机又根源于个体需要。从主体活动方式看,目的源于人们认识和实践活动中所遇到的种种问题。目的与手段是人类自觉的对象性活动中前后相联的两个因素。目的就是活动主体在观念上事先确立的活动指向与未来结果,是引起、指导、控制和调节活动的自觉的动因,从根本上决定着主体活动的方式和性质。手段是在有目的的对象性活动中,介于主体和客体之间的一切中介的总和,是实现目的的方法、途径、工具以及运用工具的操作方法、活动方式等。借助一定的手段实现一定的目的,是人类自觉的对象性活动的一个根本特点。③ 例如,作为经济学基石的"理性人"假设,就认为人的经济行为都是以追求利益最大化为目的的。

目的与本能(无目的)是一对具有反对关系的概念,我们通常不用"目的性"概念描述动物的活动。但在心理学、控制论等具体学科中,有时也使用"目的"范畴阐释动物行为、系统负反馈机制等现象。④⑤ 对此,应当从目的范畴的历史演化角度予以说明。亚里士多德最早使用目的和手段概念论述人类活动的特点,同时,他又把人类有目的的活动特点泛化到整个自然界。他把目的设定为自然事物本身的内在规定性,认为在自然运动中也存在着目的与手段的关系,从而形成了自然目的论。目的论是用目的或目的因解释世界的哲学学说,是人类思想史上一

---

① 北京大学哲学系外国哲学史教研室.西方哲学原著选读(上卷)[M].北京:商务印书馆,1981,40.

② 马克思,恩格斯.马克思恩格斯全集(第42卷)[M].北京:人民出版社,1972,96.

③ 中国大百科全书·哲学卷[M].中国大百科全书出版社,1985,639.

④ 爱德华.C. 托尔曼.动物和人的目的性行为[M].杭州:浙江教育出版社,1999,106.

⑤ 王雨田.控制论、信息论、系统科学与哲学[M].北京:中国人民大学出版社,1988,38.

种源远流长、影响深远的思想观念，有外在目的论与内在目的论两种基本表现形态。目的论思想的核心是认为某种观念性的目的，预先规定着事物或现象的存在、发展以及它们之间的关系，其实质是自然过程的拟人化，把人类活动的目的性外推和强加于自然界。

从本质上说，人的需要与意识是形成目的的先决条件，动物行为、控制系统负反馈机制等自然或人工物运行过程中不可能具备这一条件。但它们的发生过程或运行机理的确与人的目的性活动具有某些相似性，本质上属于合目的性行为（或准目的性行为）。人工物体系运行的合目的性是人赋予的，是人的目的性活动的转移或外化。因此，心理学、控制论等学科的目的论解释只具有语义学或方法论意义。按照合目的性的思想与解释方法，动物本能也可理解为一种"前技术"形态。因为动物的"目的"（动机）是通过作为"手段"的肢体器官的本能性活动实现的。事实上，动物需求、动机与本能性活动是直接同一的，根本不可能自觉，也不可能分化出目的与手段来。

人首先是一种动物，本能性活动仍然是其维持生存的基本方式。同时，人又是自然界唯一具有智能品格与理性思维能力的生命形态。它不仅能意识到自身的现实需求，预测未来发展需要，而且还能不断萌生出种种新需求；不仅能认识和控制自身的本能，而且还能创造出实现目的的种种新手段——技术形态。如此，在人身上就并存着本能性活动与目的性活动两种基本活动方式。目的性活动是在本能性活动的基础上形成和发展起来的，两者可视为人类活动的低级形态与高级形态。目的的丰富程度或实现的艰巨程度，可作为衡量人乃至人类社会发展的尺度。技术是目的性活动的核心，"严格地说，一切有意识有目的进行的活动都遵循一定的方法论模式而不管这种模式是多么粗浅。这样一来，就不得不把一切有目的的活动（个人的和社会的）都归结为技术活动。我们必须把这个相当广泛的'技术'定义同狭义的技术即工程师所从事的'技术活动'区别开来。"①

不过，意识的出现和目的的形成，也使人的本能性活动面貌发生了改变，生发出不同于单纯动物本能性活动的新特点。即人对自身本能的意识与控制，置本能性活动于意识或社会文化的统摄之下。例如，在本能的驱使下，处于饥饿之中的动物会不顾一切地觅食，而在主体信念、意志的支持下，有些人却可以为达到某一目的而绝食。这就是说，随着人类理智与社会文化的发展，人的本能性活动方式逐步退居次要地位，从属并依附于人的目的性活动方式。这些特点也成为弗洛伊

---

① F. 拉普. 技术哲学导论[M]. 沈阳：辽宁科学技术出版社，1986，30.

德精神分析理论的基础。①

技术系统往往都是以人的生理或心理品质为基础而设计和运行的，从而表现出人性化的特点。尽管动物本能、自然运动机制不是技术，但它们却可以在人类理智的设计、组织与引导下，被创造性地纳入主体目的性活动序列或方式之中，成为技术系统的构成部分。也就是说，技术向本能领域渗透，使本能兼具技术属性，进而并入技术体系。这一过程可称为"本能的技术化"。例如，犬类发达的嗅觉不是技术，但利用警犬敏锐的嗅觉功能侦破案件，就构成了侦察技术系统；牛马的驮载功能不是技术，但利用牛马的奔走与负荷本能驾驭车辆，就形成了运输技术体系；男女先天差别不是技术，但以男女生理、心理等自然禀赋差异为基础，就形成了自然分工技术体系；等等。同样，刮风不是技术，但利用风力驱动风车就是一种动力技术；流水不是技术，但利用河流行船就是一种运输技术；阳光不是技术，但利用太阳光烧水、煮饭就是一种能源技术；精巧的 DNA 双螺旋结构不是技术，但在 DNA 双螺旋结构基础上展开的基因重组活动就是一种基因工程技术；等等。这也就是海德格尔所谓的"促逼"或"订造"概念的本意。②

3. 技术概念的广义界定③

人是具有目的性的自为的存在物。对于人们萌发的任何目的而言，都有一个"如何做"的问题紧随其后。如何有效地实现目的是人类生存与发展面临的首要的基本问题。因此，技术可以广义地理解为：围绕"如何有效地实现目的"的现实课题，主体后天不断创造和应用的目的性活动序列或方式。④ 这里的"序列"是指目的性活动的诸动作、工具、环节等要素，按空间顺序组织在一起的行列或样式，以及按时间次序协调动作、依次展开的程序。序列是技术的核心或灵魂，可理解

---

① 弗洛伊德探讨了传统心理学所忽视的无意识领域，把心理结构分为"本我"（无意识的最深层次的"本能"）、"自我"（有意识的现实化了本我）和"超我"（有意识的道德化了自我）。他以精神"本我"和"超我"之间的矛盾冲突为中心，探讨了精神运动的动力和人类行为，成为一种理解人类动机和人格的理论体系。

② 海德格尔. 海德格尔选集［M］. 上海：上海三联书店，1996，935.

③ 王伯鲁. 技术划界问题的一个广义优化解［J］. 科学技术与辩证法，2005(2).

④ 法国启蒙思想家狄德罗在他主编的《百科全书》中，把技术概念界定为，"技术是为某一目的共同协作组成的各种工具和规则体系。"（转引自陈昌曙. 技术哲学引论［M］. 北京：科学出版社，1999，27.）狄德罗对技术的理解与这里所给出的技术的广义界定类似，所不同的是我们更强调技术的普遍性、建构性和客观性。

为技术进化论者眼中的“麋母(memes)”。① 实体形态的工具、设备等,既是目的性活动序列的载体或表现形式,也是进一步建构新技术系统的预制件。这里的“主体”限定,把技术与动物本能、自然运动机制等区别开来,体现了技术的属人性特点。

人的目的并非总是当下就能立即实现的。由于受主客观因素的多重制约,人们往往一时难以建构起实现某些目的的活动序列或方式。这类目的常常以潜在形态被搁置起来,形成该时代或地区的技术前沿,成为未来技术开发的目标。就当时能直接诉诸实现的目的而言,有两点值得注意:一是实现目的的技术形态有待于规范化、定型化,以便此后实现同类目的的技术系统的迅速建构与应用;二是应当继续探寻实现该类目的的其他技术途径,或提高现有技术形态的效率,使该类目的的实现更为方便、快捷、灵活、高效。

目的与手段之间是对立统一的。在某一具体对象性活动领域,目的与手段之间的区别是绝对的,二者不能混淆。但是,超出这一活动领域,二者之间的区分又是相对的、可变的。某一活动领域的手段可以转化为另一活动领域的目的,反之亦然。在对目的性活动本身的探讨中,我们总可以相对地区分出两类目的,进而概括出两种基本技术形态:一是指目的性活动序列本身所直接实现之目的,可称为原初目的。这样的目的性活动序列多表现为流程技术形态。即以目的的实现过程为组织线索,把目的性活动所运用的设备、操作技巧、运行过程等诸环节联为一体。从动态角度看,该技术形态主要表现为一种特定的时间结构。二是指在原初目的的实现过程中,以创建新的目的性活动序列或提高现行目的性活动序列效率为直接目标之目的,它从属于原初目的,可称为派生目的。除新型流程技术形态的发明创造外,派生目的的实现也体现在其中的人工物技术形态的创建方面。人工物技术形态是由多种技术单元构成的具有特定结构、运行机制与功能的集成性物质体系。从静态角度看,该技术形态主要展现为一种空间结构。人工物技术形态的开发本身,往往从属于实现派生目的的活动序列或方式的创建过程,是从实现原初目的的流程技术形态中分化派生出来的,是后者建构的专业化基础。派生目的在人类目的性活动过程中地位的提升,是技术进步的显著特征。不难理解,

---

① 技术进化论者把技术的演化与生物的进化进行类比,技术“麋母”就是生物分子基因(gene)的技术对应物。“为了维持全面的类似,我们常常方便地采用‘麋母(memes)’这一术语来讨论技术系统,那是一个历时持久、自我复制并塑造实际人工制品的基本概念。……适用于实际人工制品的技术麋母可以被独立地进行传递、存储、恢复、变异和选择。”(详见约翰·齐曼. 技术创新进化论[M]. 上海:上海科技教育出版社,2002,6.)

这里的原初目的与派生目的之间的划分也是相对的。笔者在第三章,将就流程技术形态与人工物技术形态的属性与特点,再作展开论述。

技术存在于人类目的性活动的所有领域,是一种带有横断贯通性的人类活动的基本特征。正是基于这一认识,当代法国技术哲学家让—伊夫·戈菲指出:"技术无处不在,它将一项活动经过充分设计,从而可以使人们从中区分出一个目的和为实现这一目的所必需的一些中介;也就是说,有各种各样的技术。M.韦伯不无某种挑动性地补充说:'技术就是这样地被包含在每一项活动之中的,人们可以说祈祷的技术、禁欲的技术、思考与研究的技术、记忆的技术、教学法的技术、政治与神权统治的技术、战争的技术、音乐的技术(比如某位名家的)、某位雕塑家或画家的技术、诉讼的技术,等等,而且,所有这些技术都可以有一个极其不稳定的合理性阶段。'"①可见,技术是人类目的性活动的内在因素与本体论基础,只是以往人们不自觉罢了。这也是技术之所以具有广泛渗透性与存在普遍性的客观依据。

其实,在广义技术视野中,生产活动只是技术活动的一种典型形态。人类目的性活动的一切形态都可以理解为技术活动,在技术维度上进行图解,进而还原或抽象出它内在的技术结构。拉普在引述吉尔的《技术史》时曾指出,"'技术是思想史的重要组成部分,但人们在很长一段时间内却忽略了这一点。'其实,除了马克思主义哲学以外,完全固守'人是有理性的动物'这个传统观念,使得哲学看不到劳动的人这个如今十分重要的问题。"②在广义技术视野中,从"人是有理性的动物"命题出发,必然会推出"人是技术的动物"命题来。可见,这里以目的性(理性)为基础所给出的广义技术界定,推进了对技术认识的深化。技术既是人类劳动的成果,又是劳动得以展开的基础。因此,如果说劳动发展史是理解全部社会发展史的钥匙,那么技术及其进化发展过程则是理解人类文明史的一把钥匙。可能正是基于对技术基础地位的这一理解,埃吕尔才说:"我肯定……如果马克思在1940年还活着的话,他不会再研究经济学或资本主义结构,而是研究技术。"③

早期的技术发明从属于人类的各种目的性活动过程,后来才从这些活动领域中逐步分化和独立出来,形成了一个以拓展活动空间,提高活动效率为目的的专业化技术开发领域。同一目的可以通过多种目的性活动序列或方式来实现;反过来,一种目的性活动序列或方式也可以用于实现多种目的。不同的目的性活动序

---

① 让—伊夫·戈菲.技术哲学[M].北京:商务印书馆,2000,22.

② F.拉普.技术哲学导论[M].沈阳:辽宁科学技术出版社,1986,20.

③ 卡尔·米切姆.技术哲学概论[M].天津:天津科学技术出版社,1999,35.

列或方式意味着不同的技术形态,众多相似的目的性活动序列或方式组成了具有亲缘关系的技术族系。

4. 关于广义技术定义的几点说明

广义技术界定的优点在于从根本上找到了众多技术形态的内在统一性,抽取出了不同技术形态之间的共性,涵盖了包括自然技术在内的所有技术形态,具有内在的逻辑自洽性。但这一定义的缺点在于使技术概念外延扩大,研究对象纷繁复杂,研究领域宽泛而散乱,理论概括难度增大。关于技术的这一广义界定,有以下几点需要说明:

(1)这里给出的广义技术定义是抽象思维的结果,它是从众多具体的现实技术形态中抽取出来的技术共性。共性寓于个性之中,一般寓于个别之中。现实中存在的总是个别的特殊的技术系统,不存在抽象的一般的技术系统。因此,广义技术定义所描绘的技术形象是一种理想化的思维存在物,可称为"理想技术"或"虚体技术"。它潜藏于具体事物背后或内部,是一种形而上学式的存在。正如热力学中的理想热机、黑体等概念一样,这里的技术概念去掉了现实技术系统中丰富的个性特征,而只保留了其中一般的共同属性,是对技术进行思维把握的结果。同样,广义技术世界概念也是从丰富多彩的客观世界中抽象出来的,是从技术视角对属人世界透视的结果。

为了更深刻地理解技术的这一广义界定,在说明了"技术是什么"之后,还应从反面解释技术不是什么,以便把它与相关事物区别开来。"技术不是什么"是一个开放性的命题体系,是一时难以穷尽的。这里只提及三点,不作展开论述:一是技术寓于目的性活动过程之中,但技术却不是目的性活动本身;二是技术寓于各种人造物、人类肢体器官、社会组织等形态之中,并以这些形态为载体或建构材料,但它又不仅仅是这些具体的实物形态本身;三是目的性活动序列或方式本身体现出技术知识的属性。技术开发与应用活动派生技术知识,技术系统的建构依赖于技术知识,但技术毕竟不是知识本身;等等。毫无疑问,技术具有对象、过程、知识、意志等属性或特点,但技术又不仅仅是其中之一,而是这些属性或特点的综合。米切姆正是基于这一认识才说:"从形态学来讲,并没有对技术的任何定义作出说明,而我的注释和评论强调的也正是进行较深入的认识论的和纯理性的研究的必要性。然而分析说明,古代或现代技术的本质都最清楚地表现在其密度最大的地方——即在对象、过程、知识和意志的汇合处。"①

(2)对技术的这一广义界定是以人类目的性活动为基准的,也就是说,主体目的性活动是孕育新技术的温床。任何主体目的性活动中总蕴涵着一定的技术形态,技术形态本身也是目的性活动的产物。在以创建技术形态为直接目的的主体活动过程中,我们不排除某些非理性环节的存在与某些非理性因素的作用。尽管在技术发明过程中,非理性、非逻辑的偶然因素发挥着重要作用,但它总是在主体理性或目的性的引导、调制与整理下进行的,它们的存在并不能从根本上否定该过程的目的性本性。应当指出的是,技术不仅存在于人与自然的关系维度,而且遍及人类目的性活动的所有领域。这就克服了各种狭义技术定义外延过窄的弊端,从而使该定义具有高度的概括性与广泛的适用性。技术是目的性活动的产物,是人们后天创造出来的实现各自目的的途径与模式。这就把技术与本能、自然运动机理等区别开来。关于技术与动物本能之间的内在联系,将在第四节再作详细讨论。

(3)从技术的广义界定中可以看出,技术与手段是处于同一层次的一对范畴。与作为哲学范畴的手段概念相比,技术概念的形成较晚,是在手段概念的基础上派生出来的,两者之间存在着交叉关系。手段总是相对于目的而言的,是实现目的的方法、途径、工具以及运用工具的操作方法、活动方式等内容的总和,重在强调实现目的的具体活动形态。而技术是指目的性活动的序列或方式,重在强调活动过程的程序、各相关因素之间的联系与结合方式等。离开了目的,手段就会自行消解,不复存在。而技术形态一旦创立,就具有相对独立性与稳定性,不以特定目的的完成与否而改变。例如,同一运输技术形态可以实现多种具体位移目的,它并不以某一实际运输目的的发生或实现而称为运输技术,也不以某一运输目的的消失或完成而不称为运输技术。

技术是手段的核心与灵魂。可以说,手段一定具有技术因素,但技术不一定就表现为当下的手段形式。只有当技术被用于实现一定的目的时,才转化为现实的手段。正是基于对技术在人类活动过程中的手段地位或属性的这一认识,许多学者提出了关于技术的"手段说"或"手段体系说"定义。② 不过,应当强调的是,关于技术的这些具体定义中的目的或手段往往是有限定的,即多限于认识和改造

---

① 邹珊刚. 技术与技术哲学[M]. 北京:知识出版社,1987,291.

② 陈凡 张明国. 解析技术——"技术—社会—文化"互动论[M]. 福州:福建人民出版社,2002,2—3.

自然的活动领域，多未超出狭义技术的窠臼。而笔者所给出的技术广义界定中的目的，则泛指人类所有活动领域中的各种目的。这也是这两类技术定义之间的重大区别。

(4)技术是人类的创造物，是主体智慧凝聚与外化的结果。主体智慧的凝聚是技术的本源，往往表现为观念形态或动作技能形态的智能技术，可视为技术系统的"软件"部分；主体智慧的外化往往表现为实体形态的物化技术，可视为技术系统的"硬件"部分。黑格尔在论及理性与智慧的作用特点时曾指出："理性是有机巧的，同时也是有威力的。理性的机巧，一般讲来，表现在一种利用工具的活动里。这种理性的活动一方面让事物按照它们自己的本性，彼此互相影响，互相削弱，而它自己并不直接干预其过程，但同时却正好实现了它自己的目的。"①这里的"理性"就是指向目的的智能技术，"利用工具的活动"就是物化技术体系的运转过程。从历史角度看，智能技术是物化技术发生的源泉，物化技术又是智能技术进一步展开的现实基础。从现实角度看，技术活动总是物化技术因素与智能技术因素的有机联动。没有以操作技能为核心的智能技术，外在的物化技术就成为失去灵魂的物质体系；反过来，没有外在的物化技术，内在的智能技术就只能是滞留在精神领域的智力游戏，两者都难以真正成为主体目的性活动的现实手段。正是通过这两种基本技术形态之间的相互依存、互动转化、滚动递进机理，人类才建构起文明的大厦。

(5)对技术的这一定义暗含着技术总是处于不断发展之中的。源于物质文化需求的原初目的是推动技术发展的外部动力；追求提高现行技术效率或探求新技术途径的派生目的，是驱动技术发展的内部动力。在以实现原初目的为核心的目的性活动中，专业化、单元化的外在技术因素被组织和嵌入到活动过程之中，建构起主体目的性活动的序列或方式，可称为"活动的技术"。在以派生目的的实现为主线的目的性活动过程中，所展开的多是以技术发明或开发为内容的活动，可称为"技术的活动"。一般地说，提高技术效率的努力驱动着技术体系的内涵式深化，探求新技术途径的努力推动着技术体系的外延式拓展。人类所创造出来的具体技术成果都是时代的产物，随着时间的推移、场合的变更以及其他高效率技术形态的涌现，原有的落后技术形态会逐步退出历史舞台。例如，石器技术被青铜器技术淘汰，平炉炼钢工艺被转炉炼钢工艺淘汰，等等。如此，在人类文明的传承中，技术世界的发展就展现为一个吐故纳新的动态过程。

---

① 黑格尔．小逻辑[M]．北京：商务印书馆，1980，394.

(6)以目的的实现过程为组织线索的目的性活动序列或方式,是技术存在的基本形态,构成这一序列或方式的要素就是技术单元。现实的技术形态总是以系统方式存在和运行的。技术系统可以简单到只是一套躯体动作序列(如太极拳动作),也可以复杂到如阿波罗登月技术系统。由于系统结构的层次性,技术系统与技术单元之间的区分也是相对性。技术成果尤其是物化技术成果,尽管都是主观能动性的创造物,但一经建立就具有脱离创造主体的客观实在性,就可以作为技术单元(或要素)进入更为复杂的技术系统的建构之中。这是技术发展的一条重要途径,也是复杂技术系统建构的现实基础。笔者在第三章,将就此过程作进一步论述。

(7)随着人类认识的深化,知识的综合或整合是一个重要发展趋势。这里倡导的广义技术观念或范式,就是综合关于技术现象的种种已有认识成果的一次尝试。对技术的这一广义界定,本应当用一个新的词语来称谓,以便与传统的狭义技术概念相区别。这样处理,虽然表面上简单地回避了与传统狭义技术观念的分歧或矛盾,但却容易造成与传统知识领域的割裂,孤芳自赏,游离于学术主流之外。广义技术观念的确立,有助于消除狭义技术观念的局限性,但也会与关于技术的传统认识成果发生某些冲突。因而,需要重新审视和修正狭义技术视野下的许多传统结论。从这一点来说,广义技术观念是具有颠覆性的,引起传统的狭义技术观念的抵制是必然的。

(8)从对技术的广义界定中,也可以说明技术的"双刃剑"特点。"目的性活动序列或方式"总是围绕主体具体目的的实现而建构和运行的,因而必然具有确保目的实现的基本属性。这就是我们通常所谓的技术正效应。同时,也应看到,"目的性活动序列或方式"也有与主体目的不一致的方面:一是人的需求是多方面的,主体往往同时具有多种价值诉求,派生出多重目的。这些目的之间是有差异的,而专业化的具体技术形态,不可能无差别地同时实现所有的目的。二是技术系统的运行往往涉及到许多相关事物,对这些事物的发展产生直接或间接的影响。其中,许多事物的变化与主体目的并不一致。三是具体技术系统的寿命总是有限的,在寿命范围之内,技术可以实现目的;在技术形态的平均寿命范围之外,技术系统运行的风险增大,可能酿成灾难,与原本所实现的目的相背。至于事与愿违的技术创造、试验中的失败,更是屡见不鲜。这就是技术的负效应。可见,在目的性活动过程中,技术正效应与负效应总是相伴而行的。

(9)有人认为,这里给出的技术广义界定的底线太低,从而造成了技术概念的泛化或外延的不适当扩大,把一些在他们看来不应当视为技术的现象都归入了技术之列。其实，这是一种来自狭义技术观念的责难，本质上关涉信念之争。这种责难有两种具体形态：一是尚未摆脱狭义技术观念的束缚，把技术概念的外延仅仅局限于成熟的、定型化的技术形态或自然技术领域。如前所述，狭义技术观念是有缺陷的，是笔者要摈弃的，应当拓展技术概念的外延。二是缺乏历史眼光，把技术仅仅限定在现代技术或定型化的技术领域。其实，只要承认技术是历史的产物，就必然会把现实生活中众多些微的、简单的活动序列或方式纳入技术之列。因为这些习以为常的、微小的、初级的技术形态，当初也是人类目的性活动的产物，也经历了漫长的技术创建过程，只是现在业已内化为现代人不自觉的“本能性”活动罢了。我们不能只承认当代人所创造的复杂技术成果，而把前人通过社会遗传方式馈赠给我们的简单技术成果排除到技术范畴之外。① 同样，当代众多成熟的、定型化的技术形态，都是由这些非定型化的、简单的活动序列或方式逐步演进而来的，离不开这些单元性技术的参与。只把前者归入技术之列，而把后者排斥到技术范畴之外的做法，不是历史的、辩证的、科学的观点。

三、广义技术的基本属性与发生源泉

广义技术视野涵盖了包括自然技术在内的所有技术形态，具有明显的解释功能优势，是一个具有生命力的研究范式。但由于技术外延的扩大，造成了研究领域宽泛、概括难度加大等理论困难，引发了一系列问题。陈昌曙先生曾就此指出，“技术是否仅仅与利用、变革和控制自然有关，或只可以把与此有关的技术叫作‘物质技术’或‘自然技术’，另外还存在着思维技术和社会技术？能否把技术广义地规定为‘实现目的的手段’，如果可以，怎样把欺骗、搞阴谋叫技术？如果说实现合理或有益目的的活动和手段叫技术，怎样说明吃饭、散步是技术？怎样确认技术的合理性？如果技术仅仅是‘自然技术’和‘物质技术’，仅仅与工程师和企业发展有关，谈判程序的确定、医疗方案的设计、体育比赛布阵和发挥等就没有技术？如果有，该怎样界定技术的一般概念？”②因此，有必要冲破工程学的技术哲学的许多定论，对技术重新进行全面而深入的考察和诠释。

---

① 马克思，恩格斯. 马克思恩格斯选集（第3卷）[M]. 北京：人民出版社，1972，565.

② 陈昌曙 陈红兵. 技术哲学基础研究的35组问题[J]. 哈尔滨工业大学学报（社会科学版），2001（2）.

1. 技术的基本属性

在广义技术视野中,技术体现出许多新属性和新特点。对这些属性和特点的认识,是全面认识技术形态的重要内容。

(1)技术的主观性与客观性

技术是主体目的性活动的序列或方式,源于人的智能创造,又为人所操纵,并服务于人的目的性活动。因此,技术形态中必然渗透着主观性成分,这是狭义技术观念难以接受的。

技术形态的主观性首先表现在技术系统的创造、选用或淘汰过程之中。在理解这一属性方面,科学建构主义与技术的社会塑造论的观点富有启发意义。① 技术实践表明,主体目的性活动序列或方式决不是唯一的,而是多样化的。人们究竟创建、选用或淘汰哪一种技术系统,很大程度上依赖于人们的知识背景、实践经验、价值观念等主观因素。不同主体所建构、选用或淘汰的技术形态各有特点,主观色彩与时代特色浓厚。这一点在以个体动作或思维技能为核心的技术形态,以及以群体为核心的社会技术形态中体现得尤为明显。

其次,技术形态的主观性还表现在技术系统的运转过程中。承认不承认人是技术系统的构成单元,也是广义技术观与狭义技术观的区别之一。在广义技术视野中,操作者本身就是技术系统不可分割的组成部分,技术系统的运转就是操作者智能控制与操作技能协调的结果。因此,操作者思维与行动的主观性也随之投射到技术系统之中,并在技术系统的运行中表现出来。这一点在社会技术形态中体现得最为突出。由于人是技术系统中最活跃、最富于变化性的不定型因素,因此在狭义技术视野中,人们往往只看到技术系统外在的实体部分,而无视其中潜在的人的因素。事实上,离开了人的智能控制与操作技能,任何技术形态都是不完整和难以运转的。即使在自动化程度很高的现代化生产线上,也离不开人的建构、编程、操纵与维护。在这个问题上的分歧,也是技术价值负荷论与价值中立论之争的根源。

在技术形态的客观性问题上,广义技术观与狭义技术观之间的分歧不大。技术形态是在主观能动性的基础上,按照客观规律被建构起来的。它一旦被创造出

① 科学建构主义是现代西方科学社会学的主要流派之一。与传统实证主义不同,科学建构主义更强调科学的主观建构性。它认为:"自然科学的实际认识内容只能被看成是社会发展过程的结果,被看成是受社会因素影响的。"(详见史蒂芬·科尔.科学的制造——在自然界与社会之间[M].上海:上海人民出版社,2001,45.)

来，就获得了独立于创造者的客观实在性。如上所述，二者的分歧集中体现在是否把人及其活动纳入技术系统之中。广义技术观认为，技术的发明创造虽然是主观能动性的成果，但又必须遵循事物运动的客观规律；技术系统的建构与运转虽然有人的参与，具有主观可塑性，但毕竟又具有定型化的物质形态和运行规范；技术系统的淘汰与解体，包括其中作为技术单元的人的生理寿命的有限性，都是主体难以干预的；等等。因此，技术形态又呈现出不以人的意志为转移的客观性。

由此可见，技术形态是主观性与客观性的统一体。在现实生活中，没有脱离主观性的纯粹客观的技术系统，也没有脱离客观性的纯粹主观的技术系统。技术的主观性与客观性是理解技术奴役性与价值负载特点的基础。

(2)技术的专用性与通用性

作为处于一定自然与社会环境之中的具体目的性活动的序列或方式，技术形态中必然渗透着地域与社会文化因素。狭义的技术地域性主要是指与自然地理环境相关的技术特殊性，如造船、航运技术盛行于沿江、沿海地区，铺砂压田、集雨截流技术流行于干旱缺水地区，温室栽培技术盛行于光照充分的高纬度、高海拔寒冷地区，等等。广义的技术地域性泛指与该技术形态固结在一起的技术个性或特殊性，既包括该技术形态的运行原理、构成要素、性能指标等固有属性，也包括该技术形态形成的时代背景、所适用的行业与地理环境、消耗能源类型、应用规模等背景特性，还包括该技术操纵者的知识水平、经验技能、经济状况、文化传统、价值观念等属性。这些属性隐含于技术形态之中，使技术成为历史文化的凝结物与载体。可见，地域性和技术形态与生俱来，是技术的天赋禀性。看不到这一点，就不是辩证法的观点。任何具体技术形态总具有一定的地域性，不存在不表现为一定地域性的纯粹技术形态。

从本质上说，技术地域性就是辩证唯物主义的物质形态多样性原理在技术领域的具体体现。技术地域性将丰富的技术系统个性，以及技术系统之间的差异性全方位地展现出来。对于任何具体技术形态，我们总可以在以上述诸属性为基本向度而构成的多维空间中，定量地描述和展示该技术形态的地域性。在这个多维空间中，地域性相似或相近的技术形态往往聚集在一起，形成一个技术族系，其间存在着技术上的亲缘关系；反之，地域性差异较大的技术形态在这个空间中则离散分立。①

从技术发展史角度看，任何具体技术形态总是为实现主体的特定目的而建构

① 王伯鲁. 技术地域性与技术传播问题探析[J]. 科学学研究，2002(4).

起来的,总是具体时空条件下的产物。该技术形态具有实现这一特定目的的基本功能,这就是技术的专用性。技术的专用性是技术个性、特殊性的体现。由于主体目的发生的重复性,以及主体目的之间的相似性,该技术形态将长期服务于此类目的的实现过程,从而形成相对稳定的技术形态。此后,由于技术与目的的可分离性,以及地域性上的相似性等特点,该技术形态也可能发展演变为其他技术形态,或者被转用于其他目的的实现过程。这就是技术的通用性。技术的通用性是技术共性、一般性的体现。

专用性技术形态往往通过如下两种途径转化为其他技术形态:一是作为技术单元被纳入高层次技术系统的建构之中。如蒸汽机技术系统被整合到蒸汽机车、蒸汽轮船等技术系统之中,程序控制技术被整合到数控机床、交通信号等技术系统之中,等等。二是被改造后转化为其他技术形态。如监视器技术系统被改造为电视接收机技术系统,汽车技术系统被改造为混凝土搅拌运输技术系统,等等。在后一条途径中,原有技术系统或是被肢解后,部分技术单元并入新技术系统之中;或是剥离次要部分,保留核心部分,改头换面,转化为另一种技术形态;等等。

任何具体技术形态都是个性与共性、特殊性与一般性的统一体,因而,总是同时兼具专用性与通用性。不存在只有专用性而无通用性的技术形态,也不存在只有通用性而无专用性的技术形态。一般说来,在同一结构层次上,人工物技术形态的通用性较强,专用性较弱;反之,流程技术形态的通用性较弱,专用性较强。同样,动作技能或智能因素比例越大的技术形态,通用性就越强;反之,专用性就越强;等等。

(3)技术的差异性与同一性

世界上没有完全相同的两片树叶,也没有完全相同的两个技术系统。应当说明的是,技术形态不同于技术系统,其间有如物种与个体之间的关系一样。技术世界中的众多技术形态在结构、功能等方面的差异明显,恕不赘述。即使同一种技术形态的不同技术系统之间的差异也是存在的,只是这些差异微小,处于我们容许的范围之内罢了。如在同一条生产线上,按同一标准、规格制造的工业产品之间,也有一定的误差。至于该产品内部的微观物理结构、化学成分均匀度,生产的时空条件、使用寿命等方面的微小差异,更是不容置疑的客观事实。

与技术差异性同时并存的还有技术的同一性。由于技术创造或使用者、目的、行业等方面的联系,不同技术形态之间又存在着相似性和同一性。技术与生物、技术世界与生物世界之间存在着许多相似性,把生物学的研究成果类推到技术研究中的类比方法，已为许多学者所采用。①② 我们也可以参照纲、目、科、属、种等生物分类方法，表述不同技术形态之间的隶属关系或同一程度。差异较小的众多技术形态，可以归为同一“种”技术形态，如大大小小、各式各样的自行车，都可以归入自行车技术形态之中。差异不大的众多技术形态，可以归为同一“属”技术形态，如自行车、摩托车、汽车、火车等交通工具，都可以归入陆上交通工具技术形态之列。差异较大的众多技术形态，可以归为同一“科”技术形态，如陆上交通工具、水上交通工具、空中交通工具等，都可以纳入交通工具技术形态之中。差异很大的众多技术形态，可以归为同一“目”技术形态，如交通技术、通讯技术、化工技术、建筑技术、农业技术等，都可以归入自然技术形态。进而言之，自然技术、社会技术、思维技术等，又可以归入同一“纲”技术形态——广义技术世界之中。正像生物分类并不是绝对的一样，对技术的这种分类也是相对的、可变的，可以同时并存着多种技术分类体系，其间往往会出现交叉关系。

技术的差异性与同一性广泛存在于各种技术形态之间。差异性是绝对的、无条件的，正是技术的差异性，造就了技术形态的多样性、丰富性。同一性是相对的、有条件的，正是技术的同一性，造就了技术形态之间的相似性、相关性与互动转化，形成了统一的技术世界。

2. 孕育新技术的温床

活动是人的基本属性，体现在人类生活的各个领域。认识与实践活动是人类目的性活动的基本形式，它总是有目的、有计划地推进的。“认识什么？”“如何认识？”“做什么？”“如何做？”，始终是认识和实践活动展开的轴心。前者是认识和实践目的的体现，后者是认识和实践手段的体现。从广义技术的观点看，“如何认识？”与“如何做？”本质上就是一个技术问题。正是这类问题的不断涌现刺激着技术进步，从而使主体目的性活动成为孕育和催生新技术的温床。从这个意义上说，目的性活动是产生技术之母。

从逻辑的观点看，主体生存与发展的现实需求是萌发目的的客观基础，主体意识能力则是形成目的的主观前提。目的性活动是经过理性筹划与设计，并在主体意志控制下指向客体的对象性活动。目的性活动在时间上体现为一个各环节或阶段相继展开的过程；在空间上则形成一个各相关因素相互依存的内在结构。

---

① 乔治·巴萨拉.技术发展简史[M].上海：复旦大学出版社，2000.

② 约翰·齐曼.技术创新进化论[M].上海：上海科技教育出版社，2002.

技术就是内在于目的性活动之中的这种稳定而有序的时空结构。目的性活动中所运用的工具、设备及其组合方式、操作程序等因素之间的差异，就形成了不同的技术形态。在现实的目的性活动过程中，不同的主体会选择或创造出不同的技术形态；不同的行动目标或客体对象客观上也要求不同的技术形态。这也是推动技术形态繁衍的动因。作为主体的创造物与目的性活动的灵魂，技术形态一经创立，就会脱离创立者而获得客观独立性，在文明社会中传承，成为技术世界的组成部分。

(1)实践活动中的技术发生

作为马克思主义哲学的基本范畴，实践泛指人们能动地改造和探索现实世界的一切社会的客观物质活动。实践是主观见之于客观的能动性活动，是人类目的性活动的典型形态。实践作为孕育新技术的母体，比较容易理解。因为在“做什么？”确定之后，“如何做？”就成为实践活动的中心内容。面对这一现实问题，人们总是在该时代所提供的技术建构“平台”上，创造性地探求实现实践目的的各种可能途径，进而对其进行模拟、预测、评价和筛选。在选定的可行性方案基础上，人们又会进一步构思和设计出更为详尽的实施计划。最后再按照实施计划建构具体的机制、组织体系与运行程序，并通过这一相对稳定的组织体系或机制的有序运作，实现改造客观对象的目的。应当指出的是，上述技术创建过程并不是直线推进的，各环节之间还普遍存在着动态协调、反馈互动的递进完善机理。关于这一机理，在第四章中再作展开论述。可见，技术形态是在实践活动中摸索和建构起来的，以派生目的为核心的技术创造实践更是如此。

在这里，值得一提的是，西方技术哲学家屡次提到的《庄子·天地》中的一个故事，从一个侧面反映了他们技术观念的片面性、狭隘性。“子贡南游于楚，反于晋，过汉阳见一丈人方将为圃畦，凿隧而入井，抱瓮而出灌，滑滑然用力甚多而见功寡。子贡曰：‘有械于此，一日浸百畦，用力甚寡而见功多，夫子不欲乎？’为畦者仰而视之曰：‘奈何？’曰‘凿木为机，后重前轻，挈水若抽，数如泆汤，其名为槔。’为圃者忿然作色而笑曰：‘吾闻之吾师，有机械者必有机事，有机事者必有机心。机心存于胸中，则纯白不备；纯白不备，则神生不定；神生不定者，道之所不载也。吾非不知，羞而不为也。’”①②许多西方技术哲学家，都把这一故事作为中国古代对技术进行批判性反思，尤其是技术的价值负载观念的典型。其实，在广义技术

---

① 卡尔·米切姆.技术哲学概论[M].天津：天津科学技术出版社，1999，1.

② F. 拉普.技术哲学导论[M].沈阳：辽宁科学技术出版社，1986，85.

视野中,“凿隧入井,抱甕出灌”是一种目的性活动序列,本身也是一种灌溉技术形态。只不过它比以槔为核心的灌溉技术形态更原始,物化因素更简单、效率更低罢了。两者都是在长期生产实践活动中摸索出来的灌溉活动序列或方式,我们没有理由只承认后者是一种技术形态,而把前者排斥在技术范围之外。西方人文主义的技术哲学家,以此技术观念为基础所进行的技术反思与批判,其实只是针对现代技术形态而言的,因而是狭隘的、不彻底和缺乏历史眼光的。

(2)认识活动中的技术发生

认识是在人的意识中反映或观念地再现现实的过程。积极主动的认识行为是人类目的性活动的基本形式。同样,“认识什么?”确定之后,“如何认识?”就成为认识活动展开的中心线索。这一过程也是派生新技术的重要源泉,这一点不易理解,应当予以说明。辩证唯物主义认为,在实践活动的基础上,从感性认识到理性认识,再由理性认识到实践的两次飞跃,是认识发展的两个基本环节,其中的每一个环节都离不开技术的支持。感性认识是人们的感觉器官直接感受到的关于事物的现象、各个侧面、外部联系的认识。人们的感觉器官有许多局限性,往往需要通过间接观察或实验途径拓展认识领域,实现感性认识目标。所谓间接观察是指借助仪器设备对事物进行的观察活动,而实验则是指在人为控制或变革事物的条件下主动感受事物,本质上属实践的范畴。在这一过程中所创建的仪器设备,形成的观察或实验程序、方法、技巧等都是重要的技术成果。

理性认识是人们通过抽象思维所达到的关于事物的本质、全体和内部联系的认识。人们总是在丰富的感性认识基础上,运用分析与综合、归纳与演绎等抽象思维方法,对这些感性材料进行思维加工,以概念、范畴、判断、推理等逻辑形式达到理性认识。其间所形成的思维方法、逻辑规则以及加工整理经验材料的程序、诀窍、计算机软件等,都是思维技术成果的具体表现。

理性认识向实践飞跃的核心就是认识真理性的检验问题,往往也需要通过若干具体的实验验证才能完成。一般地说,理性认识是普遍的、抽象的,而实验事实总是个别的、具体的,需要通过逻辑分析技术才能说明理性认识与实验检验之间的内在联系。同时,实验检验本身就是一项有目的的具体实践活动。在其设计和实施过程中,必然会运用到以往的技术成果或创建出新的技术形态。今天,作为一种发育成熟的典型认识形态,科学研究的深化愈来愈取决于思维技术与先进实验技术的发明与支持。科学技术化趋势既体现了技术在科学研究中的重要作用,也说明了科学研究是派生新技术成果的重要源泉。

总之,认识和实践活动是孕育新技术的温床。随着认识和实践活动的发展,认识或实践目的、客体对象、时空场合、活动过程诸环节或程序等因素中的任一因素的变革,都预示着新技术形态出现的可能性。作为一种相对独立和稳定的文化样式,技术形态并不以具体认识或实践目的的完成而消解。这些技术成果会逐步累积起来,形成技术世界,成为支持认识和实践发展的技术"平台"。

四、技术起源的历史追溯

历史是逻辑的基础,逻辑是历史的派生物,两者是辩证统一的。要想深刻地理解技术的广义界定,就应当追溯技术的历史起源。正如 F. 拉普所言:"给'技术'下一个非历史的定义是不可能的。既然技术是一种历史现象,那么只有在特定的历史背景下才能概括出技术的概念。"①同样,技术的起源也是技术世界形成的历史起点。对该问题的探讨不仅有助于理解广义技术定义,而且也为探究技术世界提供了理论基础。

技术是如何产生的?是一个涉及史前考古学、人类学、技术史、技术哲学等相关学科领域的重大基础性课题,也是一个长期困扰人类理智的朴素而神秘的问题。近百年来,人们先后提出了技术起源于生存需要、巫术、劳动、模仿、好奇心(兴趣)、游戏(玩具)、知识(科学)、经验直觉、机会(机遇)等多种观点。这些说法都有各自的理由和根据,但多属于不完全归纳基础上的经验性说明,不同程度地存在着多种缺陷,难以令人信服。因此,有必要在广义技术视野下追溯技术的起源。

1. 技术起源的本能延伸假说②

人类历史表明,技术不是从来就有的,也不是永远如此的,而是经历了一个从无到有,由简单到复杂,从低级到高级的漫长发展历程。人们普遍认为制作工具是一种典型的技术活动,学术界也把它作为人类从自然界提升出来的主要标志。③ 因此,从这一点来说,技术是与人类相伴而生的,人一开始就是技术的人,

① F. 拉普. 技术哲学导论[M]. 沈阳:辽宁科学技术出版社,1986,21.

② 王伯鲁. 技术起源问题探幽[J]. 北京理工大学学报,2000(3).

③ 李庆臻. 简明自然辩证法词典[M]. 济南:山东人民出版社,1986,7.

劳动一开始就是在技术基础上进行的，技术的历史与人类社会的历史一样久远。① 技术是人类目的性活动的基础和灵魂，是理解人类社会发展的一把钥匙。

(1)人类进化的特殊性

从本质上说，技术的起源从属于人类的起源，没有人类的出现，便没有技术现象的发生。“由于对腊玛古猿的系统地位存在争议，到目前为止，能够确认的最早的人科成员是南方古猿(Australopithecus)，其生存的地质年代从上新世一直到更新世早、中期，大约距今500万—100万年前，其中有一段时间是和人属成员共存的。”②因此，原始技术的发生应晚于500万年前。这与在肯尼亚的塔纳河以东地区发现的，迄今最早的1470号人的粗制石器的年代(距今290万年前)是大致吻合的。③

有生于无，技术现象是由非技术现象演化而来的，然而，对这一过程的探索一直是科学研究的薄弱环节。“尽管因为科学只解释事物如何在自然中或作为自然的部分产生出来，所以还没有任何关于这样一种存在起源的科学知识，但有可能构造一个神话，即人如何已经存在于自然之中和技术之外，而后转化为自然之外和技术之中的一种存在。”④既然南方古猿是人类的祖先，那么，技术现象的萌芽也就应该到南方古猿的日常生活中去搜寻。

古生物学研究表明，南方古猿是生活于第三纪的灵长类哺乳动物，过着适应森林环境的树上生活。南方古猿属杂食类动物，以果实等林产品为主要食物。大自然的造化与生物遗传机理所赋予的种种本能，是南方古猿在森林生态系统中安身立命的基础。南方古猿的本能可看作是一种处于萌芽之中的“前技术”形态，是原始技术的直接来源。

遗传与变异的对立统一是生物进化的内在根据，生物与环境的相互作用是生

---

① 美国技术史学家M.克兰兹贝格(Melvin Kranzberg)，把他对技术的研究成果概括为六条定律。其中“克兰兹贝格第六定律：技术就是人本身的活动。研究灵长类进化的人类学家和考古学家告诉我们有目的地制造工具在形成人类中的重要性。我们人类的身体发展显然与文化发展联系在一起，因此使技术成为人类文化最早和最基本的特征之一，并促进语言和抽象思维的发展。换言之，如果人同时不是‘制造者’(Homo faber)，就不会成为‘智人’(Homo sapiens)”(详见中国社会科学院自然辩证法研究室.国外自然科学哲学问题[M].北京：中国社会科学出版社，1991，199.)，可以看出，克兰兹贝格已经意识到了技术活动方式的主导地位及其在人类发展过程中的重要性。

② 林耀华.民族学通论[M].北京：中央民族大学出版社，1997，29、32.

③ 王玉仓.科学技术史[M].北京：中国人民大学出版社，1993，199.

④ 卡尔·米切姆.技术哲学概论[M].天津：天津科学技术出版社，1999，25.

物进化的基本动力。生物以随机的基因突变形式缓慢变化,同时,环境条件也直接诱使遗传物质的改变,与遗传信息一起决定着物种的变异方向。按照突变选择理论,从猿到人的进化是通过突变、选择、隔离等环节实现的。其中,适应生存环境变化的南方古猿的变异性状被选择和保留了下来,从而定向地改变着种群的基因频率,使南方古猿朝着适应生存环境变化的方向进化。大约在300万年前,从南方古猿的进步型——阿法种中进化出了早期直立人。这是人类体质进化史上的一次飞跃。研究表明,以能人为代表的早期直立人的手足进一步分化,在体质、本能、行为方式等方面都与当年的南方古猿存在着重大差别。早期直立人已经能制造砾石工具和粗制石斧,平均脑容量达637cm^3,额部和头顶语言区发达,可能产生了分节语言。

在早期直立人的进化过程中,气候变迁可能是最直接的外部诱因。研究表明,在距今320万年前,地球进入了寒冷的冰期,雪线下降,冰雪从两极向赤道逼近。寒冷使地表植物生产量下降,大批动植物灭绝。许多生活在高纬度地区的动物,因气候寒冷和食物短缺而被迫向赤道附近迁徙,从而造成该区域森林生态系统严重超载,食物匮乏。在生存竞争压力下,一部分南方古猿不得不离开森林到附近相对温暖的河谷地带谋生。这也是为什么早期直立人的化石和石器材料,主要在位于赤道附近的非洲被发现的原因。生存环境的变迁对这部分南方古猿的进化,产生了极大的选择与隔离作用,其种群的基因频率与行为方式,朝着有利于支持地面生活需要的方向进化。如"直立"姿势可以更多地获取周围的动态信息,趋利避害,而成为南方古猿的一个进化方向等。

(2)后天技能的发展

正如我们在动物成长过程中所看到的那样,高等动物还有一种以心理为基础的学习能力。事实上,通过后天经验习得的行为技能与天赋本能一起,支撑着处于环境变迁之中的动物的生存与发展。作为本能的补充和延伸,后天发展起来的技能(或技巧)与动物生存环境,群体内部的技能传习方式以及个体成长历程等因素密切相关。① 这些技能在动物个体之间差异很大,例如,人工饲养的动物与野生动物的捕食技能之间就存在着较大差别。现代体育竞技训练的目的就在于开发和拓展人类的后天技能。

---

① "行为遗传系统通过哺乳动物和鸟类中的社会学习以及人类的符号语言,使得学习和行为信息的传递成为可能。通过渐成遗传和行为遗传,信息能够以不通过DNA碱基序列的方式代代相传,并且这些传递系统允许环境诱导、获得的和习得的变异的遗传。"(详见约翰·齐曼.技术创新进化论[M].上海:上海科技教育出版社,2002,32.)

由于本能的改变是种群内部多代基因突变累积的结果，往往需要漫长的历史过程。因此，南方古猿生存环境的迅速变迁，势必强化其后天技能的摸索与传习活动，以尽快弥补先天本能方面的欠缺，以适应生存环境的变化。历史上许多高等动物灭绝的一个重要原因，就在于它们后天技能的缓慢发展难以适应当时快速变化的环境。动物后天技能愈发达，生存能力就愈强，也就愈容易被定向选择，反之亦然。由此可见，后天技能磨炼也是推动人类进化的重要力量。① 这一经验事实曾被进化论先驱者拉马克不恰当地概括为获得性遗传原则。从这个意义上说，前后肢分工、脑量增加以及手的灵巧化等早期直立人的进化成果，也可以看作是“形成中的人”世代习得技能累积的结果。正如恩格斯所说：“手不仅是劳动的器官，它还是劳动的产物。”②从这一点来说，基于肢体器官的本能并不是一成不变的，后天习得的技能成果会通过基因突变选择途径内化为本能，推动肢体器官的进化。

作为“形成中的人”新的天赋本能，直立姿势的确立、手的灵巧化与脑量的增加等进化成果，将随之转化为它发展新技能的起点。为了更快更好地适应变化着的环境，形成中的人在“困境之中”或“情急之下”，偶尔还会利用外在的自然物弥补肢体器官的欠缺，以延伸或扩大肢体器官的先天本能，如利用“石块”砸击猎物，运用险峻地形或尖锐的“枯枝”抵御猛兽袭击等。正像我们今天在许多高等动物的学习实验中所看到的那样。③ 起初这些活动多是不自觉或迫不得已的，事后，偶然借助天然物品的奇特效果，会促使它们有意识地重复和模仿这一过程，有目的地寻找应手的天然物品，从而出现了建构技术系统的原始冲动。这就在形成中的人与天然工具之间确立了对象性关系，使后天技能的发展达到了一个新的高度，为捡选和制造工具技术的产生奠定了基础。据推测，这一时期的天然工具可能是一次性或短期使用的。因为如果长期使用同一个天然工具，肯定会在这些天然物品上留下明显的痕迹，但至今尚未发现这类石器等工具。值得一提的是，马克思关于技术本质的器官延长说，卡普关于技术本质的器官投影说，与这里的技术源于本能的假说，在逻辑上是一致的，具有内在相关性。

2. 原始技术发育的三个阶段

正像人的进化历程一样，技术也不是瞬间产生的，而是经历了一个漫长的孕

---

① 皮亚杰. 行为，进化的原动力[M]. 北京：商务印书馆，1992，101.

② 马克思，恩格斯. 马克思恩格斯选集（第3卷）[M]. 北京：人民出版社，1972，509.

③ 爱德华. L. 桑代克. 人类的学习[M]. 杭州：浙江教育出版社，1998，3.

育过程。按照技术起源的本能延伸假说,伴随着从猿到人的进化历程,原始技术发育可能至少经历了如下三个历史阶段:①

(1)动作技能发展阶段

南方古猿离开森林后,原有的适应森林生活环境的天赋本能与后天技能,一时难以满足新的地面生活环境的需求,这就迫使它们进入了后天技能的快速发展时期。这一时期,形成中的人是在不自觉地适应生存环境,处于以心理体验与感知为基础,以肢体器官特定姿态的定向化及其彼此间协调配合为核心的动作技能发展阶段。芒福德在论及技术的起源时曾指出,"人之提升为人,是因为它拥有一个比任何后来的装备更重要的、能够服务于所有目的的工具——它自己的心灵激活的身体。比起那些极端原始的工具来说,人体本身是早期人类扩展他的技术水平的更重要的财富,尽管它并不特定于任何一个单一的任务,但它在使用它的外部资源与它同样丰富的内部资源——精神资源上更为有效。"②关于这一点,恩格斯也曾指出:"只是由于劳动,由于和日新月异的动作相适应,由于这样所引起的肌肉、韧带以及在更长时间内引起的骨胳的特别发展遗传下来,而且由于这些遗传下来的灵巧性以愈来愈新的方式运用于新的愈来愈复杂的动作,人的手才到达这样高度的完善。"③动作技能的主要成果表现为身体前后肢的分工、手的灵巧化、分节语言的产生等。应当看到的是,这里的技能尚未完全脱离本能形态,带有明显的本能痕迹。

(2)使用外物技能阶段

随着活动领域的扩大,在趋利避害本性的诱导下,在肢体进化与动作技能发展的基础上,形成中的人进入了借用外在天然物扩大和延伸肢体本能的新阶段。这一时期是以萌芽状态的思维活动与感性经验为基础,以肢体器官与天然工具之间的协调配合为核心的。形成中的人力图把外在的天然工具纳入自身肢体活动体系,转化为自己的"无机器官"。按照语言发育历程推测,这一阶段主、客体已经开始分化,但尚未形成关于天然工具等事物的抽象概念,仅停留在具体性的形象思维或感性认识阶段。④ 在这一阶段,形成中的人的行为与今天黑猩猩、长臂猿等许多高等动物的合目的性行为类似。应当指出的,使用外物技能可作为人类诞生的低级技术标志。

---

① 王伯鲁.技术起源问题探幽[J].北京理工大学学报(社会科学版),2000(3).

② 高亮华.人文主义视野中的技术[M].北京:中国社会科学出版社,1996,45.

③ 恩格斯.自然辩证法[M].北京:人民出版社,1971,151.

④ 列维—斯特劳斯.野性的思维[M].北京:商务印书馆,1987,20.

(3)制造工具技术阶段

天然工具的神奇功效,使它逐步演化为形成中的人日常生活中不可或缺的东西。形成中的人很可能已经观察和注意到了石块、枯枝、骨物等天然工具的自然形成过程,如大石块滚落撞击后解体为小石块,形成尖、刃、棱等形状。随着早期直立人采猎生活场所的变更,他们可能一时难于找到得心应手的天然工具,这时,以往关于天然工具自然成型过程的感性经验或情景记忆,会促使他们有意识地模仿这一过程,从而跨出了具有重大历史意义的一步,踏上了人工试制工具的艰难探索历程可能经历了许多代人成千上万次失败的磨难,先民们才逐步摸索出了相对稳定、成熟的石器制作工艺流程技术形态。

尽管迄今发现的最早一批粗制石器与天然石块差别不大,但它毕竟是早期直立人智慧的结晶与外化的产物,是人类目的性活动的重要成果。正如约翰·齐曼所言:"'设计'远不仅指合理的建构,它还含有目的性。一个技术人工制品是按其实际用途来定义的。除非新样品被完全无心地制成,但即便是原型的石斧的制备也不会如此,它们的变种特征必然与其制造者生活中的有意作用相关。这毕竟是'人工制品'与'有用之物'(如捡起来用于投掷的鹅卵石)之间的区别。"①学术界通常把制造粗制石器作为人猿揖别的分水岭,这可看作人类诞生的高级技术标志。值得注意的是,人类诞生的这一技术标志,是狭义技术论者与广义技术论者共同认可的。

理智作为人类生存的根据与后天能力发展的源泉,在技术发展过程中发挥着愈来愈重要的作用。"对具体技术发展进行合理的综合分析,除了本能的决定因素之外,还要考虑到技术活动的智力前提。"②随着脑量的增加与分节语言的产生,早期直立人的智力尤其是思维能力得到了长足发展。简单的工具制造活动表明,早期直立人已经能在不同形状、材质的石块、枯枝等天然工具使用经验效果的基础上,意识到尖、刃、棱等结构的功能与属性,形成尖、刃、长度、重量、利器、钝器等笼统概念或意象,并做出利器优于钝器的粗略判断或想象,进而达到使用利器更容易捕获猎物的简单推理或联想等理性思维高度。这些成就标志着经验知识与思维技术形态的萌芽。皮亚杰(J. P. Piaget, 1896—1980 年)对儿童智力发育的研究成果也间接地印证了这一推测。在生物重演律的基础上,"皮亚杰还认为,通过精神结合创造新方法的过程有点类似于逻辑思维的演绎过程。因为从形式上

---

① 约翰·齐曼. 技术创新进化论[M]. 上海:上海科技教育出版社,2002,8.

② F. 拉普. 技术哲学导论[M]. 沈阳:辽宁科学技术出版社,1986,98.

说,这种行为方式是以若干图式为前提,如抓握图式、推拿图式、晃动图式等,推出一个能够应付新情况的具体行为图式。但是这一演绎不是严格意义上的逻辑思维,只是动作水平上的一种演绎,也就是通过动作表现出来的演绎。"①

进化总是以系统的方式立体推进的,某一部分的发展变化必然会影响和带动其他部分的进化发展。早期直立人将上述粗浅的认识成果应用于工具制作活动之中,通过对象性活动把构思、设计外化为实物工具,形成原始的石器工具技术形态。这是人类历史上第一个完整的技术系统。起初的粗制石器不仅制作工艺粗糙,而且一种石器往往兼有多种用途。② 后来,随着晚期直立人智慧的提高,石器制作工艺流程技术形态不断完善,出现了结构与功能专门化的多种石器。此外,先民们还创造出了使用和保存火种、自然分工、围猎等一批原始技术形态,为此后原始社会技术体系的形成与快速发展奠定了基础。由此可见,原始技术经历了一个漫长的孕育历程。那种否认技术与动物本能的亲缘性,把技术的诞生想象为一蹴而就的简单观点是幼稚的、不足取的。

3. 原始技术发育历程的同步比照

生物学研究表明,个体发育总是以压缩的形式重复着系统发育历程。这就是生物重演律。按照这一原理,上述关于原始技术发育过程的推测,可以从儿童认知能力发育阶段的特点得到间接支持。瑞士著名心理学家皮亚杰把儿童认知能力的发育过程划分为:感知运动阶段、前运演阶段、具体运演阶段和形式运演阶段。从各个认知能力发育阶段的特点来判断,感知运动阶段(从出生到2岁左右)与这里的动作技能阶段大体对应;前运演阶段的第一个水平(从2岁到5岁)与使用外物技能阶段相当;前运演阶段的第二个水平(从5岁到6岁)与制造工具技术阶段相对应;③而具体运演阶段和形式运演阶段则超出了原始技术发育阶段,与制作技术形态、设计技术形态等现代技术发展阶段相对应。作为人类起源过程的几个侧面,原始技术发育阶段、人类进化阶段、人类智力发育阶段等维度之间,大致存在着如下表所示的横向对应关系。

---

① 雷永生 王至元等.皮亚杰发生认识论述评[M].北京:人民出版社,1987,90.

② W.C.丹皮尔.科学史及其与哲学和宗教的关系[M].北京:商务印书馆,1975,23.

③ 皮亚杰.发生认识论原理[M].北京:商务印书馆,1986,21.

原始技术发育阶段比照简表

	原始技术发育阶段	人类进化阶段	人类智力发育阶段	儿童认知能力发育阶段
1	动作技能阶段	南方古猿阶段	心理感知阶段	感知运动阶段
2	利用外物技能阶段	形成中的人阶段	具体性的非逻辑思维阶段	前运演阶段的第一个水平
3	制造工具技术阶段	早期直立人阶段	理性思维的萌芽阶段	前运演阶段的第二个水平

值得一提的是，尽管今天的儿童主要是通过模拟或游戏活动学习知识和掌握技能的，近代的许多具体技术形态也直接导源于玩具，但技术起源于游戏的观点却存在着致命的缺陷。在严酷的自然选择或生存压力下，形成中的人的活动是以觅食和抵御猛兽袭击等生存需求为核心的，这与今天在家庭和社会百般呵护下的儿童成长过程大相径庭。同样，处于饥饿或恐惧状态之中的现代儿童也是无心游戏的。作为一项奢侈活动，狭义的游戏是与富裕和闲暇密切联系在一起的。其实，游戏是对现实生活的简化与模拟，在人类进化史上出现得很晚，不能与技术悠久的历史起源同日而语。

应当强调的是，人类起源是一个漫长而复杂的系统进化历程，是种系内外多重因素协同进化的结果，至今尚有许多空白或断环有待于深入研究和进一步说明。作为人类进化的重要成果之一，原始技术的产生也是在当时区域生态系统内外多重因素的非线性协同作用下出现的，其中的许多重要因素及其作用机制至今还未弄清，还有待于我们进一步深入研究。

第二章

多维视野中的广义技术形相

如果我们仅仅停留在技术概念的广义界定阶段,那么,对技术的认识就只能是抽象的、片面的和初步的。正如恩格斯所言,“在科学上,一切定义都只有微小的价值。要想真正详尽地知道什么是生命,我们就必须探究生命的一切表现形式,从最低级的直到最高级的。”①同样,要想真正详尽地认识技术,我们就应该沿着“由抽象到具体”的思路,探究技术的种种表现形态。鉴于人们从狭义技术视野审视技术的习惯根深蒂固,这里有必要从多个层面描绘广义技术形相,为全面揭示广义技术世界结构与演化过程奠定基础。

目的性活动是孕育新技术的温床。人类有多少种目的性活动,就有多少种具体技术形态。具体探究这些技术形态的结构与特点,是各门工程科学以及实际工作的任务。种类繁多、形态各异的具体技术形态之间往往存在着许多相似性,这是从哲学上认识和把握技术形态的客观基础。技术是多重属性的集合体,从不同的角度审视,就会看到不同的属性,形成不同的形相。对技术进行分门别类的剖析,是全面把握技术形态的基础。美国技术哲学家卡尔·米切姆,从对象、过程、知识、意志四个维度对技术类型的剖析,就是沿着这一思路展开的。②

一、“技术”一词的语言学透视

语言是社会发展的产物,是人类认识与实践活动的反映。其实,语言的形成和发展与人类历史一样久远。作为人类生活的重要组成部分,“语言固有的、直接的意义‘就在于它所标志的那些观念’,而观念又是事物和表象的标志,这样,语言

---

① 马克思恩格斯选集(第3卷)[M].北京:人民出版社,1972,122.

② 邹珊刚.技术与技术哲学[M].北京:知识出版社,1987,250—291.

就有它所参照的东西，它参照于别人心中的观念，参照于事物的实相或实况。”① 可见，同化石一样，语言尤其是字、词、句式等结构中，记录和保存着该语言形成初期的社会实践与认识方面的许多信息，也从一个侧面再现了社会的发展与时代的变迁。沿着语言演化的历史线索追溯，人们可以了解事物发展乃至人类观念的演进历程。因此，语言分析已成为人类学、民族学、考古学等学科的重要研究工具。

语言是思维的外壳，是思维再现、建构与创造的原材料。随着认识活动的发展，人们记录和表达认识成果的语言形式也处于发展变化之中。因此，语言分析也是研究认识与思维发展的一种基本方法。“语言分析即使在直接认识活动方面也并非无关紧要，对于间接认识活动更称得上至关重大，因为在这种情况下，知识的对象没有直接给予，思维的运动也常常十分复杂，这就使得精确的符号表述必不可少。”②正是基于对语言功能的这一认识，结构主义、逻辑经验主义等哲学流派，甚至把语言分析视为哲学研究的基本途径。

1.“技术”一词的词源学考察

以往的技术哲学研究者，多是从不同语种的词源、词义、用法、译法等角度分析“技术”一词的③④。在此，笔者则借用语言分析工具，试图从汉语象形文字的结构特点出发，对“技术”一词所包含的原始信息进行粗略分析，进而区分“技术”一词的不同含义和用法。

文字符号的出现改变了人类文明的传播与延续方式，标志着文明史的开端。然而，与言语相比，文字符号的出现要晚得多。据我国古代神话传说，汉字是由黄帝时代的大臣仓颉创造的，距今已有 5000 多年。汉字的出现改变了中国古代结绳记事的历史，揭开了中华文明的新篇章。事实上，在广义技术视野中，如同石器的制作一样，文字的创造和运用本身就是一项伟大的技术创举。书画同源，汉字符号是由原始绘画演化而来，历经陶文、甲骨文、金文等书写格式与演化形态，最后才逐渐演化为今天的标准汉字。东汉许慎所撰的《说文解字》一书，是一部系统解说汉字字义及其渊源的重要典籍。该书初稿形成于汉和帝永元十二年（公元 100 年），真实地记录了东汉及以前各历史时期，大多数汉字的结构、写法、由来、字

---

① 车铭洲. 现代语言哲学[M]. 成都：四川人民出版社，1989，6.

② J. M. 鲍亨斯基. 当代思维方法[M]. 上海：上海人民出版社，1987，32.

③ 陈昌曙. 技术哲学引论[M]. 北京：科学出版社，1999，92.

④ 陈凡 张明国. 解析技术——“技术—社会—文化”互动论[M]. 福州：福建人民出版社，2002，1.

义、发音等重要信息。其中许多汉字中记录、描绘和折射着早期技术活动信息,是我们分析“技术”一词的主要依据。

“技术”一词由“技”与“术”二字复合而成,早期多分立使用。许慎的解释是:“技,巧也。从手,支声。”①即“技”就是巧的意思,字义从属于“扌”旁,发“支”音。“術,邑中道也。从行,术声。”②即“術”(同现代的“术”)就是城中道路的意思,字义从属于“行”旁,发“术”音。许慎对“巧”字的解释为:“巧,技也。从工,丂声。”③即“巧”就是技的意思,字义从属于“工”旁,发“丂”音。可见,在这里,“技”字与“巧”字相互解释,最早是指工匠手的灵巧动作。“扌”旁的汉字在现代汉语中有数百个之多,充分体现了手及其躯体动作技能形态在远古时期人类生活中的重要地位。因此,从字源上看,“技术”一词的早期含义可理解为运用工具(或徒手)的一系列连贯动作,即定型化、规范化、程式化的手(或躯体)的灵巧动作。④其中,既包含外在的物化工具之巧妙,也包括运用工具实现目的之技巧。后来,随着社会生活领域的扩大与生活内容的丰富,技术才被赋予了多重含义。这与下述历史维度上的技术形态的发展历程是彼此对应的。据笔者初步考证,“技”“术”的合并使用即“技术”一词的出现,最早见于《史记·货殖列传》:“医方诸食技术之人,焦神极能,为重糈也。”⑤此前,在其他典籍中,“技”与“术”多是分立使用的。

早期的具体技术形态多是由工匠阶层发展起来的。因此,要全面理解技术,还应对“工”字以及“工”旁汉字加以分析。《说文解字》中对“工”字的解释是:“工,巧饰也,象人有规矩也,与巫同意,凡工之属皆从工。(徐锴曰:为巧必遵规矩法度,然后为工,否则目巧也。巫事无形,失在于诡,亦当遵规矩。故曰与巫同意。)”⑥由此可见,“工”字的原意就是巧妙的制作活动,即通过规范化的工具与运用工具的动作技能完成的劳动过程。应当指出,在远古时代,“巫”在社会生活中的地位很高,是一种重要的社会职业,负责祭祀、占卜、通神等原始宗教事务。“巫,祝也,女能事无形以舞降神者也,象人两褎舞形,与工同意。古者巫咸初作

① 许慎.说文解字[M].北京:中华书局,1963,256.

② 许慎.说文解字[M].北京:中华书局,1963,44.

③ 许慎.说文解字[M].北京:中华书局,1963,100.

④ 古希腊哲学家亚里士多德把技术和人们的实际活动联系起来,认为技术的核心就是人类活动的技能(Skill)。(详见 Hendrick Van Riessen, Structure of Technology, Research in Philosophy & Technology, Vol. 2, 1979, P301.)

⑤ 司马迁.史记(全十册)[M].北京:中华书局,1959,3271.

⑥ 许慎.说文解字[M].北京:中华书局,1963,100.

巫，①凡巫之属皆从巫。”②事实上，巫术是通过祭祀、祈祷等仪式或程序，实现消灾、祛病、祈福等目标的目的性活动，可视为一种原始技术形态。“巫术是技术的萌芽状态。……埃吕尔也注意到巫术和技术之间的结构相似。他指出，这两种活动都试图尽可能简便地达到目标。”③

不过，与当时其他工匠的物质生产活动不同，巫术的物化、规范化程度较差。这可归于两个方面的原因：一是巫事是通过祭祀、祈祷、歌舞、心灵感应等活动与神的交感。作为对象的神的神秘性、不确定性，以及巫师心理活动与感应的流动性等，都使巫术难于形成固定的规范。二是巫事多是巫师宗教体验或精神活动的外在表现。在致幻状态中，通过思维与神的情感、信息交流多带有随机性，难于外化和程式化。因此，巫术表面上是动作技术形态，实质上则属于意识活动领域的思维技术形态。从科学的观点看，巫术活动只能求得心灵慰藉与精神寄托，与事物未来发展后果之间并无必然的内在联系，活动效率较低。这也就是为什么巫术后来被历史发展逐步淘汰的原因。

要全面了解中华文明早期的技术形态，还应按照上述汉字结构分析思路，对诸多相关汉字的各种早期写法（尤其是篆体）进行综合性的系统分析。例如：“機，主发谓之機，从木，几声。”④即机（機），自主或自发运动的部分叫机，字义从属于“木”旁，发“几”音。从篆体字形结构上看，“機”字本义为织布机械，它的往复运动发出“叽叽”的声响。“機”字的结构表明，纺织活动最早使用了较为复杂的成套木质机械器具。因此，纺织业在中华文明初期占有十分重要的地位。这与我国以蚕丝为主要原料的丝绸纺织业的悠久历史是一致的。

值得一提的是，今天在中国通行的简化汉字，是新中国成立以来两次文字改革的重要成果。虽然文字改革的进步意义毋庸置疑，但它却把原有繁体字结构中所携带的远古信息也清洗掉了，不足以作为汉字结构分析的直接依据。还应指出，《说文解字》中收录的汉字多是秦始皇推行“车同轨、书同文”政策的产物，被废除的先秦各个历史时期的许多汉字及其多种写法都未收入，因而，从中所获得的信息也是十分有限的。因此，对汉字的结构分析，还应与原始绘画、彩陶文化、甲骨文、金文等相关研究成果和方法相结合，才能使这一分析取得更为丰富、更有价值的成果。

---

① 巫咸：古代著名神巫，一说是神农时代人，另一说是黄帝时代人。

② 许慎．说文解字[M]．北京：中华书局，1963，100．

③ F．拉普．技术哲学导论[M]．沈阳：辽宁科学技术出版社，1986，62．

④ 许慎．说文解字[M]．北京：中华书局，1963，123．

2.“技术”词义的语义阐释

由于自然语言的自发性、歧义性、模糊性等特点,因而,不论是在日常语言中,还是在学术研究中,人们往往是在多种语境或多重意义上使用“技术”一词的。这就造成了在“技术”一词的表述与理解上的混乱。因此,我们应当借助语言分析工具,仔细分析不同语境或句式中“技术”一词的含义。对“技术”词意的这种分析,将有助于澄清混乱,纠正或减少对“技术”概念的滥用,统一人们的认识。

从语言学角度看,与英语等语种不同,汉语词汇的词性并不体现在字、词的构造上,而主要表现在句法关系层面。无论在汉语中,还是在英语里,“技术”一词在句子中至少可以充当名词、形容词或副词,表现出名词、形容词与副词三种基本词性。

(1)名词意义上的“技术” 词与词所表达的意义之间的关系

名词意义上的“技术” 词与词所表达的意义之间的关系十分复杂,是各派语言哲学理论探讨的焦点。作为名词的“技术”一词使用广泛,被赋予了多重含义。从学术用语角度看,概念是对纷繁复杂现象抽象概括的结果,总是通过词语表述的。“技术”一词的含义或指称,与人们对技术现象的认识,尤其是技术定义的理解和把握密切相关。事实上,词的意义是在语境或句子中被赋予的。因此,还应当分析“技术”一词同它所指称的事物之间的语义关系。名词性的“技术”一词应具有两层基本含义:一是指称各种具体技术形态;二是指称技术概念本身,即作为一般的抽象技术概念的名称而存在于语言、思维、理论体系之中。“技术”一词的这两层含义密切相关,前者是后者形成的基础,后者又在思维中给定了前者的范围。对“技术”一词的理解,如果仅停留在第一个层面上,那么就属于语言意义的“指称(referential)论”;如果仅停留在第二个层面上,那么就是语言意义的“观念(ideational)论”。① 两者都是片面的,应当把它们结合起来。

作为学术名词的“技术”含义及使用方面的混乱,直接根源于人们在技术现象认识上的差异。前述技术概念界定上的分歧,就集中地反映了这一混乱状况。至于日常语言中,“技术”名词使用上的混乱就更为突出,②原因更加复杂。西方语言哲学在这方面的分析比较透彻,③恕不赘述。笔者在上一章给出的广义技术概

① 阿尔斯顿.语言哲学[M].北京:生活·读书·新知三联书店,1988,23.

② 远德玉 陈昌曙.论技术[M].沈阳:辽宁科学技术出版社,1986,43.

③ 车铭洲.现代语言哲学[M].成都:四川人民出版社,1989,8.

念定义,赋予了“技术”一词确切的含义。以下的讨论就是在这一意义上使用“技术”一词的。

作为反映技术现象或概念的语言符号,‘技术’是一个‘所指’宽泛的多义词,在不同场合下它的‘意指作用’有所不同,这是造成技术概念使用混乱的语言学根源。因此,应认真分析不同语境下“技术”一词的具体所指,这是澄清概念、消除混乱的重要环节。人们有时用“技术”一词指称主体目的性活动序列的某一部分,如工具、仪器设备、操作者、操作方法、工艺流程等;有时又用“技术”一词指称主体目的性活动序列形成过程中的某一环节,如构思、方案、动作技能、流程运转、效果等;有时也用“技术”一词指称对上述事物所形成的观念;如此等等。应当说这些使用都是“技术”一词的能指所允许的,但问题是这些所指不能脱离把技术视为“目的性活动序列或方式”这一背景。我们应当在整体中言说部分,在系统中言说要素,在目的性活动序列或方式中言说技术。否则就是只见树木,不见森林的孤立见解,对“技术”一词理解和把握上的分歧就不可避免。许多学者对“技术”一词的考察,也都仅仅停留在“技术”的名词性维度上。①

(2)形容词意义上的“技术”

在更多的情况下,“技术”一词是在形容词意义上使用的。这是名词意义的延伸,主要用于修饰与主体目的性活动序列或方式相关的事物。主体目的性活动序列或方式总是形成特定的时空结构,并以系统方式存在。技术系统是一个开放系统,与其构成要素、运行环节、活动主体、客体对象等内外多重因素之间,都存在着直接或间接的联系。由于技术活动的出现而赋予了这些关联要素技术的属性。为了表示这些因素与技术系统之间的关系,名词意义上的“技术”一词就被形容词化了,用于修饰指代这些因素的名词性“主词”。如在“技术人员”的复合词中,“技术”就起形容词作用,修饰主词“人员”,即“处于目的性活动序列或方式之中,掌握一定操作技能或从事技术开发活动的人”。由于技术存在的普遍性,以及技术系统内外联系的广泛性、多层面性,能以这种方式被“技术”一词修饰的名词众多。这是我们通常见到的最为广泛的一类“技术”一词的用法,如技术活动、技术产品、技术过程、技术知识、技术效果、技术指标等。

为“技术”所修饰的名词的具体所指,往往可以独立于“目的性活动序列或方式”而存在,或者在思维中被抽取出来。这就是说它可以游离于我们所谓的“目的

---

① 详见陈昌曙.技术哲学引论[M].北京:科学出版社,1999,92;陈凡、张明国.解析技术——“技术—社会—文化”互动论[M].福州:福建人民出版社,2002,1.

性活动序列或方式"之外。此时的名词所指与技术系统无关,无需"技术"一词修饰。只有当它与技术活动相关联,或者被并入某一"目的性活动序列或方式"之中,成为技术系统的组成部分时,才被赋予了该技术的属性,就可以用这一层意义上的"技术"形容词来修饰。事实上,由于目的性活动是人类活动的基本方式,因此,与"目的性活动序列或方式"无关的事物几乎是不存在的。某一事物如果不是正处于"目的性活动序列或方式"之中,那它很可能就是曾经处于"目的性活动序列或方式"之中,或者将要处于"目的性活动序列或方式"之中的。这也就是为什么作为形容词的"技术"一词大量存在的原因。

(3)副词意义上的"技术"

副词是指修饰或限定动词和形容词的词,多用于对动作、活动的修饰,以表示其状态、范围、程度等。虽然相对于名词或形容词意义上的"技术"一词的使用频率而言,副词意义上的"技术"一词使用较少,但是"巧妙""灵巧""熟练""机智"等同义词、近义词的使用频率并不低。这些词的意义都未超出广义技术范畴,也可以视为"技术"一词的副词性应用。

事实上,除部分本能性、无目的性活动外,人的活动都是个体自由意志的表达与实现,都是自觉的目的性活动,从而体现出技术属性。因此,人们的目的性活动、动作,或由人所创造出来的实物体系的运动,都可以用副词意义上的"技术"及其同义词直接或间接地加以修饰,如技术地运用、技术地解决、熟练地操作、巧妙地构筑等等。由于人们往往只重视目的的实现,而忽视目的的实现过程;或只着眼于目的性活动的局部与环节,而无视目的性活动过程的整体面貌。因此,这种修饰往往使人看不出动作或运动所处的技术系统的大背景,或者不把这些动作或运动视为一个"目的性活动序列或方式"的环节。这种孤立观点的发生,主要归因于语言使用者系统观念的缺乏或广义技术观念的欠缺。

二、历史维度上的技术发展阶段

伴随着人类的进化与社会的发展,技术也经历了一个从无到有、由低级到高级的发展历程。技术的历史发展依次呈现为基于躯体的动作技能、基于工具体系的技术、基于自动控制体系的技术等发展阶段。其中,随着物化技术地位的逐步提高,技术系统功能不断加强,在社会生活中所发挥的作用也愈来愈大。从技术发展史角度看,物化技术的复杂程度,已成为衡量技术发展的重要标志。

1. 基于躯体动作技能的技术发展阶段

如上一章所述，动作技能是在动物本能基础上发展起来的，是人类最先形成的技术形态，也是一切技术活动展开的基础。在技术发育的这一阶段，技术与艺术浑然一体，尚未出现明显分化。人的目的性活动总是伴随着一定的躯体动作，即使在最先进的自动化生产线上，也离不开编制程序、输入命令、按动电钮、监护和调控生产过程等简单动作技能。一般来说，劳动过程或劳动对象愈复杂，或者使用的物化技术体系愈简单，对动作技能的要求也就愈高，反之亦然。如古代手工业技术以动作技巧为核心，现代自动化生产线则以物化技术为核心。

作为一种相对独立的技术形态，动作技能形态表现为实现某一目的的动作序列或方式。在人类生活与生产实践中，动作技能的特点、地位、作用与本能大体相当。这些单个动作间前后相继，联为一体，形成了一个历时性结构。从本质上说，这些动作多不是预先理性设计或筹划的产物，而是在长期实践经验中，反复摸索出来的一套高效率的程式化的动作序列，往往呈现为习惯性的动作过程。“熟能生巧”一词所表达的就是这个道理。完成一个动作往往需要全身心的生理与心理动员，以及肢体、感官、大脑之间的协调配合。“心灵手巧”一词就反映了其间的内在联系。在一个成熟的动作技能形态中，动作发生序列连贯、协调、娴熟，恰到好处，能迅速、准确、高效地实现行动目标。在《卖油翁》《庖丁解牛》《纪昌学射》等我国古代文学作品中，都生动形象地描绘了动作技能及其发展阶段。正像今天对体操、跳水等体育运动水平的评判一样，我们可以选用效率、效果、速度、协调性、连贯性等一系列具体指标，来衡量和评价动作技能系统的优劣。

作为技术发育的初级阶段，动作技能形态多以肢体器官为“工具”，往往赤手空拳地直接作用于客体对象，最接近于动物的本能性活动状态。动作技能适应性强，可塑性大，可以根据不同目的性活动的要求和客体对象的特点，灵活地发展出不同的动作技能形态。动作技能以个体健康为基础，潜在于躯体生命活动之中，与目的性活动同步发生、流逝，并随着个体生命的结束而消亡。动作技能表现出的个性色彩浓厚、个体间差异大、客观化程度差以及可以意会而难于言传等特点，使动作技能的传承难度较大。动作技能多是通过“师傅带徒弟”的传统模式世代教习、沿袭的。但是，徒弟对师傅动作技能成果的体察、模仿和熟练掌握，往往需要经历一个艰难而漫长的体会过程。青出于蓝，但并不总是胜于蓝，这就使得历史上的许多高超技艺，随着技师的去世而逐步失传。

应当说明的是，动作技能是在个体生理、心理与思维活动基础上展开的动作序列,是一种后天习得的个体本领。在现实生活中,理想化的动作技能系统数量很少。作为一种相对独立的技术形态,动作技能系统偶尔也附带简单的物化工具、器械、设备等。作为一种初级技术形态,今天的动作技能形态已从经济活动领域基本退出,主要活跃在体育、医疗、艺术等社会生活领域,其经济价值也为人文价值所取得。这也从一个侧面体现了技术与艺术的同源性。

2. 基于工具体系的技术发展阶段

动作技能形态是技术发育的初级阶段,也是一种极端理想化的技术形态。事实上,现实的目的性活动多是人操纵工具、机器、组织的过程。基于工具体系的技术形态,是由操纵者的动作与外在的工具、机器设备、社会组织等技术单元协调匹配而成的。日常生活中,我们所接触到的大多数技术形态都属于这一类。其中,外在的物化技术因素部分地替代了人的动作技能,将人的肢体及其动作逐步从目的性活动过程中析出,使操作者体能得以放大,从而形成了以操作和运用工具为轴心的新型技术形态。随着时间的推移,不同时代的科学技术进步成果都会不断地转化为物化技术形式。因此,工具技术形态中的实体性成分不断扩大,动作技能性成分逐步缩小,最终演化为自动化技术体系。

应当指出的是,由于物化技术体系日趋发达,这就使许多狭义技术论者形成了见物不见人的狭隘观点。他们只把工具、器械、机器设备等实物技术形态称为技术,而看不到创造、使用或操纵这些实物技术形态的人的活动,或干脆把它们排斥到技术范畴之外。M. 克兰兹贝格曾通过一则小故事,阐发了人及其技巧性活动是技术体系不可分割的组成部分的道理。“一个女士在音乐会后走到伟大的小提琴手克莱斯勒跟前说:‘大师,你的小提琴奏出了如此美妙的音乐。’克莱斯勒把他的小提琴举到他耳朵旁说:‘我从它那里听不到任何音乐。’没有人的要素,乐器、硬件、小提琴本身没有任何用处。但是没有乐器,克莱斯勒也不能奏出音乐。技术的历史是人和工具——手和心——一起工作的故事。”①在这里,尽管克兰兹贝格有把演奏艺术简单地等同于演奏技术之嫌,但他却正确地指出了人及其技巧性活动在技术系统中的重要作用,强调人及其活动在技术体系中的重要地位,见物更要见物后之人、之心,是广义技术观念与狭义技术观念的差别之一。

工具技术形态是人类目的性活动的基本技术形态。该形态发端于人类诞生

---

① 中国社会科学院自然辩证法研究室. 国外自然科学哲学问题[M]. 北京:中国社会科学出版社,1991,199.

之初的工具制作活动,几乎涵盖了迄今所有的人类技术发展阶段。按照物化技术成分的地位与作用,工具技术形态的演进至少可以划分为手工业技术与工业技术两个发展阶段。这两个技术发展阶段体现出不同的特点,手工业技术形态是在动作技能形态的基础上发展起来的,是零星的物化技术因素逐步并入动作技能序列的结果。物化技术因素对肢体及其动作的替代,改变了原有目的性活动的动作序列或方式,从而建构起以目的实现过程为组织线索的松散的历时性结构。在手工业技术形态中,动作技能仍居于主导地位,工具性的物化技术因素尚处于次要的从属地位。运用工具的动作技能(手艺)的娴熟程度,标志着该技术形态水准的高低。

手工业技术多是在个体躯体活动基础上建构的,体系结构简单,可塑性较大,适应性较强。同一技术系统往往稍事调整,就可以实现多个目的。反过来,一个目的也可以由多个彼此间存在差异的手工业技术系统完成。手工业技术系统多以人力或自然力为驱动力,系统尺度多限于可与人体尺度相比拟的范围,难于向超小型或大型活动领域拓展。在手工业技术运行过程中,一个劳动者往往要依次完成技术活动序列的所有环节,个体间的简单分工协作只是间或出现。与动作技能形态类似,手工业技术多以个体活动为主,技术效率与个体经验、手艺熟练程度等个体因素密切相关,带有明显的个性印记。技术体系各环节之间的联结或组合随意性大,标准性与继承性较差,学习和掌握难度大,师傅带徒弟的技艺传授方式尚未突破。徒弟往往需要长期乃至毕生学习、揣摩,才可能熟练掌握师傅的技艺,进而达到炉火纯青的境界。

工业技术形态是在手工业技术基础上形成和发展起来的。作为以派生目的为核心的技术开发活动的产物,物化的机器或机器体系的出现,一方面把劳动者从繁重的体力劳动中解放出来,另一方面也拓展了人类活动领域。机器或机器体系并入主体目的性活动序列,大量替代了原有目的性活动序列中的躯体动作或简单工具的功能,形成了以机器或机器体系为核心的工业技术体系。机器技术形态根源于操作者的动作技能,是设计师智能技术的高度物化。正如马克思所说,工人“使用劳动工具的技巧,也同劳动工具一起,从工人身上转移到机器上面”①。与手工业技术形态不同,在工业技术形态中,个体动作技能已退居次要地位,而物化的机器或机器体系逐渐占据了该技术形态的主导地位。

工业技术形态的出现,首先改变了主体目的性活动方式。手工业技术基础上

---

① 马克思.资本论(第一卷)[M].北京:人民出版社,1975,460.

的个体活动方式,逐步让位于工业技术基础上的集体劳动方式。操纵和控制同一机器或机器体系往往超出了个体的体力或智力范围,动力机、传输机、工作机等部分的同步运转,往往也需要许多人的分工协作。这就必然会形成一个共同的劳动集体,刺激社会的纵向分化,进而形成相应的社会技术形态。在分工协作过程中,每个人只完成该技术系统运转的某一个环节的操作,大家各司其职,共同实现一个劳动目标。其次,工业技术形态提高了主体目的性活动效率,降低了劳动强度,使劳动者体力与智力支出减少。工业技术系统也改变了手工业技术系统的驱动方式,主要依靠蒸汽力、电力带动整个技术体系的运转。同时,机器作业方式也简化了个体劳动动作,降低了对动作技能的要求。再次,工业技术形态的专业化、标准化、空间结构的稳定性等特点,使该技术形态中有形的物化技术成分比例提高,无形的个体技能成分下降,学习与继承相对容易。

3. 基于自动控制体系的技术发展阶段

工业技术体系的运转仍然是靠人操纵的,但随着新技术革命成果尤其是信息技术向目的性活动领域的广泛渗透,工业技术形态逐步分化发展出了操纵动力机、传输机和工作机运转的控制机,工业技术形态逐步让位于自动化技术形态。物化的控制机进入目的性活动序列或方式,把以往的人为操纵控制活动从目的性活动过程中置换出来,使主体由"直接参与者"蜕变为"间接旁观者";把人们的动作技能从技术系统中排挤出去,使整个目的性活动过程几乎全部由物化技术来承担。自动化技术系统是按照主体意志与预先设定的控制程序运转的。主体在这一目的性活动中暂时"退场",而将主要精力转移到以派生目的为核心的技术开发活动之中。这是当代技术发展的一个重要特点。

在自动化技术系统的运行过程中,主体的暂时"退场"是有条件的、相对的。它只是指在某一具体的目的性活动中,主体参与目的性活动的方式发生了重大转变,而并不是主体完全不参与目的性活动。在动作技能体系运行中,主体体力与智力同步全程付出,与目的性活动过程共始终;在工具技术系统中,物化的工具、机器或机器体系的运转部分地简化了主体的动作技能,同步节省了主体的体力与智力支出;而在自动化技术形态中,控制系统又进一步将动作技能排挤出去,使主体几乎无体力支出,智力与体力活动也仅限于控制程序的编制、监控,系统的检修、维护等方面。完全的"自动化"只是一种理想状态。然而,超出具体的目的性活动范围,主体用于新型工具、机器、机器体系与控制系统研制开发方面的精力投入却大大增加了。我们经常用"磨刀不误砍柴工"这句成语来说明物化技术在目的性活动过程中的重要性。“砍柴”的省时、省力，是以“造刀”“磨刀”的费时、费力为前提的。这也是为什么现代社会劳动力不断地由低层次产业领域向高层次产业领域转移的根本原因。

物化的工具、机器、机器体系与控制系统并不是自发形成的，而是以派生目的为核心的技术开发活动的产物。它们是以主体体力与智力的先期凝聚为前提的。物化技术成果的标准化、模块化、通用性与累积性，使新型技术系统的建构相对容易，技术系统运行中的体力与智力支出相对降低。随着科学技术的不断进步，服务于目的性活动的技术系统日趋复杂、精致，结构层次不断分化。高层次技术系统的建构依赖于低层次技术系统的支持，而低层次技术系统又多是以往技术开发成果的累积。低层次技术系统总是以构成单元形式被纳入高层次技术系统的建构之中。在下一章，笔者将就这一过程作出详细说明。正是通过这一建构机制，以派生目的为核心的技术开发成果，不断地被并入主体目的性活动之中，有效地拓展和实现着主体目的，进而建构起人类文明大厦。

与工具技术形态相比，自动化技术形态的专业化、自动化、标准化与物化程度更高，对操作者的体力与智力要求更低，即出现了所谓的“傻瓜化”趋势。因而，该技术形态更容易学习、继承和掌握。人工智能技术的未来发展，有望进一步提高技术系统的自动化范围和程度，不断节约目的性活动中的体力与智力支出。动作技能形态与工具技术形态更多地体现为流程技术形态，而人工物技术形态与流程技术形态的一体化，则是自动化技术形态的主要特征，标志着现代技术发展的基本方向。

应当指出，动作技能形态、工具技术形态与自动化技术形态，是技术发展历程中依次出现的三个基本阶段。当然，这种划分并不是唯一的，不同的划分依据会得出不同的划分结果。① 在上述分类中，前一个技术阶段或形态是后一个技术阶段或形态发展的基础；后一个技术阶段或形态的出现，又会导致前一个技术阶段或形态主导地位的丧失，但并不能使其立即消亡。因此，在现实生活中，这三种技术形态往往同时存在。有时，来自不同技术形态的众多单元性技术要素犬齿交错

---

① 奥特加（José Ortega y Gasset，1883—1955）按当时占统治地位的技术概念，把技术的发展历史分为：偶然的技术、工匠的技术、技术专家或工程师的技术；芒福德（Lewis Mumford，1895—1988）把技术的发展历史划分为：始技术时代、古技术时代、新技术时代；王树恩、陈士俊主编的《科学技术与科学技术创新方法论》（天津：南开大学出版社，2001，133.）一书，把技术的发展分为古代技术、近代技术和现代技术三个历史阶段，并探讨了各阶段技术要素的演变；等等。它们与这里的区分存在着相似或对应关系。

地结合在一起,共同构成一个高层次技术系统。

目前,我们正处在工业技术阶段向自动化技术阶段的过渡时期。除个别领域的初步自动化外,工具技术形态在社会生活的多数领域仍占据主导地位。同时,还应看到,工具技术形态与自动化技术形态的出现改变了主体目的性活动的基础。人们必须按照外在技术体系的运行模式和节奏活动,并依赖于技术体系的运转而生活。新技术形态在减少人们体力与智力付出的同时,也使主体的行为方式、思维方式、价值观念等随之改变。

三、逻辑维度上的技术形相

技术是按主体目的性活动的要求建构的,是主体创造性活动的产物,经历了一个发生、发展和推广应用的过程。按照具体技术系统的建构过程,技术形态的发育在逻辑上呈现为设计技术形态、制作技术形态与操作技术形态等建构阶梯。

1. 设计技术形态

设计是在思维中塑造创造物,模拟与完善制造工艺流程,为人工物及其制造过程预先构思方案、勾画蓝图、塑造模型的创造性活动,是智能技术的重要表现形式。我们不排除许多技术发明、动作技巧,都源于经验摸索或偶然事件的启迪。但是,随着技术的发展尤其是技术系统的复杂化、标准化,预先的原理构思与方案设计已成为必不可少的环节。"内在的创造先于外在的创造,并为外在的创造提供基础。"①

筹划与设计是主体能动性与目的性的体现,是人类行为与动物活动的根本差别。正如马克思所说:"蜘蛛的活动与织工的活动相似,蜜蜂建造蜂房的本领使人间的许多建筑师感到惭愧。但是,最蹩脚的建筑师从一开始就比最灵巧的蜜蜂高明的地方,是他在用蜂蜡建筑蜂房以前,已经在自己的头脑中把它建成了。劳动过程结束时得到的结果,在这个过程开始时就已经在劳动者的表象中存在着,即已经观念地存在着。"②西蒙在谈到设计的重要性时也指出:"人的行为的复杂性也许大半来自人的环境,来自人对优秀设计的搜索。如果我的观点成立,那么我

① 卡尔·米切姆. 技术哲学概论[M]. 天津:天津科学技术出版社,1999,24.

② 马克思,恩格斯. 马克思恩格斯全集(第23卷)[M]. 北京:人民出版社,1972,202.

们就能下一个结论：在相当大的程度上，要研究人类便要研究设计科学。"①他还说，"像科学一样，设计既是行动的工具，又是理解的工具。"②这里的设计技术形态，就是指以观念样式存在的目的性活动序列，或者说是流程技术形态与人工物技术形态的观念"版本"。显然，只有具有意识能力或思维品质的人类才可能进行设计活动，建构设计技术形态。

设计是在漫长的社会实践活动中孕育和发展起来的。近代以前，实践活动与设计活动浑然一体，同步展开。经验丰富、技术娴熟的劳动者既是设计者，又是实践者。近代以来，随着创造物及其创造过程的复杂化，设计才开始从实践活动过程中分离出来，逐步演变为实践活动的预演环节与准备阶段。现代设计是技术科学与工程科学发展的直接产物，是技术原理的具体贯彻和智能技术的凝聚过程，已形成了一套严密的设计规范体系。按照从轮廓概貌勾画到局部细节描绘的顺序，设计活动展现为方案设计、技术设计和工程（施工）设计三个基本阶段。新技术手段的引入，也改变了传统设计的面貌，出现了以动态设计、优化设计和计算机辅助设计为核心的现代设计特征。

从逻辑的观点看，设计技术形态是技术发展的逻辑起点，是在思维中对未来目的性活动序列的事先构思、筹划、论证与安排。"今天，众多领域中最为明显的事实之一就是设计变得极为重要。我们从一种基本上是围绕如何掌握制造技艺来进行思考的技术，过渡到了一种对程序设计及使程序尽可能合理化进行思考的技术。"③这与上述人类目的性活动重心，由原初目的领域向派生目的领域的转移，从低级的实际运作向高级的创造开发的转移是一致的。

设计总是运用文字或图像符号、实物模型或观念形象等抽象形态，替代现实技术单元"出场"，并在技术工作原理的基础上进行观念运演，创造性地建构虚拟技术系统，进而对其运行过程进行模拟、预测、修正和评估。作为一个创造性思维过程，设计技术形态的构思与设计，是一个技术性与艺术性统一，逻辑思维与非逻辑思维并行的过程。设计者总是围绕目的的实现，调动以往所积累起来的经验、知识、技术、艺术等多种资源，探求实现目的的技术原理，出主意、想办法、筹方案，进而在思维中把多种技术单元综合、组织到一个目的性活动序列之中，最终形成一个可以实际建构与运转的详尽方案。

---

① 赫伯特.A. 西蒙. 人工科学[M]. 北京：商务印书馆，1987，138.
② 赫伯特.A. 西蒙. 人工科学[M]. 北京：商务印书馆，1987，163.
③ R. 舍普. 技术帝国[M]. 北京：生活 · 读书 · 新知三联书店，1999，12.

设计技术形态是在以往工程实践经验基础上展开的。符合科学规律，遵循技术原理，合乎逻辑规范与经验规则是设计的基本原则。事实上，设计技术形态的形成并非是在完全封闭的思维领域展开的，而是在思维与实践的互动反馈中滚动推进的。以往众多技术系统实际运行的成功经验与缺陷教训，对现行同类设计技术形态的完善具有反馈调整作用；现行设计技术形态的建构，往往也依赖于绘图、计算机模拟、模型试验等实验信息的反馈修正；甚至现行设计技术形态付诸实施后的现场实际效果，显露出来的缺陷和优势，也会对该设计技术形态的进一步改进和完善产生积极的影响。

设计技术形态就是在思维中预先建构起来的人工物技术形态或流程技术形态，是技术孕育发展过程中最富创造性的环节。作为一种典型的智能技术，设计技术形态具有可塑性、观念性、综合性、高智力、低成本等特点。尽管它还不是现实的技术形态，但它却为现实技术形态的实际建构与运行绘就了"蓝图"，直接决定着以后的制作技术形态、物化技术形态与操作技术形态的具体样式。一般而言，建构中的设计技术形态动态地存在于主体观念之中，成熟的、定型化的设计技术形态往往会进一步外化和凝结为文件、图纸、影像、模型等信息形态。

2. 制作技术形态

设计技术形态尚停留在纸面上或观念中，还不可能实际运行并产生实在效益。只有通过具体的制作活动，把抽象的设计技术形态转化为具体的实物技术形态，才能真正服务于主体目的的实现过程。物化技术形态是设计技术形态的实物"版本"。从理论上说，只要按照设计技术形态所描绘的结构、程序与运行机理，把现成的技术单元、实物材料以及操作者实际地组装起来，并进行匹配性调试，就可以完成向实物技术形态的转化。这一目的性活动序列或方式就是制作技术形态，其运作成果就是物化技术形态的出现。然而，由于设计活动的局限性，设计技术形态的物化多不是一次就能顺利实现的，其间往往需要经过研制与试验等中间环节的多次反馈、修正、完善，才能完成向物化技术形态的转化。

制作技术形态是设计技术形态物化的条件。设计总是在所处时代提供的技术"平台"上展开的，设计技术形态的物化过程也依赖于众多现行流程技术形态与人工物技术形态的支持。超越现行流程技术形态与人工物技术形态发展水平的设计技术形态是不切实际的，其物化制作过程一时也难于顺利实现。设计技术形态的物化是一个以"如何做"为轴心的实际制作过程。制作技术形态多以流程技术形态存在于制造业、建筑业、经济运行等众多社会生活领域。它既可以是现成流程技术形态的简单照搬,也可以是按物化或制作实际需要,临时拼凑起来的已有技术成果系统。制作技术形态既包括外在的仪器设备、操作人员、社会组织,也包括内在的操作方法、运转程序等。制作技术形态总是以技术"平台"的面目出现,根源于技术世界,服务于当下设计技术形态的物化过程。不仅所设计的人工物技术形态的物化,依赖于制作技术系统的运作,而且所设计的流程技术形态的实际建构,也离不开制作技术系统的支持与运作。

这里的物化技术形态一旦被制作出来,就获得了独立于设计者、制造者和使用者的客观实在性,成为技术世界的重要成员。作为物质文明的重要组成部分,物化技术形态与主体的可分离性使它的转移与继承容易实现,不随主体的消亡而泯灭。实在性、组合性、高成本等是物化技术形态的基本特征。与处于观念之中或停留在纸面上的设计技术形态相比,物化技术是一种参与现实生活的实物技术体系,可作为衡量技术乃至社会发展的客观尺度。

应当指出的是,这里的物化技术形态只是作为设计活动的产物被实际地制作出来,其潜在功能尚未充分展现。只有交付"用户"实际使用,并入"用户"的目的性活动之中,置于主体操纵与控制之下,才能转化为现实技术形态,并在实际运行中发挥出应有的效能。这就要求人们必须学会操作和使用这些物化技术体系。

3. 操作技术形态

设计技术形态不仅是人工物技术形态的观念建构,而且也包含流程技术形态的筹划与模拟。把观念中所设想的操作者对物化技术体系的控制与操作过程实现出来,就形成了操作技术形态。物化技术系统与操作技术系统的复合就转化为实用技术系统。这里的操作技术形态,是指人们操纵或驾驭物化技术体系的动作技能、方法、措施、程序等因素构成的技术系统。物化技术形态总是为人的现实目的服务的,这就要求人们应当熟悉物化技术形态的属性,熟练操纵或使用物化技术系统。事实上,技术系统的设计与物化制作,都是在充分考虑人们实际使用境况的条件下展开的。物化技术并入目的性活动过程之中,与人们的实际使用活动融为一体,就转化为现实的目的性活动序列,形成流程技术形态。

操作技术形态与前述的动作技能形态类似,两者都是由操作者的一系列动作构成的,都是手、脑并用的过程。操作技术形态可视为动作技能形态的高级形式。两者之间的差别在于,动作技能形态是大脑对肢体器官的直接操纵,而操作技术形态则是通过大脑、肢体器官对物化技术体系的直接操纵。从实际运行过程看,动作技能形态的运转是操作者以肢体器官为唯一"工具",直接作用于客体对象的过程。所生发出来的动作序列或方式是以客体对象的属性或变化过程为基础的，可塑性较大。而操作技术形态的运转以物化技术系统为中介环节，间接地作用于客体对象，所生发出来的动作序列或方式是以物化技术系统的特性与运行规则为基础的，规范性与稳定性较强。一般来说，对物化技术系统结构与运行机制越了解，越有助于操作技术形态的建构和传承，也越有利于操作技术系统的优化和物化技术系统潜力的挖掘。

对物化技术系统的操纵，是人们肢体器官适应物化技术运行规则的过程，也可以说是物化技术运行对操作者活动的"塑造"与定型化过程。操作技术形态是在物化技术系统运行规律的基础上形成的，程序性、规范化、标准化、分工协作是它的基本特征。在这些特性的基础上才有操作技术的娴熟可言。从历史角度看，在从动作技能形态到自动控制技术形态的演进历程中，操作技术形态呈现出了由简单到复杂，又由复杂到简单的曲折发展。因此，现代技术的发展使操作技术形态愈来愈规范、简化，学习与传承相对容易。

应当指出的是，物化的人工物技术形态总要为人所用，总要服务于人的目的性活动。物化技术体系的运转与人的操作活动彼此衔接、协调一致，直接服务于主体目的的实现过程。按照物化技术体系的属性与运行规则发展出来的操作技术形态，与物化技术体系一起就构成了现实的流程技术形态。

四、人类基本活动领域的技术形相

技术广泛存在于人类目的性活动的各个领域。可以说有多少种目的性活动，就有多少种不同的技术形态。对这些技术形态特点的揭示是技术哲学的基本任务之一。辩证唯物主义认为，客观世界可以划分为自然、社会和人类思维三大领域，人类目的性活动也可以依次归为三大类，相应地就有了思维技术形态、自然技术形态与社会技术形态之间的区分。这一区分与目前思维科学、自然科学、人文社会科学研究或知识领域的划分是内在统一的。

卡尔·米切姆在论及技术的这种分类时曾指出："从功能上来看，技术可以这样划分：一些技术是在人内心进行的；另一些技术是作为人的行为表现出来的，因而也是人的社会活动；还有一些技术在某种意义上是一种与自然界的相互作用，而这种作用是通过延长不依赖于人的直接的身体活动的生命的办法进行的。"①在这里，所谓的"在人内心进行的"技术，可理解为思维技术形态；"与自然界的相互作用"的技术，可理解为自然技术形态；"作为人的行为表现出来"的技术，可理解为社会技术形态。

1. 思维技术形态

思维是在人类大脑中进行的意识活动，是人类特有的天赋品质，是人类认识与实践活动展开的智力"平台"。前述的设计技术形态也主要是依靠思维技术建构的。人们很早就把思维活动作为认识的对象加以研究。以形式逻辑与辩证逻辑为核心的逻辑思维，是迄今人们研究最深入的一种思维类型。逻辑学就是对逻辑思维活动研究成果的集成。相比之下，人们对以形象思维与直觉思维为核心的非逻辑思维活动的研究则比较肤浅，成果较少，理论化程度较低。目前，以思维活动为研究对象的诸层次学科，已经形成了一个学科群体——思维科学。在探讨和揭示思维活动本质与规律的同时，思维科学的发展也为思维活动创造出了许多应用性工具。同时，思维尤其是逻辑思维本身也是一种目的性活动，思维活动的推进也体现出许多技术特征，可以纳入技术范畴进行研究。

思维是人脑对于客观世界的间接的、概括的反映，它能够从众多个别事物的多重属性中，把握一类事物的本质属性，并从已有的认识推出新的知识。任何思维都是具体的，都有确定的任务与目标指向。在这一目的性活动过程中，从思维的起点到终点之间往往并存着多条路径，每条路径又往往由许多环节构成。皮亚杰认为，思维是动作的内化，②是现实活动的观念映射与摹写，是千百年来实践活动经验模式的内化。思维技术或智力技能就是由思维活动推演的路径、方法、程序、规则等因素构成的序列或方式，多表现为历时性结构的流程技术形态。就某一具体思维活动目的而言，不同思维技术形态的效率各不相同；同一思维技术为不同的思维者所运用，其效率也各不一样。这与思维者的天赋、兴趣、经验、知识背景、熟练程度等主体因素相关，表现出较强的个性色彩。在非逻辑思维活动中，

① 邹珊刚. 技术与技术哲学[M]. 北京：知识出版社，1987，249.

② "如果认为，以表象或思维的形式把活动内化，……实际上活动的内化就是概念化，也就是把活动的格局转变为名副其实的概念，哪怕是非常低级的概念也好（事实上我们只能称这种概念为"前概念"）。那么，既然活动格局不是思维的对象而是活动的内在结构，而概念则是在表象和语言中使用的。"（详见皮亚杰. 发生认识论原理[M]. 北京：商务印书馆，1981，28.）

这一特点更为明显。

思维技术也体现为流程技术形态与人工物技术形态。在思维活动中,达到某一目标的思路、方法、程序等都可以理解为流程技术形态。例如,毕达哥拉斯定理的数百种证明方法,都可看作实现该定理证明的流程技术形态;计算机程序也可视为计算机为完成某一任务的机器思维流程技术形态。同样,在思维活动中,所形成或运用的定义、公理、定理、法则、软件,甚至思想家的著作等思维成果,都可视为思维领域的人工物技术形态。它们都是人类智慧的结晶,都蕴含着思维技术的内涵与结构。例如,欧几里得《几何原本》中的五条公理、公式以及所推演出的若干定理,就是欧氏几何演绎体系中的人工物技术形态。思维领域中的人工物技术形态既是其流程技术形态的产物,又是建构其他流程技术形态的材料。

一般地说,逻辑思维比较规范,有一定之规可循。因而,逻辑思维技术发育相对成熟,容易学习和掌握。而非逻辑思维多不规范,尚无一定之规可循,思维的内容、经验、境遇、偶然性等主客观因素对思维进程的影响明显。因此,非逻辑思维技术发育不成熟,难于学习和把握。然而,现实的思维活动尤其是创造性思维活动,多是逻辑思维与非逻辑思维的复合,发散性思维与收敛性思维的联动,两者相互补充,协同推进。从功能上看,在逻辑思维技术一时无能为力的地方,非逻辑思维技术往往能开辟出新的通途;在非逻辑思维技术开辟的通达目的的路径上,逻辑思维技术又必须填补起其中的许多“断环”“空白”。逻辑思维技术与非逻辑思维技术的具体结合与思维内容和目的相关,构成了丰富多彩的现实思维技术形态。其中,非逻辑思维技术的不确定性为现实思维技术形态所承袭。

与历史维度上的技术发展阶段相对应,思维技术的发展也经历了纯粹思维技术形态、演算思维技术形态与机器思维技术形态三个发展阶段。纯粹思维技术形态与动作技能形态相对应,主要表现为以概念、判断、推理或意象、联想、想象为轴心的纯粹思维活动。该技术形态构成简单,流动性强,其运转只是在头脑中展开,难于支持复杂的思维活动。演算思维技术形态与工具技术形态相对应,以大脑思维机能为基础,依赖算盘、笔、纸、符号、模型等外在手段的中介与记录功能,展开复杂的思维活动。这些外在工具只是记录或帮助思维推演,而不能替代思维活动。机器思维技术形态与自动化技术形态相对应,借助微电子器件模拟人类思维活动及其成果,以电脑程序运转替代人脑逻辑思维推演。如此,人们从思维尤其是逻辑思维活动中部分退出,思维的推演过程由机器来准确地执行,实现了脑力劳动的部分节省。机器思维技术形态实现了思维活动的物化与外化,计算机软件、仿真技术、虚拟现实技术等都是机器思维技术形态的具体表现形式。像“圆的方”“高的矮”、多维空间等，只在思维领域才能设想的对象，则可以通过虚拟现实技术呈现出来。一般地说，沿着思维技术形态的发展顺序，思维活动的功能与规范性增强，流动性与不确定性减弱。这也是许多人不承认思维技术形态存在的重要原因。

思维是人类活动的灵魂，是认识和实践活动展开的主体基础。思维技术是理智与经验的产物，是人类其他目的性活动的“脚手架”或通用型“工具”，是建构自然技术与社会技术的基础。与外在的目的性活动过程相比，思维技术形态表现出精神性、抽象性、基础性等特点，多以无形的智能技术形态面目出现，广泛渗透于目的性活动过程的各个环节。应当指出的是，由于思维技术效率与思维者个体兴趣、经验、熟练程度等因素有关，为此，人们设计出了许多智力游戏项目，如象棋、扑克、七巧板、辩论、几何证明、猜谜等。这些游戏就像思维体操一样，起着锻炼和提高人们思维技术水平的作用。

2. 自然技术形态

与抽象的捉摸不定的思维技术形态不同，自然技术是在自然领域里展开的有形的目的性活动序列或方式。自然界既是孕育人类的母体，也是社会发展的物质基础。社会物质需求的实现归根到底是由自然界提供的。因而，改造和控制自然，拓展人工自然疆域，是人类社会发展的基本任务。所谓自然技术，就是指人们在变革自然，实现物质文化需要的过程中，所创造、控制、应用和改进人工自然系统的目的性活动序列或方式。

大自然是造物主的杰作，它的良性运转为人类的生存和发展提供了优越的先天条件。事实上，人类就是在它的支持下进化和发展起来的。然而，自然系统却不可能无条件、无限制地满足人类社会发展的多层次需要。有时，它的运转还与人类物质需求的实现相对立。至今尚未发现地外生命存在的证据这一事实，就充分反映了自然界严酷性的一面。这就要求人们必须按照自身发展的需要重塑自然系统，创造和建构起人工自然系统。人类对自然界的改造与控制是一项有目的的现实活动，这一活动的序列或方式就形成了各种各样的自然技术形态。按照对实践活动领域的划分，自然技术主要表现为产业技术、医疗技术、科学实验技术等多种技术形态。

自然技术是人类在长期生产实践活动中摸索和创造出来的，以变革和控制自然对象为直接目的的目的性活动序列或方式。在技术开发初期，人们往往不惜代价，追求技术目标的实现。随着该技术形态渐趋定型，以及实现同一目的的其他技术形态的不断涌现,以最小的代价谋求最大的经济收益,开始成为自然技术完善和运转的重要原则。近代以来,随着社会生活节奏的加快与生态环境的恶化,技术活动的一般原则也受到了多重调制。要求人们在追求技术效果与经济收益最大化的同时,也应兼顾社会效益与环境效益的最大化。笔者将在第四章,再就技术活动的一般原则作出详细说明。

由于各地区地貌、气候、物产等自然环境因素的差异,以及民族、风俗习惯、宗教信仰等社会文化因素的不同,从而造就了众多各具特色的自然技术形态,这就是前述的技术地域性。① 一般说来,技术层次越低,人类活动对自然条件的依赖就越强,自然技术的地域性也就越突出,反之亦然。技术地域性的存在是导致自然技术形态多样性、差异性的根源,也是制约自然技术扩散与传播的重要因素。

受狭义技术观念的影响,以往人们只把技术活动限定在人与自然的关系维度,把自然技术视为技术的唯一形态,而把广泛存在于其它领域的人类目的性活动序列或方式排斥在技术范畴之外。② 尽管狭义技术视野与广义技术视野之间存在着重大差别,但是在自然技术的认识方面却存在着许多共同点。这是两种技术观念的交叉重叠部分。在这里,承认不承认操作者及其所属团体的技术属性,把操作者视不视为技术单元,是这两种技术观念的分水岭。人工自然是人类社会发展的基础。从广义技术角度看,自然技术只是技术的一种具体形式,在人类技术体系中处于基础与核心地位,支持着社会技术系统的建构和运转,并受到社会技术体系的统摄与调制。

3. 社会技术形态

如前一章所述,广义技术观进一步提炼了狭义技术概念的内涵,并将其外延拓展到了人类目的性活动的所有领域,形成了一个包容性很强的统一的技术概念。社会体制与运行机制都是人类目的性活动展开的基础,体现出目的性活动序列或方式的特点。与自然技术的创建和运行类似,人们在长期的社会实践中也创造出了以促使社会进步和良性运转为基本目标的各种目的性活动序列或方式,形成了丰富多彩的社会技术形态。通常所谓的国家机器、战争机器、改革开放的总设计师等说法,虽说只是语言上的借喻,但也体现出了社会生活领域的技术属性。社会技术体现出不同于自然技术的许多特点,值得认真分析。

---

① 王伯鲁.技术地域性与技术传播问题探析[J].科学学研究,2002(4).

② 陈昌曙.技术哲学引论[M].北京:科学出版社,1999,235.

从社会发展史角度看，伴随着人类的诞生，社会也开始从自然界中提升出来，成为人类目的性活动的重要领域。社会是以共同的物质生产活动为基础而相互联系的人类生活共同体，由经济基础和上层建筑两大部分构成。横向上相互作用的低层次社会群体在纵向上就构成了高一级的社会组织。事实上，正是通过这种横向上的相干性与纵向上的构成性机理，才形成了社会巨系统的梯级式、金字塔型结构。社会技术以个体的自然属性与社会属性为基础，以时间为活动协调基准，更多地依赖于信息传递与理性原则运转，具有形态抽象、边界模糊、结构松散、可塑性、流动性与对策性等特点。卡尔·曼海姆(Karl Mannheim)在论及技术分类时指出："除此之外，还有另外这样一种水平的技术进步，对于把它描述为技术的，我们一开始就踌躇不决，因为与它相关的并非可见的机械，而是社会关系和人本身。然而，组织技术的进步仅仅是把技术观念应用于人类协作形式，被视为社会机器的一部分。人类通过训练和教育而在其反应上达到某种程度的稳定化，他的全部后天新获得的活动都是依据一定的有效原则在组织化的框架内得到协调的。组织技术与我们已描述的任何技术至少是同样重要的，它甚至是更为重要的，因为若不产生相应的社会组织，这些机器便不能在公用事业中得到应用。"①潘天群博士也肯定社会技术的存在，"认识的理性化是科学，而行动的理性化便是（广义的）技术。或者可以说，技术便是使行动合理化（to rationalize actions）的东西，行动有人们运作自然客体的行动与运作社会客体（组织、单个个体）的行动。因此，作为运作社会客体的社会技术是存在的。"②

与自然技术相类似，社会技术也表现为流程技术与人工物技术两种基本形态。在某一层次的社会系统中，流程技术形态主要体现为为完成具体社会目标，而建构起来的社会组织的运作机制及其程序，如财务管理、营销、司法、国防、教育体制及其运转过程。人工物技术形态主要体现为具体的社会组织形态或团体结构、章程、法规等。后者是以个体或团体为单位，并按一定规则建构起来的社会组织。人工物技术形态是流程技术形态建构的基本单元，其功能也是流程技术形态运行的基础。在社会技术体系中，一个社会组织或团体往往同时被并入多种流程技术形态之中，实现着多重社会目标。一个人或团体在社会生活中扮演的多重角色，就是这一特征的具体体现。

---

① 卡尔·曼海姆.重建时代的人与社会:现代社会的结构研究[M].北京:生活·读书·新知三联书店,2002,226.

② 潘天群.存在社会技术吗？[J].自然辩证法研究,1996(10).

社会技术系统以个人或团体为基本建构单元。这里的个人或团体不是抽象的,他们不仅是具有天赋本能的自然人及其集合,而且也是掌握着一定操作技能与思维技术,并拥有相应自然技术装备的社会人及其集合。在社会技术系统建构过程中,自然技术系统往往与它所从属的个人或团体一并被整合到社会技术系统之中。从这一点来说,社会技术操纵和驾驭着自然技术;自然技术从属并服务于社会技术,是比社会技术层次更低级的技术形态。如在建筑工程的承发包与监理运作机制中,作为人工物技术形态的设计方、施工方、监理方等都要求具有一定的技术资质,也就是拥有设计、建筑、监理等相关自然技术装备的法人单位。可以说,自然技术是建构社会技术系统的"原材料"或"预制件",也是推动社会技术变革的基本动力。

如果说在主客体二元认识论框架下,还可以成功地诠释自然技术的建构与运行过程,那么,对社会技术建构与运行的阐释就必须在多元主体框架下展开。社会就是由具有自主性的众多主体构成的,社会技术形态的建构与运行依赖多元主体的合作与协同,是多元主体交互作用的产物。这就是社会技术形态具有客观性的原因。应当指出的是,社会技术停留于社会文化生活的"器物"层面,是为政治意志、宗教信仰、价值追求等社会精神文化生活服务的"工具"。社会技术虽然是实现社会目标的基础,但并不是全体社会成员目的无差别、充分实现的途径。由于人们在社会体系结构中所处的地位不同,其意志的表达和目的的实现方式各异。一般地说,在社会技术系统的建构与运行过程中,统治者处于主导地位,操纵着社会技术系统的建构与运转。社会技术也主要是为统治阶级的意志服务的,而被统治者多处于被动的从属地位,不得不按社会技术体系运转的模式和节奏生活。然而,不管怎样,一旦社会技术体系得以确立,就具备了不依赖于建构者的客观性,就规范和约束着相关社会成员的行为。这就是技术的强制性或奴役性。"马尔库塞把当代发达工业社会定义为'工艺装置',定义为在技术概念和结构方面自身发挥作用的统治制度。他说科学技术已经从特殊的阶级利益的控制中解脱出来,并成为统治的体制,抽象的技术理性已经扩展到社会的总体结构,成为组织化的统治原则。"①

长期以来,人们不承认社会技术形态的原因是多方面的,除受狭义技术观念的影响外,社会技术形态自身的特点也不容忽视。

一是社会技术形态的非直观性、流动性、无定型性。社会技术多是以具有能

① 陈振明.法兰克福学派与科学技术哲学[M].北京:中国人民大学出版社,1992,54.

动性的个体或社会组织为单元而建构的，其间的协同与联系多以无形的信息形式展开，所形成的也多是边界模糊或无形的结构与运行机制。同时，这些组织机构及其运行都有各自的具体称谓，其间千差万别，人们一时难于抽象出其内在的统一性。

二是社会技术运行的灵活性。与自然技术对象以及所解决问题的相对确定性不同，社会技术对象以及所解决的问题，与技术操纵者处于动态的相互作用之中，多是无形的、变动不居的，如战场上的敌情、市场需求、罪犯行踪等。这就要求社会技术的运转必须灵活，随机应变，不受一定之规的束缚。这就更增加了社会技术的非定型性。

三是社会技术的创造性。社会技术对象的动态发展，不仅要求社会技术运行灵活，而且也要求根据情况的变化进行创造性再塑。前者是在社会技术形态既定的可能性空间中的灵活选择，后者则是对原有的既定可能性空间的突破。这种创造既可以是组织结构上的，也可以是运用程序或方法上的，而且创造者与运用者常常合而为一，构思设计、试验调整与使用调度同步展开。正是基于这些原因，人们往往身处外在的、客观的社会技术系统运行之中，而并不自觉社会技术形态的存在，也不从技术视角审视社会活动。正可谓，“不识庐山真面目，只缘身在此山中。”

同样，受狭义技术观念的长期束缚，以往学术界也多不承认社会技术的存在，从而影响到了人文社会科学的健康发展。作为人类知识的重要领域，人文社会科学不仅是关于“是什么”“为什么”“怎么样”等问题的知识，而且其中也蕴含着“如何做”的方法论指向。后者就是关于人文与社会的技术知识，“如何做”的具体形态就是人文社会技术。人文技术以个体为中心，重在修身养性，提高道德修养，满足个人的多种精神需求；社会技术以集团为中心，重在促进社会的和谐运转，全面实现社会的多层次需求。“我将在整体上把这些以塑造人类行为和社会关系为其最终目的的实践和动作看成是社会技术。没有这些技术以及随之而来的机械发明，横扫我们时代的变迁便永远不会成为可能。”①肯定人文社会技术的存在以及在社会生活中的重要地位与作用，有利于促进人文社会科学的分化发展，有助于人文社会科学知识向人文社会技术的转化。

总之，思维技术、自然技术与社会技术形态之间的区分是相对的，只在抽象的

---

① 卡尔·曼海姆.重建时代的人与社会：现代社会的结构研究[M].北京：生活·读书·新知三联书店，2002，229.

理论领域才有意义。而在现实生活中，这三种技术形态密切相关，联为一体，滚动递进。思维技术是属人的，体现在人的思维活动中，而人又总是社会的人，处于一定社会技术体系之中，掌握着一定的自然技术。自然技术总是在一定的思维技术支持下建构和运转的，它总是为处于一定社会关系之中的人所操纵，并被纳入种种社会技术体系之中，为个人或社会目的服务。同样，社会技术的建构与运转也离不开思维技术与自然技术的支持。这三种技术形态之间的关系复杂。一般来说，思维技术、自然技术与社会技术的层次依次递升，前者是后者的构成基础，支持着后者的建构与运转，并受后者统摄与调制。

五、现实生活中的具体技术形相举要

现实生活中的技术形态纷繁复杂，异彩纷呈。这些技术形态可以分属于人类活动的不同领域，但它们又有许多共同性，彼此相互依存，纵横交织，联为一体，形成了广义技术世界。上述对技术形相的多维度审视主要是分析性的，具有一定的局限性，难于展示技术的丰富内涵与属性。因此，有必要对人类现实活动中的技术形态进行剖析。

1. 建筑技术体系①

建筑业泛指从事建筑安装、工程施工的物质生产部门，是第二产业的重要门类。按照建筑活动的特点，建筑技术可划分为构筑物技术形态与建筑工艺流程技术形态。前者是指凝结在建筑物中的由特定结构、功能、属性和使用方法等要素构成的人工物技术系统；后者是指按建筑活动展开环节或建筑物的建构过程，把建筑材料与所安装设备构筑在一起的工序、所使用的建筑机械与操作规程等要素组织在一起的多环节流程技术系统。在建筑技术系统中，构筑物技术形态处于核心地位，是建筑目的的技术体现，所实现的是“建筑什么”的职能；建筑工艺流程技术形态是建筑活动手段的技术体现，从属并服务于构筑物技术形态，所实现的是“如何建筑”的职能。

构筑物技术形态与建筑工艺流程技术形态之间的对立统一，构成了建筑技术体系的内在矛盾，两者之间的相互作用、协同推进，体现了建筑目的与手段之间的

---

① 王伯鲁，郭淑兰. 建筑技术及其发展趋势探析[J]. 科技导报，2002(7).

联动性。一般而言，构筑物技术形态结构相对复杂，集约度较高，稳定性较强，对建筑工艺流程技术形态的依赖性较弱。同一建筑物可以通过多种建筑工艺流程技术形态来完成。而建筑工艺流程技术形态往往结构松散，集约度较低，可塑性与流动性较强。同一建筑工艺流程技术形态或者稍事调整后就可以从事多种建筑物的建设施工。

建筑工艺流程技术形态是实现建筑设计的技术前提和物质手段，直接决定着建设能力与构筑物的技术性能。构筑物技术形态愈复杂，精度愈高，对建筑工艺流程技术形态的要求也就愈严格。甚至可以说，有什么样的建筑工艺流程技术形态，就有什么样的构筑物技术形态。例如，滑模施工工艺就直接决定着烟囱、水塔、电视塔等建筑物的结构设计与技术性能。因此，通过改善建筑工艺流程技术，就可以提高建筑物质量与建设速度，降低生产成本。反过来，新型建筑物的设计也必然要求改进现有建筑工艺流程技术形态，乃至尝试构建全新的建筑工艺流程技术形态。如电站的双曲线形散热塔的设计与施工，就要求采用全新的预制、支护与焊接施工工艺。构筑物技术形态是建筑技术矛盾运动的主要方面，它与建筑工艺流程技术形态之间的这种反馈协同的非线性相互作用，直接带动着建筑技术体系的发展。

伴随着科学技术的发展与社会分工的深化，在建筑技术矛盾运动过程中，逐步分化发展出了以建材技术、建筑设计技术和建筑施工技术为主干，横向密切协同，纵向分化细密的现代建筑技术体系。在这个“三元”结构的体系中，建筑设计技术是该体系的灵魂。它从建材技术与建筑施工技术现状出发，构思和设计出构筑物技术形态，制定和优化施工方案；同时，它还规范和制约着建筑施工技术，刺激和引导着建材技术的发展。建材技术处于建筑技术体系的基础地位，影响着建筑设计方案的选取和设计蓝图的描绘；同时，不同的建筑材料也要求不同的施工工艺。内含于建筑结构和设施之中的建材技术以及所安装的设备技术，都将转移和固化在构筑物技术形态之中。因此，建材技术的革新将会带动建筑设计与施工技术的发展。建筑施工技术在建筑技术体系中起支持与保障作用，是建筑设计活动展开的基础和“平台”，又是把建筑材料和所安装设备有秩序地构筑在一起，完成建筑设计方案的技术保障。

建筑技术是处于社会文化大环境之中的开放的工程技术体系。它既与其他产业技术系统之间存在着横向相干关系，又与人文社会科学、自然科学及其技术成果之间存在着纵向构成关系。建筑技术系统会不断从人文社会科学、基础科学、技术科学、工程科学及其技术成果的发展中汲取营养，又会随时从相关产业技术的发展中吸纳、借鉴新成果。这种纵横交错的相互作用是推动建筑技术体系发展的外因，也正是通过这种纵横交错的外部联系，建筑技术体系才得以融入广义技术世界之中。

2. 运输技术体系①

运输业泛指从事货物、信件、旅客运送的社会生产部门，被誉为社会机体的“动脉”。运输技术是以运输线路为中心线索，将运载工具、港口、车站、道路设施等技术单元贯穿而成的复杂系统。纵观人类运输活动的发展历史，不难看出运输需求与供给之间的矛盾，始终是推动运输业发展的基本矛盾，是孕育和催生新运输技术的温床。在运输技术创新活动的推动下，众多运输技术形态相互依存、竞相发展，共同构成了社会运输技术体系，成为解决运输基本矛盾的技术基础。

如何按照运输需求的特点，迅速、高效、安全、舒适地实现运输对象的空间位移，始终是运输技术创新的核心问题。围绕这一问题的解决，人们在长期的运输实践活动中，逐步发展出了载体技术与路港技术两个相对独立的技术子系统。前者是指由直接承载和运送运输对象的运载工具、包装器材及其操作规范等要素构成的技术系统，如集装箱、车、船、飞机及其驾驶技能等；后者是指由保障运输工具运行的线路、港站设施及其运行程序、规章制度等要素构成的技术系统，如铁路、公路、航线、桥梁、隧道、车站、码头等。载体技术形态规范着路港技术系统的建构，路港技术形态支撑着载体技术系统的运行；同时，二者又具有相对独立性。目前，我国铁路的运营与路网分离改革试验，就是基于运输技术体系的这一构成特征尝试的。载体技术与路港技术之间的对立统一，构成了运输技术体系的内在矛盾。在这一矛盾运动的推动下，已分化发展出了以铁路、公路、水运、空运、管线运输技术为骨干，多种运输技术形态纵向分化细密，横向间相互渗透的现代运输技术体系。

一般而言，载体技术系统的空间尺度较小，单元技术之间结构紧凑，集约度较高，机动性、适应性以及对路港技术形态的依赖性较强，多潜在于运营企业的固定资产之中；而路港技术系统的空间跨度很大，单元技术之间组织较为松散，集约度（不排除其中部分技术单元的高度集约化、精密化）较低，稳定性较强，对载体技术形态的依附性较弱，多潜在于社会基础设施之中。载体技术与路港技术形态之间的矛盾运动，主要表现在扩充运输系统功能，实现社会运输需求过程中。运输能

① 王伯鲁. 运输技术结构与发展方向解析［J］. 中国工程科学，2002（10）.

力是由载体技术与路港技术形态的统一形成的，既取决于载体技术水平，又取决于路港技术状况。当载体技术系统具备多拉快跑的潜能时，制约运输能力扩充的约束技术因素（瓶颈）往往存在于路港技术系统之中。① 此时，路港技术系统就成为运输技术创新的核心和投资建设的重点，反之亦然。随着约束技术环节的解除与运输技术形态的革新，系统运能随之得到扩充。

有人认为，现代运输技术体系中的载体技术形态比较直观，容易把握，而水运、空运等技术体系中的路港技术形态较为抽象，不易理解。事实上，空运、水运技术体系中的路港技术形态，主要由港站技术和航线技术两大部分构成。以机场、港口为核心的港站技术形态，是为飞机、舰船提供停泊、中转、补给、修缮服务的技术综合体。以空运、水运航线为主体的航线技术形态，对载体技术系统的运转起着特定的导引与约束作用。虽不像铁路、公路建设那样耗资巨大，但航线的开辟也并非易事，更不是可有可无的。航线是按照空域、水域、气象与地理环境等特点，在航程最短原则规范下逐步摸索出来的，是长期航空、航海经验的凝结。它以灯塔、航标、浮标、气象预报资料等形式展示给往来飞机、舰船，引导和支持着它们的安全航行。至于运河开凿、航道疏浚、暗礁清除、航区气象预报、卫星飞行姿态调整、运载火箭发射轨道设计等活动，都可视为航线技术的重要组成部分。

管线运输技术是对河流、大气等自然运动机理的模拟，是值得探讨的特殊运输技术形态。它以被运输的流体物资的流动，取代了依靠载体位移的传统驮载方式，普遍适用于水、石油、天然气、电磁能等大批量流体物质的连续性输送。在管线运输技术形态中，运输管线既是运输载体，又是运输线路。其中的载体技术与路港技术相互依存，融为一体，实现了二者的一体化。管线承载着流体物质，依靠重力或者泵体、变压器等装置产生的动力，推动流体物质流动，是载体技术形态的变形。同样，运输管线与附加于其上的中继站、计量仪表、阀门、分支管线等设施，约束和引导着流体的输送，又是路港技术形态的变形。

作为开放的动态技术系统，运输技术既是科学技术纵向推进的产物，也是多项产业技术成就横向融合集成的结果，依赖于相关产业技术的支持，并随时从它们的发展中吸纳新技术成果。一般而言，载体技术形态表现为机械制造技术、能源动力技术等产业技术成果的集成，并依赖于这些技术领域发展的支持；而路港

---

① 如同经济学上的短边原理所揭示的，经济系统的运行状况取决于其中最薄弱的“瓶颈”因素一样，影响技术系统功能拓展与提升的关键技术单元，就是该技术系统的约束技术因素。（详见王伯鲁. 约束技术与企业技术进步方向[J]. 科研管理，1997(3)）

技术形态多表现为建筑技术、信息技术等产业技术成就的合成,离不开吸纳和借鉴这些技术领域的新成果。从这个意义上说,运输技术既是人类文明的重要组成部分,也是衡量工程技术发展的综合性指标。

3. 教育技术体系①

教育泛指一切影响人们的思想品德,增进人的知识或技能的社会活动。它主要承担着人类知识与技能的传授任务,是人的社会化与社会遗传的基本途径。教育体制的形成是社会文明的重要标志,是社会发展的制度保障。教育活动可抽象为知识或技能从教育者向学习者的有序流动。在这一过程中,施教者通过教学活动向学习者传授知识或技能;学习者通过学习活动从施教者那里获取知识或技能,进而内化为自身的知识与技能结构。由此可见,教与学是同一活动过程的两个侧面,施教者与学习者始终处于协同、互动之中。

教与学是教育活动的轴心,“如何教?”“如何学?”始终是教育过程中面临的两个基本问题。围绕着这两个问题的解决,人们逐步发展出了教育技术体系。教育技术可一般地理解为:人们为实现教育目标而采取的由组织体制、教学规程与方法、仪器装备等因素组成的体系。从动态角度看,教育技术主要展现为流程技术族系。教育流程技术形态就是以教育目标的实现过程为组织线索,把相关的教学单位、职能部门、仪器装备等单元组织建构在一起,并按一定的机制和程序运转,高效率地促进学生知识的增长或技能的提高。围绕着学生的成长过程,人们先后创造出了众多教育机制及其运行程序。如从胎教、学前教育、小学教育直至博士、博士后、继续教育的完整教育体制,其中的招生体制、培养体制(学分制)等构成部分及其运行程序日趋完善。

在教学活动中,教育流程技术形态又具体地展现为教学技术与学习技术。前者是以施教者的教学方法为灵魂,以知识与技能等教学内容的流转为中心线索而组织起来的流程技术形态;后者则是以学习者的学习方法为灵魂,以外在的知识与技能等学习内容,向学习者内在素质的转化过程为中心线索,而构筑起来的流程技术形态。初看起来,教学技术与学习技术是性质不同的两个相对独立的技术系统。然而,由于教与学是同一教育过程的两个侧面,教学技术与学习技术往往以教育内容、施教者与学习者之间的交流等途径而相互转化,融为一体,共同构成统一的教育技术体系,服务于共同的教育目标。

---

① 王伯鲁,郭淑兰.教育技术及其作用问题探析[J].科学学研究,2001(4).

从静态分析角度看，教育技术又展现为人工物技术形态的集合。围绕教育目标的实现，人们不断创造出具有特定功能的人工物技术形态，如教材、书店、班级授课、电化教室、广播电视大学、网校等。这些技术形态依据一定的组织规则、运转机理而建构，具有服务于学生成长的特定功能。单一的人工物技术形态难以全方位、持续地支持教育目标的实现，多需要其他人工物技术形态的协同配合，才能转化为教育流程技术形态。可见，教育人工物技术形态是组建教育流程技术形态的基本单元，教育流程技术形态就是众多教育人工物技术形态，各司其职、彼此协作、有序运转的统一体系。

教育技术是教育活动的支撑条件和展开平台。在教育活动中，教育技术创新发挥着消除教育约束环节，提高教育活动效率，拓展教育发展空间的功能，是推进教育事业发展的有力杠杆。教育技术既是构成技术世界的技术族系，同时，又是在技术世界与社会文化环境中成长的。它总是在综合与集成相关技术领域成果的基础上形成和发展起来，是科学技术研究向教育领域渗透与转化的结果。在科学技术发展的带动下，具体教育技术系统通过纵向继承前期技术创新成果和横向吸纳同期相关科技成就，而不断创建更复杂、更有效的新型技术系统。目前，以远程教育技术为标志的现代教育技术尚处于发展初期。现代教育技术的进一步发展，将在网络环境下消除教与学之间的时空、语言、文化、国界等阻隔，大幅度地提高教育过程中的教学与学习能力，极大地缓解知识量激增与学习者生理寿命有限性之间的矛盾对立。

4. 社会分工技术体系①

分工是与人类社会发展进程相伴而生的社会文化现象，泛指在认识和实践活动中，众多劳动者从事种种内容不同而又彼此联系的工作，是协作基础之上社会劳动体系的专业划分方式与劳动力布局。作为自然界的一个普通物种，人类的天赋本能具有许多局限性。然而，人的需求又是多方面、分层次和不断发展的。个体才能的有限性制约着其需求的实现和发展程度，迫使人们不得不采取社会生活方式，积极寻求技术支持。从本质上说，分工就是在个体需求多样性与其才能有限性的矛盾运动基础上，围绕着如何有效地组织社会劳动而发展起来的技术形态。

分工以“如何划分和优化劳动过程”为核心，所形成的是“分工（即分割或组

① 王伯鲁. 广义技术视野中的社会分工问题解析[J]. 科学、技术与辩证法，2003(1).

织劳动过程)的技术",是社会技术的一种典型形态。它是从劳动者与生产资料的具体特点出发,将二者合理分割、优化组合、有机串联,以谋求获取最大社会利益的技术系统。可见,分工具有劳动方式的特征,既涉及劳动的自然技术基础,又涉及劳动者之间及其劳动资料之间结合的社会技术,是一种高级技术形态。

从流程技术形态角度看,分工技术主要表现为劳动过程中各工种之间的协同,各工序之间的流转,各环节之间的衔接方式等。例如,工业生产线以产品的生产工序为主线,把生产过程划分为若干步骤或环节,把各种自然技术装备联成一体,把工人按工种分解安排在生产过程的各个岗位上。在流程技术体系,各工种、各部分、各环节依次流转,协调动作,高效率地实现着生产目的。从人工物技术形态角度看,分工技术主要表现为劳动过程中众多工种、工序的相对独立发展方面。这些工种或工序本身就构成了一个技术系统,具有特定的技术功能,往往只能实现产品某一部分的建构。分工愈细密,愈有利于人工物技术形态的分化发展;同样,人工物技术形态愈发达,就愈能促进流程技术形态效率的提高。

从历史角度看,分工技术是在劳动者的生理差异、商品交换方式、生产资料发展状况等社会条件下展开的,并随着社会生产力的发展而演化发展。人类社会起初只有性行为与自身生产方面的分工,后来由于天赋、需求、偶然性等因素而出现了自发的分工。这种按性别、年龄、体质等生理特点而进行的分工就是自然分工。自然分工是古代智者长期摸索成果的累积与先民世代实践经验的结晶,是适应采猎经济时代生产力发展与生产资料特点的劳动组织方式,是当时原始人应对生存压力而创造出来的高级技术形态。事实上,真正的社会分工是在剩余劳动的基础上展开的。进入原始社会后期,在生产力发展的推动下,先后出现了三次社会大分工。随着社会实践活动的发展,巨型的(如金字塔、长城的建造)或时间紧迫的(如抢收、抢种庄稼、抵御外族侵袭)社会任务,被逐步纳入社会生产活动范围,促使人们创造出了简单协作的分工技术体系。简单协作技术本质上是累积式地汇聚众人之力,以应对艰巨劳动任务的挑战。这是在自然技术尚不发达的情况下,以简单协作的分工技术方式弥补个体体力缺陷的有效途径。

就处于一定历史时期的任何个体而言,尽管有外在的众多技术形态的支持,但他的精力与寿命毕竟是有限的,不可能穷尽所有领域的知识或技能。面对劳动领域的扩大与劳动过程复杂化的挑战,人们又逐步摸索出了分工协作技术形态。在物质生产活动领域,劳动者与各工序的自然技术相结合,工序依生产过程流转,这就是工艺流程技术形态。其中,分工技术是设计和建构工艺流程技术形态的灵魂。在认识活动领域,不同的认识者分别从事不同领域的认识活动,其间是通过课题组、学术会议等交流协作机制完成综合性研究任务的。

群体内部的分工协作有利于个体集中有限的精力，精通各工种日趋复杂的知识或生产资料属性，提高劳动技能与劳动生产率；同时，也有利于扩大群体能力和活动领域，并通过教育等社会遗传方式，实现对个体才能和生理寿命有限性的超越。但是，分工协作也造成了把劳动者禁锢在某一狭窄专业领域或职业层面的固定分工等弊端。分工技术的发展就形成了被芒福德（Lewis Mumford）称为“巨机器（Megamachine）”的森严的等级制社会组织。“巨机器经常会带来惊人的物质利益，但却付出了沉重代价：限定人的活动和愿望，使人失去人性。只有对军队成员实行强制训练，庞大的军队才能攻城略地，扩大势力。而这种训练不是取消家庭生活、游戏娱乐、诗歌、音乐和艺术，就是使这些有益的活动完全服从于军事目的。”①分工技术的功利性及其弊端十分明显，笔者将在第五章详细分析这一点。

与此同时，社会结构的复杂化趋势也使群体组织的能力局限性逐步暴露出来。人力、物力、财力的有限性，使群体乃至一个国家或地区也难以全面有效地实现他们的需要，迫使他们不得不扬长避短，集中精力精通某一行业甚至某一社会运行环节的专门业务，从而形成了特殊分工、一般分工、国际分工等层次的社会分工技术。这些层面的社会分工都是以广泛的社会交流与合作为前提的，是分工协作机制的“放大”形态。从社会运行层面看，处于社会大系统之中的各行业、部门、单位，是按照法律制度、市场机制、行政命令等社会规范实现整合与协作的。在认识与实践活动的推动下，社会各领域的专业化分工程度不断提高，分化出来的专业门类也越来越多。可见，分工技术在纵向推进社会分化发展的同时，也会促使社会领域在横向上不断拓展。

5. 艺术活动的技术基础②

艺术是人类艺术感受与表达技巧的有机统一。它采用特定的物质手段，按照美的规律塑造典型的艺术形象，表达艺术家的思想情感。作为人类把握客观世界的一种基本方式，艺术用生动具体的艺术形象及其体系再现生活，揭示生活的本质。艺术家对生活本质的把握，始终不脱离对事物具体形象的感受和情感体验。它通过对生活素材的选择、提炼和拼接，概括出能显示生活本质、具有鲜明个性特征的典型形象或意境。艺术家头脑中所创构的艺术形象，需要借助一定的物质手

① 卡尔·米切姆. 技术哲学概论[M]. 天津：天津科学技术出版社，1999，21.

② 王伯鲁. 技术与艺术一体化趋势剖析[J]. 探索，2004(1).

段和表现手法才能呈现出来，成为供人们欣赏的客观现实的审美对象。因而艺术创作本质上也是一种实践性的创造活动。

技术与艺术都源于远古时代人类的生产实践活动，中外美学思想史上“技艺相通”的观点就是对这种“血缘”联系的揭示。技术开发与艺术创作都是人工物品的创作过程，都是经过构思与设计环节，把观念形象外化为物质形态的对象化过程，其间存在着多重外在相关性与内在统一性。从词源上看，“技艺”一词出自希腊文 τεχνη，不仅指工匠的活动与技巧，而且也指他们心灵的艺术或美的艺术的活动与技巧。例如，手工制品既是生产者技能的物化，又是他们审美情趣、审美观念的体现与艺术创造，其中技术性与艺术性浑然一体，兼具经济实用性和造型艺术性。人工物技术形态往往兼具艺术作品的特征，正如海德格尔所言，“所以器具既是物，因为它被有用性所规定，但又不止是物；器具同时又是艺术作品，但又要逊色于艺术作品，因为它没有艺术作品的自足性。”①

但是，艺术毕竟不同于技术。艺术活动是一种重要的人类精神生活现象，它多是在形象思维与情感层面展开的，是知、情、意的统一。非逻辑的无定型的创造性、探索性是艺术生命力之所在。艺术品在最终完成之前，并不存在目的与手段之间的严格区分。正如科林伍德所说：“在感受的表达完成之前，艺术家并不知道需要表现的经验究竟是什么。艺术家想要说的东西，预先没有作为目的呈现在他眼前并想好相应的手段，只有当他头脑里诗篇已经成形，或者他手里的泥土已经成型，那时他才明白了自己要求表现的感受。”②因此，我们不能用技术过程完全诠释情感活动与艺术作品的创作活动。把艺术简单地还原为技巧的“艺术技巧论”在理论上难以成立，至少艺术感受或提炼是不同于表达技巧的情感活动形态。然而，艺术活动中也广泛渗透着技术因素，艺术活动的技术支持也是不容否认的事实。

从广义技术角度看，技术是艺术活动得以展开的基础，离开了具体技术形态的支持，人们的艺术情感、审美理念将难于完善和有效地表达。不仅对生活素材的艺术提炼和概括需要技术参与，而且艺术感受的表达与艺术形象的塑造也离不开技术的支持。例如，艺术活动中所使用的笔墨、纸张、乐器、道具、胶片、摄影机等器材都是人工物技术形态，将这些器材运用于艺术创作活动中也需要一定的技法、规则、技巧等，形成一定的流程技术形态。尽管不能简单地把艺术还原或等效

---

① 海德格尔. 海德格尔选集[M]. 上海：上海三联书店，1996，249.

② 科林伍德. 艺术原理[M]. 北京：中国社会科学出版社，1985，29.

为技巧，但是离开一定的技巧或流程技术形态，任何艺术作品都难以问世。以往艺术家的技巧是通过艺术知识的系统学习与长期艺术实践的摸索逐步形成的，以规则、技法、灵活性、协调性、直觉等智能形态存在于艺术家的头脑中，或以动作技能形态存在于艺术家的肢体、感官之中，具有鲜明的个性特色。这是他们从事艺术创作活动的基本素质。同时，也应看到，技巧就是艺术活动的序列或方式，就是操作或运用艺术器材、素材的动作技能或思维习惯，实质上就是以动作技能形态为核心的流程技术形态。随着艺术家智能技术的物化与科学技术成果向艺术领域的大量渗透，艺术活动的技术基础逐步改变，出现了艺术的技术化趋势。

艺术的技术化是指科学技术成果在艺术活动领域的广泛应用，是技术人文价值的具体表现。它一方面开创了新的艺术样式，拓展了艺术活动领域，提高了艺术活动效率。例如，在照相技术的基础上诞生了摄影艺术；在显微镜技术的基础上产生了微雕艺术；电脑作曲提高了音乐创作速度；等等。另一方面也扩大了传统艺术的表现材料和题材，改变了艺术创作、复制、传播和观赏方式等，以技术途径达到了艺术美的目标，使传统艺术得以提升。例如，电脑图像、声像合成技术，使电视艺术与电影艺术更富有表现力；印刷、录制、广播、电视、网络技术，降低了艺术作品的复制、传播与观赏成本；等等。同时，物化技术成果的运用部分地替代了艺术家的经验技巧，一方面把艺术家从繁重的艺术劳作中解放出来；另一方面也降低了人们进入艺术殿堂的门槛，为许多人展现其潜在的艺术才华，表达艺术情感提供了可能，带来了艺术的繁荣和人的全面发展。例如，三维动画技术改变了传统的动画片创作模式，减轻了美术家的创作劳动强度，提高了创作速度与产量。再如，卡拉OK伴唱技术，使普通人实现了拥有虚拟乐队以及成为歌唱家的梦想。以信息技术为核心的新技术革命孕育出一大批高新技术成果，这些技术成果正在改变艺术活动的传统模式，直接推动着艺术的技术化进程，促使人类由文化艺术生活的读写时代向视听时代迈进。

应当指出的是，艺术的技术化是技术应用领域拓展的体现，必将带动应用技术的深度开发。艺术的技术化对艺术发展的上述积极作用应当充分肯定，但其消极影响也不容忽视。技术成果向艺术活动领域的渗透，正在逐步吞噬着艺术家的个性特色与传统表现艺术，扼杀艺术精神，窒息艺术灵魂；技术的操作性、标准性、重复性排斥着艺术的创造性、独特性、探索性，对艺术精神的生存与艺术创作的发展构成威胁。我们已进入了“艺术的机械复制时代”①，表面上的艺术繁荣与内在

---

① 瓦尔特·本雅明. 机械复制时代的艺术作品[M]. 北京：中国城市出版社，2002.

艺术精神的窒息并行。这是现代工具理性对人文价值销蚀的具体表现。“艺术已经失去了作为神话或仪式的力量,也失去了不可复制的个性化特征。艺术在量的方面如技术产品一样剧增,正成为文化工业的国际化产品而普度众生,但它在质的方面却倍受压抑,信息技术时代所必然带来的存在的非个性化使它的内在根基逐步萎缩。”①例如,各种电子乐器低廉的价格与演奏技巧的简单化,正在导致传统乐器制作艺术与器乐演奏艺术的消亡;剪辑、声像合成、特技摄影等电影技术,正在吞噬电影演员的表演艺术;等等。“这样,艺术的功能就走向它原来的反面,即丧失了原来的批判功能,成为摧毁个性的帮凶。技术的发展使廉价的艺术成为可能,而廉价艺术的出现便是艺术的堕落。”②

现实生活中的具体技术形态举不胜举,这里对所挑选的几种技术形态的简要剖析,是按照自然技术、社会技术、逻辑技术的顺序组织和展开的,有挂一漏万之嫌。建筑技术与运输技术属于自然技术,教育技术与社会分工技术属于社会技术,艺术活动更多地涉及到思维领域,可视为思维技术的代表。总之,我们可以在广义技术研究范式的引导下,沿着上述分析思路,对现实生活各领域、各层面的技术活动进行具体分析,进一步揭示这些技术形态的产生与发展、内外联系、结构与运行特点等方面的规律性。正是这些丰富多彩的具体技术形态构成了广义技术世界,支持着人类文明的持续发展。

---

① 侯样祥.科学与人文对话[M].昆明:云南教育出版社,2000,174.

② 陈振明.法兰克福学派与科学技术哲学[M].北京:中国人民大学出版社,1992,55.

第三章

广义技术世界的建构

“世界(world)”是一个多义词,在汉语、英语等语言的日常使用中,它至少有四种含义:一是指自然界和人类社会的一切事物的总和,如“世界”观、客观“世界”等;二是指地球上所有地方,如周游“世界”、“世界”冠军等;三是指社会的形势、风气,如“世(界)”态炎凉、“世(界)”风日下等;四是指事物的领域或人的某种活动范围,如精神“世界”、儿童“世界”等。这里我们主要是在第四种意义上使用“世界”一词的,即把众多的人类目的性活动序列或方式的集合称为广义技术世界。承认目的性活动或技术形态的存在,就必然会承认技术世界的存在。这是我们研究的立足点。为了叙述上的方便,以下提到的技术世界都是在广义技术含义上使用的。

技术是人类的创造物,是主观能动性的展现,是主体客体化的结果。技术系统一旦被创造出来,就获得了独立于创造者的客观实在性,成为客观世界的组成部分。在漫长的人类进化发展历程中,历代技术传承与创新的累积,形成了一个相对独立、不断成长的庞大技术体系——技术世界(Technological world),支持和推动着人类文明的进步。从逻辑学角度看,人们通常是在普遍概念的意义上使用“技术”一词的,往往只论及一般的、抽象的技术属性,而不涉及众多技术形态、技术系统之间的内在联系与相互作用。同时,“技术”一词既可以表达非集合概念,也可以表达集合概念。前者是指具体的“目的性活动序列或方式”,后者就是这里的技术世界概念,只是人们尚未把它作为认识对象,并进行专门的系统研究罢了。这也是造成技术概念使用混乱的原因之一。

技术世界是笔者依据技术对人类认识与实践活动的基础性支持作用,而抽象出来的一个核心范畴,用以指称在目的性活动过程中,人类智能的定型化成果的集合。① 如果我们只看到个别技术形态在人类目的性活动中的作用,而无视它与其他技术形态之间的联系,以及众多技术形态构成的技术世界的存在,那就是一种只见树木、不见森林的形而上学观点。正像技术科学研究对工程实践活动的支持作用一样,对技术世界问题的探讨,不仅有助于认识与实践活动的顺利展开,而且对于人类文明发展历程认识的深化等,也具有积极的启迪作用。

剖析技术世界的内部结构与外部联系是理解技术世界的重要内容。我们首先应当肯定技术世界的存在,然后才能澄清技术世界的结构与建构过程,以及它与精神世界、自然界、人类社会、人类思维等相邻领域之间的关系。其实,这里主要涉及三个问题:就第一个问题而言,尽管狭义技术论者与广义技术论者在技术划界问题上存在重大分歧,但二者都承认技术与技术世界的存在,这是它们的共同点。然而,二者眼中的技术世界的内容、大小、结构、运行机制与演化历程等各异。狭义技术论者看到的是狭义技术世界,广义技术论者看到的是广义技术世界。第二个问题属技术哲学的内部问题,广义技术世界的建构问题是本书探究的核心内容,这里将就此展开深入细致的分析。第三个问题属技术哲学的外部问题,虽不是本书研究的核心,但作为相关问题也会在以后的讨论中提及。

一、广义技术世界的属性与特点

自从技术诞生以来,在认识与实践活动的推动下,人类的技术发明创造活动从来就没有停止过。历代技术成果的累积就建构起了一个庞大而复杂的技术世界。因此,分析和描述技术世界的结构、属性与特点,是我们认识广义技术世界的基础。

1. 技术世界的边界

把技术世界从其所处的复杂环境中区分出来,是探讨技术世界的逻辑起点。如前所述,技术世界的外延大小从属于技术概念的内涵界定,不同的技术定义所给出的技术世界的内部结构与外部边界是不一致的。这里所讨论的技术世界的

---

① 日常语言中的"技术世界"或"技术帝国"一词肇始于何时?实难稽考。但作为学术概念的"技术世界"一词的用法,却至少可以追溯到技术哲学家F. 拉普。他在20世纪70年代中期撰写的《技术哲学导论》一书的第五章,就是使用"技术世界"一词作标题的。(详见F. 拉普. 技术哲学导论[M]. 沈阳:辽宁科学技术出版社,1986,102.)

边界问题，是以前面所给出的技术的广义界定为基础的。在第一章的“技术概念的广义界定”一节中，笔者把技术与本能、自然运动机制等作了区分。其实，这也就给出了技术世界与动物界乃至自然界之间的边界。在第二章的“人类活动领域维度上的技术形态”一节，也曾涉及到技术世界的划界问题。下面将在这些分析的基础上，就广义技术世界的划界问题加以说明。

技术可广义地理解为人类目的性活动的序列或方式，这些序列或方式的集合就构成了广义技术世界。其实，技术存在于具体事物之中，技术世界潜藏于人类世界之内。凡有人类活动的地方，就有技术存在。因此，广义技术世界的外部边界应当不超出人类活动领域，与人类目的性活动范围大体相当。人类目的性活动所建构起来的世界有人工自然、人类社会、人类思维三大领域，因此，广义技术世界与这三大领域的边界大体吻合。其实，这一粗略划分只是就广义技术世界的外部边界而言的。事实上，技术世界与人工自然、人类社会、人类思维三大领域之间既有联系又有区别，其间也存在着一个内部边界划分问题。

（1）技术世界与人工自然之间的界限

“人工自然”概念是我国自然辩证法工作者，借鉴马克思在《1844 年经济学哲学手稿》中人化自然的提法，于 20 世纪 70 年代末形成的一个重要概念。“人工自然（Artificial nature）亦称第二自然、次生自然、由人类的实践活动改造过的自然。”①人工自然概念是针对天然自然的分化而提出来的，特指人类实践活动在天然自然中建构起来的区域。其实，人与自然的关系十分复杂，在自然界中至少可以相对地区分出两个主要领域：以人类认识活动为主要内容，在自然界中所形成的领域——自然Ⅰ；以人类实践活动为核心内容，在自然界中所形成的领域——自然Ⅱ。在人类认识与实践发展的一定阶段，自然Ⅰ与自然Ⅱ在深度与广度上都表现出确定的界限。从空间上看，自然Ⅰ与自然Ⅱ在宏观上有上限，在微观上也有下限，在所触及的领域内又有深度界限。从时间上看，自然Ⅰ在自然界的历史与未来方向上界限明确，而自然Ⅱ由于实践活动的现实性而往往被封闭于“现实阱”之中。一般来说，由于认识活动的超前性，自然Ⅱ的领域往往被涵盖在自然Ⅰ之内。随着认识与实践活动的发展，自然Ⅰ与自然Ⅱ在天然自然中的疆界不断拓展。对自然界概念的这一细致区分的意义，不仅有助于明确人工自然在客观世界中的位置，而且也有助于说明人与自然关系的层次性，化解认识与实践活动的非

---

① 李庆臻. 简明自然辩证法词典［M］. 济南：山东人民出版社，1986，10.

同步性差异所引起的许多理论混乱。①

这里的自然Ⅱ就是人工自然。技术世界与人工自然的共同之处就在于两者都是实践活动的直接产物,都随着实践的发展而扩大领域,但二者之间又存在着巨大的差异。从微观层次看,人工自然物属于具体物质形态,具有丰富的属性,而技术只是其中的一种属性。技术寓于人工自然物及其间的运动或结构关系之中,是人工自然物的灵魂。人工自然中的任何物质形态都会被纳入主体的目的性活动之中,都是流程技术形态的产物。人工自然物既是流程技术形态运动的产物,又是建构其他技术系统的"材料"。构成主体目的性活动的序列或方式的单元、环节等多属于人工自然物。如果人工自然物本身不构成一个技术系统,那么它必然是其他技术系统的组成部分。但是,技术并不因此就等同于人工自然物。天然自然物尚未进入主体目的性活动领域,因而,技术不超出人工自然物范围;同时,物化技术又离不开人的建构与操纵,而具有思维能力的社会化的人,也可能是技术系统的组成部分。从这一点来说,技术的边界又超出了人工自然物范围。因此,技术的边界既限于人工自然物,而又超出了人工自然物。

从宏观角度看,技术世界与人工自然具有同构性,其间存在着二位一体的关系。但二者之间的边界并不完全重合:从人工自然与天然自然之间的划分来看,技术世界仅限于人工自然领域,而从人工自然与人类社会、人类思维之间的区分来看,技术世界又超出了人工自然范围。其实,技术只是构成人工自然的一个维度,并未涵括人工自然的所有属性,任何抹杀或消解技术世界与人工自然之间本质差别的做法都是不足取的。"说技术环境已取代了自然环境,似乎技术已取代了土地,取代了地下资源,取代了气象变化,取代了江河湖海,岂不荒唐!"②因此,我们既不能把人工自然简单地还原为技术世界,犯还原论的错误,也不能以技术世界取代人工自然,犯代替论的错误。

(2)技术世界与人类社会之间的界限

在以往的狭义技术视野中,技术一直被认为是只存在于人工自然领域,技术世界的边界不超出人工自然领域。但是,从广义技术视角看,人类的目的性活动一开始就超出了人工自然范围,而是在客观世界的广阔领域展开的。如前所述,人们在社会实践活动中形成的目的性活动序列或方式就是社会技术形态。同样,技术世界与人类社会之间也具有同构性,其间也存在着二位一体的关系。技术系

① 陈昌曙.技术哲学引论[M].北京:科学出版社,1999, 56.

② 陈昌曙 远德玉.技术选择论[M].沈阳:辽宁人民出版社,1990,27.

统与社会存在物、技术世界与人类社会之间是共性与个性之间的关系。

人们在社会实践活动中会遇到各种各样的现实问题，这些问题的解决都依赖于社会技术形态的建构与运转。社会技术寓于社会活动之中，是社会建构的“模板”与运行“模式”。然而，社会技术只是技术世界的一个特殊领域，而并非所有领域。同技术世界与人工自然之间的关系类似，从人类社会与天然自然之间的区别来看，技术世界不超出人类社会；而从人类社会与自然界、人类思维之间的划分来看，技术世界又超出了人类社会。我们不能以技术世界与人类社会之间的内在联系而否认二者的差别，以对技术世界的个别探讨代替对人类社会的全面认识，也不能以二者之间的差异而否认它们的天然联系。

应当指出，在社会实践活动中，除技术成就外，人们还创造出了丰富多彩的其他文化成果，形成了社会生活中丰富的文化内涵与价值维度。在这些文化成果的创造过程中，可能会形成多种多样的目的性活动序列或方式，产生服务于各种文化形态的流程技术与人工物技术形态，如绘画的技术、禅定的技术、谈判的技术、股票投资技术等等。同样，技术作为一种文化形态，也有它的价值基础，这就是追求目的性活动效果或效率的工具理性价值观念。但是，技术毕竟不同于其他文化形态，它们有各自不同的价值取向。正是这些五彩缤纷的文化生活构成了人类社会的内涵。我们可以从技术维度解构众多文化形态的发展，但却不能把其他文化活动仅仅还原为技术形态，也不能以技术世界简单地代替人类社会。

(3)技术世界与人类思维之间的界限

思维是人有别于动物的天赋品质，是认识和实践活动展开的智能基础，是一切创造性活动的源泉。唯心主义者看到了思维在人类生活中的重要地位，但却不适当地夸大了它的作用，并把它作为世界的本原。事实上，除梦境、幻想、癫狂等特殊思维形态可被视为一种无目的的非理性思维活动外，正常情况下的思维尤其是理性思维都可以看作是一种目的性活动，其中所展现出来的活动序列或方式就是思维技术。

尽管人们对形象思维、直觉、顿悟等非逻辑思维活动的研究还不够深入，非逻辑思维技术的运行机制尚不清楚，但有一点却是肯定的，那就是非逻辑思维只是思维演进过程中的支线或次要环节，而且并非总是不可或缺的。单纯的非逻辑思维只是暂时的、非常规的，依赖于逻辑思维的引导、补充和完善。作为目的性思维活动的序列或方式，思维技术总是与思维活动的内容融为一体。没有离开思维技术的纯粹的思维内容，作为思维成果的思想、构思、方案、作品等，都是思维流程技术形态运转的结果。同样，也没有离开思维内容的纯粹的思维技术，现实的思维技术总是存在于具体的思维活动之中。即使是以创建新技术系统为目标的技术开发活动,也体现出拓展人工自然,实现政治、经济、社会等目的的多重属性。任何只见思维活动或内容,而无视思维技术形态的观点都是片面的;同样,任何夸大思维技术的作用,以思维技术代替思维具体内容的做法也是不足取的。

同自然技术、社会技术一样,思维技术构成了技术世界的一个重要分支领域。尽管任何技术都源于人类思维活动的创造、构思与设计,但是技术世界与人类思维的边界并不完全重合。从人类思维与心理、生理活动之间的区别来看,技术世界不超出人类思维领域;而就人类思维与人工自然、人类社会之间的区分来说,技术世界又超出了人类思维范围。

从上面的具体分析中可以看出,技术是普遍存在的,它广泛渗入人类活动的所有领域。技术是人类行为的主导方式,是塑造客观世界的重要依据,构成了属人世界事物的灵魂。同时,技术又寓于各种具体的人类活动及其成果之中,是理解人类文明的基础之一。总之,技术世界是存在的,只不过它不是以一种立体可触的方式孤立于客观世界之外,而是以一种抽象的方式潜存于人类世界之中。也正是由于技术世界的这一本体论特征,造成了我们认识技术世界的困难。

2. 技术世界的基本属性

在前面两章中,我们从具体技术形态角度,阐述了广义技术的许多属性,这些工作有助于我们对广义技术世界的理解。作为众多具体技术形态的集合,技术世界体现出了许多重要属性。对这些基本属性的揭示是从宏观上把握技术世界的重要内容。

(1)客观性

技术体现为主体目的性活动的序列或方式。一般地说,目的与手段之间的关系是不对称的,在人类活动中的地位与作用也不同,目的为“体”,手段为“用”。正如让—伊夫·戈菲所言:“由此,我们可以明白,尽管技术无所不在,但却无处可见的原因了:令投身一项活动的人感兴趣的是这项活动的成果,而手段对他们来说只是第二位的。技术人员的思维从某种意义上说是‘如果……那么……’,完全是一种精于计算的思维。……技术无所不在——存在于整个活动之中,但同时又无处可见——如果人们看重的是这一活动的目的的话。”①因为在目的性活动过程中,目的对人们具有直接的主导意义,为人们所关注;而实现目的的手段只具有

① 让—伊夫·戈菲. 技术哲学[M]. 北京:商务印书馆,2000,22.

间接的从属意义，多为人们所忽视。随着目的的实现，当初实现该目的的活动序列或方式往往随之被遗忘。除非下一次遇到类似的境况，人们才会想起当初的目的性活动序列或方式，并设法借鉴它。正是基于对扮演手段角色的技术的这一简单认识，长期以来，学术界普遍忽视对技术活动的理性考察。由于目的及其所处境遇的易变性，因而经常化、定型化、规模化的目的性活动序列或方式出现较晚，而以目的性活动序列或方式为对象的专业化技术开发活动的分化更晚。

在技术世界客观性问题上，德国技术哲学家戴沙沃（Friedrich Dessauer, 1881—1963）的观点值得一提，他“从理论上把技术可能性以潜在形式存在这一思想加以扩充。……提出了每个特定的技术问题，在一定时间和背景下，有而且仅有一个最优解的假设，认为这个解不是创造出来的，而是被发现的。一项实际发明的任何改进都会逐渐接近这个预先确定的理论理想”①。这种先验主义的技术本体论观点，是柏拉图的“理念世界”与康德的“自在之物”思想的简单翻版，带有客观唯心主义的固有特征。这一观点虽然肯定了技术原理、自然规律在技术系统中的核心或灵魂地位，但却否认了人们在技术原理与自然规律基础上的巨大创造性及其创造空间的存在，难于解释以综合性、集成性、多样化为主要特征的现代技术的发展。

尽管主体智慧的创造是技术发生的源泉，设计技术形态是技术的胚胎，但是技术一旦外化或投入实际应用，就脱离了它的创造者而获得了独立实在性。同时，技术的产生过程中也离不开非理性因素的参与，存在着主体难以预料和把握的不确定性。此外，从多元主体认识框架来看，彼主体（别人、前人）所创建和使用的技术系统，也具有不以此主体意志为转移的特点。这些都是具体技术形态客观性的表现。

技术世界是历代技术创造成果的累积，是属人世界的重要组成部分。技术世界的客观性是由技术的客观性演变转化而来的。技术一旦脱离了它的创造者，常常以技术族系中新成员的身份并入技术世界。既然每个成员都具有不依赖于创造主体的客观性，那么作为众多技术形态集合的技术世界也必然具备这一属性。事实上，如同人类社会发展在宏观层面上体现出来的不以个体或团体意志为转移的客观性一样，技术世界在微观层面上的目的性、计划性也并未自动转移到宏观层面上。具体技术形态虽为人们所操纵，按操纵者的意志运转，并服务于他们的目的性活动，但宏观层面上的技术世界的发展却不是任何个体或团体计划的产

① F. 拉普. 技术哲学导论[M]. 沈阳：辽宁科学技术出版社，1986，5.

物,也不以他们的意志为转移,往往表现出一定的外在性、盲目性和不确定性。正是技术世界的客观性构成了技术强制性、奴役性以及负效应存在的基础,也正是基于对技术世界客观性的体察,许多学者提出了技术发展进化论的观点。①②

对于任何一位历史上的后来者而言,前人所创造和积累起来的技术都是先于他而存在的,都是一个不得不接受的客观现实。对他来说,技术世界是一笔丰厚的遗产。熟悉和掌握这些已有技术形态,就可以在更高的起点上推动技术进步,高效率地实现其目的;反之,则可能酿成各种技术事故,或者重复前人技术创造的曲折历程,也难于超越前人所达到的技术高度。现代技术世界已发展成为一个庞大而复杂的技术体系,是任何一个现代人毕生都不可能穷尽的。这也是导致技术专业化分工的客观基础。熟悉和掌握某一专业领域的技术,是主体推进该领域技术进步的前提。同时,了解相关技术领域的发展动态,善于及时吸收这些领域的技术成果,或与这些领域的专业技术人员进行横向协作,也是推进现代技术进步的重要条件和基本模式。

(2)自主性

技术的自主性根源于技术的客观性。自主性是一个重要的哲学概念,原指人们按照各自的意志自由行动的属性,后来才以隐喻的形式,泛指其他事物按照各自的模式独立运行的属性。技术的自主性问题是技术哲学领域的一个重要问题,历来为各派哲学家所关注。在以往狭义技术视野的讨论中,这一问题主要集中在人与技术的"主仆"关系问题上。随着人工智能技术与基因工程技术的迅速发展,新技术形态显现出了许多优于人类的品质或潜能,促使技术自主性问题的争论日趋激烈。许多学者、作家都承认技术的自主性,担心技术的未来发展会主宰社会生活,人类将成为技术的奴仆。③ 应当说这种忧虑并不是杞人忧天,而是有一定科学依据的。

从唯物辩证法角度看,自主性总是与奴役性相对而言的,二者是对立统一的。没有不受约束或奴役的绝对的自主性,即使封建帝王的行为也要受宗教清规、祖宗家法、伦理规范等多种约束。同样,也没有不包含自主性的纯粹的奴役性,即使完全受人操纵的机器,也有自己的运行模式和惯性。纯粹的自主性或奴役性都是抽象思维的产物,在现实生活中并不存在。不理解这一点,就不能理解现实生活

---

① 约翰·齐曼.技术创新进化论[M].上海:上海科技教育出版社,2002.

② 乔治·巴萨拉.技术发展简史[M].上海:复旦大学出版社,2000,19.

③ 凯文·渥维克.机器的征程——为什么机器人将统治世界[M].呼和浩特:内蒙古人民出版社,1998,1.

中技术对人的奴役与统治。埃吕尔持技术绝对自主的观点，"认为技术系统似乎由其内在的力量推动，以几何级数不可逆地加速自我增长，外部因素对技术系统的干涉只会引起技术系统的扭曲并导致灾难。'自主技术意味着技术最终依赖于它自己，它制定自己的路径，它是首要的而不是第二位的因素，它必须被当作"有机体"，倾向于封闭和自我决定：它本身就是目的。'"①温纳在批评这一观点时曾指出："谈到技术的自主性，就意味着它是非他律性的，即不为外在规律所统治。那么，什么样的外在规律对技术来说是适当的？似乎只有人的意志。但是，如果技术呈现为非他律性的，那么，这对于人的意志意味着什么？在这一点上，埃吕尔观点直率：'在自主性的技术面前，没有人类的自主权可言。'在他的眼里只有一对一的交换。"②笔者认为，在技术自主性问题上，埃吕尔的这种非此即彼的形而上学观点是不足取的。

在广义技术视野中，技术的自主性是不言而喻的。尽管技术系统是人为建构起来的，它的运行程序也是人们赋予的，或者它的运行也离不开人的操作与维护，但是外在于人的技术形态毕竟是客观的，有它自身的运行模式、节奏、惯性和发展趋势，这就是技术的自主性。技术的自主性是人的自主性的体外延伸或物化表现，总是与人对技术的建构、控制或操纵联系在一起的。"现代技术是一种自主的力量，这种感觉可以在现代技术的结构中发现自己的产生，但是它的原因却应当在人类自身中去寻找。不管怎么说，是人把自己的信赖置于技术之中，他向它投降，他崇拜它、害怕它，把它当作了神。人类由于受到有关它自己的自主性的观念的引诱，在与技术的遭遇中没有任何其他选择。因为对于负责地指导技术发展来说极为重要的共同意识被发现是不存在的。"③

这里应当指出的是，随着时代的发展与技术的进步，人与技术的关系发生了某些变化。许多先进技术形态的自主性明显增强，而人对技术的控制或操纵则趋于简单化或间接化。"'技术自主性'以其特殊方式确认了技术在社会生活中广泛的、日益强大的作用。"④同样，人们在充分享受技术成果所带来的财富、闲暇、体力与脑力解放的同时，也为技术所束缚和奴役。社会发展与人类生活更加依赖于

---

① 狄仁昆 曹观法. 雅克·埃吕尔的技术哲学[J]. 国外社会科学，2002(4).

② Langdon Winner, Autonomous Technology: Technics-out-of-control as a Theme in Political (Cambridge, massachusetts: The MIT Press, 1978), p16.

③ E. 舒尔曼. 科技文明与人类未来——在哲学深层的挑战[M]. 北京：东方出版社，1995, 372.

④ 陈昌曙 远德玉. 技术选择论[M]. 沈阳：辽宁人民出版社，1990, 26.

先进技术形态,必须按照技术的运行模式或节奏行事,难以摆脱技术的奴役。此外,在技术的发展进程中,社会的不平等现象有进一步加剧的趋势。统治集团通过先进技术手段对被统治集团的全面统治得以加强,由于技术上的劣势地位,被统治集团在各种统治技术形态中更加软弱无力,进一步丧失其社会自主性。笔者将在第五章,再就"技术的奴役性"问题作进一步的分析。

同样也应看到,虽然随着技术的进步,技术的自主性在不断加强,但是这并不意味着这种自主性是绝对的,是可以离开人的建构、控制与维护的。例如,美国航天局所建造的"勇气号"与"机遇号"火星登陆车,具有高度的自主性,可以在火星表面独立完成多项复杂的科学考察任务。但是,我们不应当忘记,美国航天局科技人员在它建造、发射、着陆、故障排除、运行控制等环节所做的卓有成效的工作。再如,IBM 公司制造的"深蓝"计算机,具有计算、判断、选择等强大功能,可以战胜世界棋王卡斯帕罗夫。但是"深蓝"却是由人建造的,其运演程序也是由人精心编制的,其运行动力也是由人操纵的电力系统供给的,等等。况且"申蓝"的强大也是有条件的,它只是在下国际象棋方面功能超群,而在其他方面则能力低下,甚至连围棋或中国象棋也不一定会下。有人曾推论说,当机器可以制造机器或者技术可以建构技术时,就意味着技术统治人类时代的来临。事实上,未来的尖端技术形态可能比"勇气号""机遇号"或"深蓝"高级得多,自主性更强,但是它仍然存在着他律性。再高级的技术形态也是由人创造出来的,也离不开人的直接或间接干预,更离不开自然、人类社会尤其是技术世界的支持,这一点是确定无疑的。

广义技术世界的自主性源于具体技术形态的自主性,是各种技术形态自主性的综合体现。除上述技术形态的自主性表现外,技术世界的自主性还表现在内部相互制约、互动促进的自组织、自调节功能等方面。新技术形态虽然是由人直接创造出来的,但是现有技术世界却是孕育新技术的母体或土壤。新技术形态的技术需求、可能性、建构基础、应用范围等,都是由技术世界中的相关技术形态提供的。如进攻性武器技术总会催生出相应的防御性武器技术;网络"黑客"的破译技术或病毒制作技术推动了网络安全技术的发展;载体技术的改进刺激着路港技术、交通管制与法规技术的发展;等等。事实上,网络状的技术世界内部的作用总是相互的、多链条、多环节的,其中某一部分的变化,都会通过技术世界的结构网络向外扩散,促进和带动相关技术的发展。可见,广义技术世界的自主性也是相对的、有条件的,是与他律性同时并存的。在下述的"广义技术世界的外部结构"一节中,将就这一问题作展开论述。

(3)开放性

技术世界的独立存在是相对的、有条件的，而与其外部世界之间千丝万缕的联系却是绝对的、无条件的。技术世界的开放性就是指技术世界与其所处环境之间的广泛联系或相互交流。如前所述，技术世界并不是封闭或孤立存在的，除与人工自然、人类社会、人类思维领域的二位一体关系外，技术世界还与人的精神世界、科学知识领域、经验世界等特殊领域交叉并存，其间存在着复杂的相互影响、互动促进机制。目的性活动是孕育新技术的温床。从成长发育过程看，技术是在非技术母体中孕育成熟的，技术世界植根于非技术土壤之中，并从众多的非技术因素中广泛汲取营养。

经验是促进技术发育的重要因素，在技术发展历史的早期，它甚至是导致技术发育的唯一因素。经验属感性认识形态，是对认识对象个别、直接的感知，具有累积性与传承性。经验对技术发育的作用是全方位的，不仅影响着技术路径的选择，而且影响着流程环节的组织与构成单元的调整等具体细节。然而，经验的这一作用又是低效率的，往往要以前人的间接经验为基础，并以开发者成百上千次的试验失败与直接经验积累为代价。虽然在现代技术开发过程中，经验的作用有所减弱，但仍是不可替代的。

科学理论也是促进技术发育的重要因素。近代以来，科学走到了技术发展的前面，对技术发明创造的规范和指导作用日渐增强。科学向技术转化，技术按照科学理论来创造，这就摆脱了传统的经验摸索方式，减少了技术创造过程中的盲目性。科学理论是科学技术研究成果系统化的产物，属理性认识形态。它所发现的自然现象或属性，所揭示出来的科学原理、规律等，往往都蕴含着新的技术可能性，容易转化为新技术原理，从而导致全新技术形态的发明。尤其是以技术与工程实践为认识对象的技术科学和工程科学的发展，把技术经验提升到了科学理论的高度。技术科学与工程科学理论部分地替代了以往经验的作用，全方位地规范着技术创造活动。

除此之外，技术形态的建构，还需要从自然界和人类社会中获取“原材料”，并依赖人脑及其思维活动的“构思设计”环节的创造性运作等。由此可见，技术世界正是通过其中的众多具体技术形态而扎根于其外部世界之中的。新技术形态的不断进入是技术世界成长壮大的基本途径。正是通过新技术形态孕育成长的路径，技术世界才从外部环境中间接地汲取丰富的营养。这就是技术世界与外部世界联系的基本格局。

(4)进化性

技术世界不仅是客观存在的,而且是进化发展的。技术世界的进化源于人类理智的不断创造与选择,体现为技术世界在纵向上的深化与横向上的拓展,以及落后技术形态的不断淘汰等发展态势。认识和实践活动中不断萌生的新目标,是推动技术创造的根本动力。新技术形态明显的技术效果与技术效率优势,是人们竞相开发和选用新技术的根本原因。为了趋利避害或实现利益最大化,人们总是设法创造或引进高效率的先进技术形态,而不甘固守落后的低效率技术形态,更不愿意退回到原始技术形态之中。或者说在竞争的社会环境中,反对技术进步的保守主义总是处于劣势地位,必将为社会的发展所淘汰。这就是技术世界进化的内在驱动机理,也是社会发展对技术创造与应用活动规范和调制作用的体现。①

人们在探索未知领域的过程中,往往会碰到许多意想不到的认识难题,解决这些难题多依赖于新认识方法的探求,或新实验技术系统的创建。这就促使人们必须开发或引进先进技术形态。所创造出来的新技术形态,不仅有助于认识难题的解决,而且作为技术新成员进入技术世界后,又会推动相关技术领域的进化发展。与此同时,人们在改造客观世界的过程中,也会碰到各种各样的实践难题。解决这些难题的紧迫性就会转化为实践活动的新目标。该目标的实现往往也依赖于新技术形态的创建,由此也会衍生出一系列以建构新技术系统为核心的派生目的。同样,伴随着派生目的的实现,往往又会创造出众多新型单元性技术形态,从而推动着技术世界的扩张与进化。

按照与原有技术形态的相似程度,新技术形态大致可分为全新技术形态与更新换代技术形态两大类。前者在原理、功能或结构等方面都是以前不曾有过的;而后者在原理、功能或结构等方面与原型技术相似,只是技术指标有明显提高,功能更为先进罢了。全新技术形态的产生会形成新的技术族系,使技术世界在横向上得到拓展;而更新换代技术形态的出现则会部分地替代原型技术,淘汰过时的落后技术,丰富原有技术族系,促进技术世界的新陈代谢与深化发展。

---

① "斯宾塞认为整个生命史都是由简单到复杂、由单一性向多样性发展的。这种见解促使皮特—里弗斯在整理他的人造物时,就运用这种指导原则。他将各系列中最简单的工具、武器或生活用具排在最前面,然后一步一步按由简到繁的顺序依次排列到最复杂的形式。……相互关联的人造物的延续、循序渐进的系列,就可以证明人类文化是从最原始状态向最高级的文明形态进化的。"(详见乔治·巴萨拉. 技术发展简史[M]. 上海:复旦大学出版社,2000,19.)巴萨拉从对众多人工物实例的详细分析中,归纳概括出了技术进化的结论。

应当指出的是，技术世界的进化并不是孤立进行的，而是与人类文明的其他领域同步展开，协同并进的。由于技术与人类目的性活动及其所属领域的不可分离性，技术的进步总是伴随着人工自然、人类社会以及人类思维的发展；技术世界的进化与人工自然、人类社会以及人类思维领域的发展同步推进。例如，马克思在《资本论》中，曾对商品交换的本质与方式的发展过程作过透彻的分析。从简单的、个别的或偶然的价值形态，总和的或扩大的价值形态，一般的价值形态到货币形态的发展历程，以及由金属货币、铸币、纸币到电子货币的发展阶段，一方面体现了商品交换技术的创新与发展；另一方面也折射出社会经济、法律制度、工艺技术、人类认识能力等层面的同步发展。因此，技术世界既不是先天就有的，也不是一成不变的，而是随着人类认识和实践活动的发展不断进化的。

二、技术存在的基本方式

技术世界是如何存在的？是我们必须面对的重大理论问题。探讨这一问题，既可以沿着技术世界的历史发生顺序进行考察，也可以从技术世界的现实结构入手展开逻辑分析。这里主要是沿着后一种思路推进的。

既然技术是主体目的性活动的序列或方式，那么，对技术世界结构的逻辑分析就应当从目的性活动本身入手。笔者在第二章中，曾从多个维度剖析了人类技术活动，描绘了技术在这些维度上所呈现出来的多重形相，归纳和概括了人类具体活动领域的技术结构。这是我们认识广义技术世界结构的基础。如第一章所述，目的性活动序列或方式在时间上展现为一个指向目的的运行过程，在空间上则表现为一个协调动作的实物体系。前者就是流程技术形态，后者就是人工物技术形态。流程技术形态与人工物技术形态是技术存在的基本方式，也是构成技术世界的基本细胞。正像人们从原子、分子形态入手认识物质构造一样，对技术世界建构机理的剖析，就应当从这一细胞形态及其相互关系开始，揭示流程技术形态与人工物技术形态的地位与作用。

1. 技术创造活动的描述

不论是流程技术形态，还是人工物技术形态，都是人们创造出来的。而这种创造活动又是在继承的基础上展开的复杂过程，表现为多种具体形态。

(1)技术发明与技术前沿

人们通常用“发明(Invention)”“创造(Creation)”“创新(Innovation)”等词汇,来表述技术从无到有、由低级到高级的生长发育过程。技术发明或创造活动是解决技术问题、孕育新技术形态的基本途径,也是推动技术世界演进的动力源泉。技术发明泛指创造新事物或新方法的活动。从本意上说,这里的“新事物”或“新方法”是就整个人类社会(即全球社会)而言的。因此,只有世界“首创”或“领先”的技术成果才算得上真正的发明。但是,由于信息传递与接收的不对称性,人们往往把在某一国家或地区内,未曾出现过的“新事物”或“新方法”的创造也称为发明。从表面上看,这一创造活动与此前的发明过程无异,也许完全是独立完成的,也可能具有重要的经济或社会价值。但是,在本质上它却是对前人创造性活动的重复,并不增加技术世界的新质。从这个意义上说,我们可以站在全球社会的高度,从当今全人类面临的种种技术问题出发,而给出一个技术前沿。技术前沿的一边是能行的技术世界,另一边就是不行领域,技术前沿向不行领域的推进就是技术世界的拓展过程。因此,只有那些以解决技术前沿问题为目标的创造性活动,才称得上是真正的发明。

技术问题其实就是人类目的性活动中能行与不行(或已行与未行)之间的矛盾。我们就生活在“能行或已行”的集合构成的技术世界中,享受着技术带给我们的种种便利。如同人们总是在夜晚明亮的路灯下寻找丢失的钥匙一样,我们首先是在技术世界中寻求目的的实现途径。只是在“久寻而不可得”的情况下,人们才会把目光转向“光亮(已行)”之外的“黑暗(未行)”中,去探寻新的实现目的的可能途径。技术前沿就是这“光亮”与“黑暗”之间的分界线,就是技术世界的边界。可见,技术前沿并不是凝固不变的,随着技术开发活动的推进,技术世界的范围不断扩大,技术前沿也在不断地向黑暗的“未行”领域推移。

由于现代以前的许多技术创造成果都是开拓性的,具有开辟新技术领域的历史意义,因而多被纳入技术发明或原始创新(Original innovation)之列。然而,现代以来,大量的技术进步形式多是对原有技术形态的不断革新、综合,即逐步转入所谓的集成创新(Integration innovation)模式。早期人类被动的不自觉的技术发明创造活动,也开始为近代以来积极的自觉的技术开发活动所取代。

(2)技术创新概念

与技术发明创造概念相比,技术创新原本是一个涵盖面狭窄的新概念,肇始于创新经济学的发展。20 世纪 30 年代,熊彼特(J. A. Schumpeter)首先从经济学角度提出了技术创新理论。他认为,“创新实质上是经济系统中新生产函数的引人，原有成本曲线因此不断更新。”①此后，技术创新开始成为经济学、管理学等学科探讨的热点问题。西方学者普遍认为，“当一种新思想和非连续性的技术活动，经过一段时间后，发展到实际和成功应用的程序，就是技术创新。”②尽管在技术创新问题上，国内外学术界意见分歧较大，但大多数学者都强调技术创新属经济行为，认为它是科技成果的商业化和产业化过程，是一种自觉的、有计划、有组织的技术开发行为。“所谓技术创新，是指人类通过新技术改善经济福利的商业活动。研究技术创新，就是研究有商业化价值的技术活动，而不是一般意义上的技术活动。”③可见，这里只把具有明显实用目标或商业价值指向的自觉的技术发明创造活动才视为技术创新，带有明显的功利主义或工具理性主义色彩。从这个意义上说，技术发明创造概念是技术创新概念的属概念。在这种情况下，获取经济收益或实现功利的根本目的，已经取代了人类目的性活动的原初目的。值得一提的是，除管理学、经济学等学科领域的学术探讨外，人们并不对技术创新概念与技术发明创造概念作严格区分，在日常用语中往往混同使用。

不难理解，近年来，人们主要是在狭义技术视野中使用技术创新概念的。笔者以为，这里的技术创新概念是狭义技术观念与经济学视野的产物，具有一定的局限性。应当从人类目的性活动视角出发，突破狭义技术观念束缚，用广义技术创新观念取而代之。我们应把制度创新、组织创新、管理创新、营销创新、军事创新等创新活动，纳入广义技术创新理论框架之中进行统一研究。这是技术创新理论未来发展的重要趋势。

在广义技术创新过程中，也可以按创新的起点或幅度，把技术创新划分为一次（基础）创新与二次创新两大类。一次创新是指在新技术原理基础上，通过广泛吸纳技术科学与工程科学领域的新技术成果，而构建的全新技术系统。二次创新则是在不改变原有技术原理的前提下，针对制约技术系统功能扩张或效率提高的约束技术要素的解除，④而展开的技术创新活动。就对推动技术世界的发展而言，一次创新的贡献远大于二次创新。这也许就是为什么许多国家的专利保护范围都划分为发明、实用新型和外观设计等基本类型的原因。事实上，以新技术原理为核心的一次创新往往能开辟出新的技术领域，形成新的技术族系，意义重大，

---

① Schumpter. Business Cycles, A Theoretical, Historical and Statistical Analysis of the Capitalistic Process, New York: McGraw-Hill, 1939.

② 傅家骥. 技术创新学[M]. 北京：清华大学出版社，1998，7.

③ 柳卸林. 技术创新经济学[M]. 北京：中国经济出版社 1993，11.

④ 王伯鲁. 约束技术与企业技术进步方向[J]. 科研管理，1997(3).

但往往数量有限。多数技术创新活动都是对一次创新的不断改进和完善,属二次创新行为。

由于技术地域性的存在,加之,处于不同环境条件下的人们遇到的技术问题又不尽相同,各具特点。因而,他们都有进行技术创造的愿望与机会,区别只在于在发达国家或地区的技术创新中,一次创新的比例较高,而在欠发达国家或地区的技术创新中,二次创新的比例较高。关于技术创造问题,下面将在第四章再作进一步论述。应当说明的是,如果不作特别说明,以下都是在广义技术意义上使用技术创新概念的。

2. 流程技术形态

从动态、联系的观点看,人类目的性活动序列或方式展现为流程技术形态。流程技术形态是以目的性活动所涉及的相关因素为骨肉,以活动过程为灵魂贯穿而成的实物体系。流程技术形态处于技术世界的核心地位,是技术世界之网上的"网绳",直接支持着主体目的的实现。从根源上说,以人工物技术形态的创建为内容的派生目的,是从流程技术形态建构过程中分化出来的,隶属并服务于流程技术形态的运转。从这个意义上说,人工物技术形态的发明创造或生产制作过程也都可归入流程技术形态之列。

(1)流程技术形态的两个层次

按使用主体的差异,流程技术形态主要体现在个人与社会两个层面上。个人兼具自然与社会双重属性,是社会机体的细胞形态。个人流程技术形态以个体需求为基础,以其目的的实现途径或过程为核心,以个人具体的行为方式、生活方式等为表现形式。围绕个人目的的实现,个体凭借社会提供的种种物质技术资源,建构起实现自身目的的多种流程技术形态。如个人可以根据目的地的远近、经济支出等因素,建构起以骑车、乘公交车或地铁、开私家车等为标志的出行流程技术形态;为了提高道德修养,建构起了"功过格"等流程技术形态①;等等。这些流程技术形态的动态性、个性化特色明显,其稳定性随目的、环境等主客观因素的重复性而变化。目的、环境等因素的变动越小,其稳定性或定型化特征也就越明显;反之亦然。所谓"入乡随俗""到什么山唱什么歌",就是对个人流程技术形态动态性的一种表述。

---

① 旧时信奉封建礼教或宗教戒律者,将日常行为分别善恶优劣逐日记录,以便及时考查功过得失,自我反省,达到修德行善之目的。

应当指出的是，习惯成自然。人一生下来就处于前人所建构起来的技术世界之中，并通过社会遗传方式学习和适应各种技术系统的运行。长期按照流程技术形态的运行模式或节奏生活，往往使人们忘却了技术世界的存在，意识不到所处流程技术形态的本质。像骑自行车、驾驶汽车、打篮球、交往方式等，当初经过训练或摸索才获得的个体动作技能或方式，似乎已经部分地内化为无意识的、习惯性的本能性活动。人们往往并不把它们归入技术之列，而只把自行车、汽车、行车道、红绿灯、篮球等人工物视为技术形态。这是一种孤立、静止和片面的形而上学观点。其实，这些动作技能或行为方式并不是与生俱来的天赋本能。只要回头看一看当初这些技能的习得过程，或儿童成长过程中经过磨炼才掌握的种种后天生活技能，就不难理解它的技术属性了。其实，离开了人的组织、操纵和动作技能，离开了流程技术形态，这些人工物是不可能自行实现人的目的的。

个体需要往往通过社会机制表现为社会需要，进而转化为社会运行的目标。社会主体围绕这些目的的实现，在所处时代技术世界发展的基础上，建构起众多复杂而庞大的社会流程技术形态，如产业技术形态、司法技术形态、教育技术形态、国防技术形态等等。个体多以职业或社会角色形式被纳入社会流程技术形态之中，按照社会技术体系的组织和运行规则生活，并操纵和驾驭着处于低层次的自然技术系统。社会流程技术形态是个体目的的实现的现实基础，支持着个人流程技术形态的建构与运行。与个人流程技术形态相比，社会流程技术形态的专业化分工明显，个性化特色较弱，技术系统的规模、稳定性、正规化色彩显著增强。同时，个人流程技术形态中个体的积极主动性，也为社会流程技术形态中的被动适应性所取代，技术的客观性与奴役性也趋于增强。

社会流程技术形态是社会运行的技术表现，是个人流程技术形态建构的技术基础。社会流程技术形态渗透在社会生活的各个角落，与社会组织体系具有同构性或二位一体关系。人们往往只看到具体的社会组织或存在于其中的自然技术，而无视其间潜在的内在技术联系，以及所构成的社会流程技术形态。究其原因，除受狭义技术观念的束缚外，孤立、静止和片面的形而上学观点是它的哲学根源。

(2)流程技术形态的建构

在现实生活中，流程技术形态与主体目的性活动如影随形，凡有目的性活动的场合，就有流程技术形态生成和起作用。如前所述，流程技术形态也是累积性发展的，呈现为“阶梯”式进化模式。一般地说，围绕主体目的的实现，人们总是站在该时代的技术世界基础上，尝试建构目的性活动序列或方式。这里的技术世界是前人所创造的众多流程技术形态与人工物技术形态的累积，是后人进行技术创造的基础和起点。如果人们提出的目的是新的,或是要以新的方式实现先前提出的旧目的,而技术世界又没有现成的目的性活动序列或方式可以借用,那么就必须建构新的流程技术形态。

新流程技术形态的建构并不是白手起家,前人的技术成就是后人技术创造的基础。技术创新是主体创造性的集中体现,不仅前人所创造的相关流程技术形态可资借鉴,而且他们所累积起来的众多人工物技术形态也可供挑选。这就是所谓的"阶梯"式进化模式。即使人类创建的第一个流程技术形态——石器制作工艺技术,也不是横空出世,天外来客。此前,形成中的人所拥有的天然石块及其使用技能,天然工具自然成型过程的感性经验或情景记忆等准技术成就,都是当时技术创新的基础,都被转移和组织到了石器制作工艺技术之中。

流程技术形态的创新或建构,也可以相应地区分为一次创新与二次创新两种基本形态。人工物技术形态及其使用技能是建构流程技术形态的基本单元。一般地说,人工物技术形态愈丰富、功能愈强大,流程技术形态的建构也就愈容易,水平也就愈高。流程技术形态的创新往往是多层面突破的结果。除整体层面的活动"序列""方式"创新外,局部环节尤其是新型人工物技术形态的创新也不可或缺。后者往往作为派生目的,从流程技术形态创新过程中分离出来,独立发展;而此时流程技术形态创新的重心,就转移到综合或集成已有技术成果方面。因此,集成创新逐步成为技术创新的主导模式,这是现代流程技术形态创新的一个重要特征。

除与人们日常生活密切相关的重复性目的性活动外,其他社会生活领域的目的性活动多不是经常出现的。前者所建构起来的流程技术形态多是长效的、稳定成型的,如产业技术形态、司法技术形态、军事技术形态等;而后者所建构起来的流程技术形态多是临时搭建的一次性体系,如地震救援技术体系、政治动员技术体系等。一般而言,服务于经常性的稳定的目的性活动的流程技术形态比较发达,反之则不发达。

3. 人工物技术形态

从静态、分立的观点看,人类目的性活动序列或方式则表现为人工物技术形态。人工物技术形态是技术世界之网上的"纽结",是建构流程技术形态的"预制件"。人工物技术形态多以派生目的的方式建构,是技术发展的基础形式,也是衡量技术发展水准的指示器。人工物技术形态既是人类目的性活动的产物,又是为人类目的的实现服务的,在现实生活中发挥着多重基础性功能。

(1)人工物技术形态的功用

在人类社会发展进程中,原有的天然物品已不能满足人们日益增长的物质文化需求。这就促使人们必须对自然物进行加工制作,创造出丰富多彩的人工物品,形成了呈扩张态势的人工自然界和发达的社会体系。按人们对天然物加工制作的方式或深度的不同,可将人工物相对地区分为初级人工物和高级人工物两大类。初级人工物是指对天然物的浅度或间接改造,一般不在其中建构人工机制,如把矿藏开采出来,给植物施肥、浇水、剪枝等以生产优质果实,等等。初级人工物是生产流程技术形态运转的结果,其中凝结着流程技术形态的内涵。高级人工物是指对天然物的深度加工或直接改造,多是在初级人工物基础上展开的,往往要在其中建构一定的结构或机制,形成特定的属性与功能,这就是人工物技术形态。如把钢材、水泥等建构成桥梁;在硅片上刻制出复杂的电路结构而制成 CPU;把一物种的基因转移到另一物种的 DNA 上,以改变该物种的性状;等等。高级人工物也是流程技术形态运转的直接产物,其中残留有流程技术形态的明显印记;同时,它又是经过事先设计和反复试验的结果,其中又凝结着多项人类智能技术。

自古以来,我们就生活在人工物堆积的人工自然中。人工物以其内在品质或技术结构而具有满足人们不同需求的功能。如焦炭具有发光发热的功能;食物具有消除饥饿的功能;电话机具有传递声音的功用;书籍具有传承知识、启迪心智的功能;等等。这些人工物作为生活资料或生产资料,直接或间接地实现着个人或社会需要,维持着个人的生存或社会的正常运转。

从普遍联系和动态发展的角度看,人工物不仅是流程技术形态的产物,而且也往往需要通过并入流程技术形态的途径,才能实现主体的目的,如粮食要经过食品加工技术形态、商品流通技术形态、烹调技术形态等多重流程技术体系的加工制作,才能最终为人们所消费;电话机要通过与通讯网络的联接,才能实现传递音讯的目的;等等。应当指出的是,与流程技术形态不同,人工物技术形态具有与主体的可分离性,容易并入流程技术形态或从其中剥离开来。人工物技术系统一旦被制作出来,就成为独立于制作者的客观存在物;在没有被使用之前,它又是独立于使用者而存在的。

复杂的综合性的人工物技术形态,具有简约原初目的性活动序列或替代主体动作技能的潜力,因而是推动流程技术形态变革的基本动力。一般地说,新型人工物技术形态的并入,可以简化主体动作技能,析出操纵者的体力和智力;同时,也可以压缩或内化目的性活动序列,提高流程技术系统的运行效率,拓展流程技术形态的功能,如全自动洗衣机的出现,把以往繁重复杂的洗衣过程简化为选择程序和控制开关，替代了手工洗衣或半自动洗衣机的工作环节，提高了洗衣效率。人工物技术形态是按照预先设定的程序运转的，是人的目的性活动的投影或外化，可视为人的无机身体。一般而言，人工物技术形态水平的高低，与主体动作技能的复杂程度或体力支出的多少成反比，与以它为单元而构成的流程技术形态功能的强弱成正比。

(2)人工物技术形态的建构

天然物是自然运动的结果，无需人自觉活动的参与。人工物是相对于天然物而言的，它的产生是人工设计、建构与干预的结果。单从外观或品性上看，人工物与天然物之间的差别有时是难以区分的，如野生中药材与人工种植的中药材就不易辨认，但两者产生过程之间的差异却是明显的。前者是纯自然的过程，后者则是对自然过程的模仿或改良，其中并入了许多人工因素，形成了流程技术形态。同样，流程技术形态中往往也有自然因素的介入或自然运动过程的参与。不过，此时的自然因素或过程是已被主体化了的，是作为技术体系的一个单元或环节而被组织到流程技术形态之中的。例如，农作物的生长已不再是一个纯自然的过程，而已演化成为农业流程技术形态的组织线索。① 一般地说，技术层次越低，自然因素或自然过程的介入就越明显。

从局部的静态角度看，人工物技术形态可能只是一种简单构造或人工创造物，并不直接体现为目的性活动序列；而从整体的动态角度看，这里的人工创造物并不只是孤立的静止存在物。它是人们目的性活动的产物，总要为人的目的服务，终究会被纳入一定的目的性活动序列，而转化为现实流程技术形态。如果只见人工物的外表，而不见其中蕴含的技术结构；或者只见人工物技术形态，而不见它与流程技术形态之间的内在联系；或者只见相对静止的人工物技术形态，而不见绝对运动的流程技术形态；等等，这些都是形而上学观点的具体表现。人们在日常语言中所使用的“人工物技术形态”概念，往往泛指该人工物技术形态及其相关的制作和使用的流程技术形态。例如，核武器技术形态就不仅指核武器本身的技术形态，而且也泛指核武器的制造、使用流程技术形态等。

从表面上看，人工物技术形态是通过相关流程技术形态的运转建构的。其实，人工物技术形态的创建至少经历了两个阶段：一是人工物技术形态的发明创造阶段；二是人工物技术形态的复制或批量生产阶段。第一个阶段是人工物技术形态建构的基础和核心。同流程技术形态的创建一样，这一阶段也有一次创新与

① 王伯鲁．农业技术现代化理论探析[J]．经济问题，1999(9)．

二次创新之别，恕不赘述。值得一提的是，这一阶段的技术创新成果往往体现在人工物技术结构本身，以及生产或复制该人工物的定型化的流程技术形态这两个层面上。而以这两种技术形态建构为目标的发明创造过程，则是一种理性因素与非理性因素交织的不确定的"准流程技术形态"的运转。

4. 流程技术形态与人工物技术形态的内在关联

流程技术形态与人工物技术形态是技术存在的两种基本方式，两者相互依存，相互促进，共同支持着主体目的的实现。这两种技术形态及其相互关系，也是随着技术的产生和发展逐步形成的，应当从历史和辩证的观点认识这两种技术形态及其之间的密切联系。

（1）流程技术形态与人工物技术形态关系的历史考察

从技术起源角度看，流程技术形态发育在先，人工物技术形态成长于后。如前所述，技术与人类的诞生是以石器制作为标志的，石器技术形态可看作技术世界发育的历史起点。在石器制作过程中，由于先制作出来的石器往往又参与到后出现的石器制作过程之中，所以从表面上看，石器的流程技术形态与人工物技术形态之间的前后关系，有如"鸡与蛋"之间的先后关系一样，复杂难辨，说不明白。其实，从进化发展的观点看，两者之间的前后关系是可以阐述清楚的。

其实，石器制作工艺技术的形成并不是一蹴而就的，而是经历了一个漫长的孕育过程。从原则上说，在捡选"天然石块"阶段，形成中的人就拥有了"准石器"及其使用动作技能。这些"准石器"及其使用动作技能，在形成中的人的日常生活中发挥着重要作用。后来它们也被纳入到石器制作流程技术形态的建构之中，参与了第一件石器的制作过程。此后才有人造石器对天然石器的逐步替代。从这个意义上说，先有石器制作工艺技术的诞生，后有人造石器技术形态的产生。但是，从外观或性能上看，这些自然成型的"天然石器"与后来出现的人工制作石器并无多大差异。因此，从这个意义上讲，先有这些"天然石器"，以后才有石器制作工艺技术的发育成熟。这在历史和逻辑上都是清楚的和不容置疑的。

尽管"石器的制作和使用技术"是野蛮时代的技术标志，但作为人工物的石器技术在原始流程技术形态中的作用却是有限的。无论是在石器的制作工艺流程中，还是在其他流程技术形态中，石器并非是唯一的技术单元，也不是不可或缺的构成要素。如石器就难以并入当时火种的产生、保存和使用流程技术形态之中，即使被纳入其中，其作用也是可以替代的。就当时先民目的的实现而言，天然物品或自然条件、先民们的天赋本能及动作技巧、操作程序等因素都发挥了不可替代的历史作用。但由于这些因素及其流程技术形态早已烟消云散,只留下了难以磨灭的石器,所以人们往往容易低估这些因素的历史作用。以石器为代表的原始技术形态是先民们生活的重要基础,“从现象上看,技术对史前文化和所谓原始文化的作用和它对现代文化的作用是同样重要的。”①

(2)流程技术形态与人工物技术形态的对立统一

在现实生活中,流程技术形态与人工物技术形态之间的关系十分复杂。在某一具体的目的性活动过程中,流程技术形态与人工物技术形态之间的区分是绝对的,两者不容混淆。流程技术形态多是由许多人工物技术形态串联而成的,人工物技术形态的性能决定着流程技术形态的结构、运行与功能。譬如,机车性能、桥梁承载能力、铁轨焊接、信号控制等技术单元性能,就直接决定着铁路运输技术系统的运行效率。

同样,流程技术形态支持着人工物技术形态的建构,前者是原因,后者是结果。流程技术形态的状况决定着相关人工物技术形态的性能及其生产或复制能力。在某种程度上可以说,有什么样的流程技术形态,就有什么样的人工物技术形态;人工物技术形态中往往留存着流程技术形态的痕迹。例如,以光刻技术为标志的微电子工艺流程技术形态,就直接决定着集成电路的集成规模。从出土的带有镂空结构的青铜器的制作年代,就可以逆向推断出“失蜡法”铸造工艺流程技术出现的年代;等等。因此,通过改善流程技术形态,可以达到提高人工物技术形态的建构质量及其生产制作效率。

然而,超出具体的目的性活动范围,流程技术形态与人工物技术形态之间的区分就只具有相对意义,与人们审视技术形态时所持的内外划分标准、分析性与整体性、短暂性与长期性视角有关。这两种技术形态之间相互依存、相互促进、相互转化。一般地说,简单的、集成性的、快节奏运转的流程技术形态可视为一体化的人工物技术形态;而复杂的、分散性的、慢节奏运转的人工物技术形态也可看作流程技术形态。流程技术形态可视为展开的、分阶段建构或运转的人工物技术形态;人工物技术形态也可以看作压缩性的、一次性建构和连续运转的流程技术形态。还有,一种流程技术形态或稍加改进,往往可以实现多种人工物技术形态的建构或复制目的;同样,一种人工物技术形态也可以参与多种流程技术形态的建构。

人工物技术形态是主体目的性活动序列或方式定型化、集约化、产品化的结

① F. 拉普. 技术哲学导论[M]. 沈阳:辽宁科学技术出版社,1986,26.

果，总要为社会需求服务，总会展现为一个使用或消费过程。人工物技术形态总是通过人的使用途径，而被不断地并入多种目的性活动序列或方式之中，进而转化为多种流程技术形态。同样，流程技术形态的专业化、自动化、一体化发展，也体现出向人工物技术形态转化，逐步为人工物技术形态替代的趋势。随着现代技术的自动化、复杂化和多功能化发展，流程技术形态与人工物技术形态之间的界限趋于模糊，呈现出一体化的时代特征。

流程技术形态与人工物技术形态的发展与建构之间存在着双向互动的因果关系。一方面，人工物技术形态愈复杂，精度愈高，对制作流程技术形态的要求也就愈严格。这是推动流程技术形态创新的外部因素。同样，先进的人工物技术形态并入流程技术形态之中，必然会引发原有流程技术形态各环节之间关系的调整或整体改造，带动以它为建构单元的相关流程技术形态的升级换代。这是流程技术形态创新的内在机制。另一方面，先进的流程技术形态的创建，不仅可以提高原有人工物技术形态的加工精度、生产质量和效率，而且也是实现高层次人工物技术形态设计的技术保障，推动着人工物技术形态的更新换代。正是在流程技术形态与人工物技术形态的相互作用之中，不断涌现的主体目的才得到及时有效的实现。

三、技术系统的建构模式

人类目的性活动是孕育新技术的温床。在漫长的人类进化历程中，层出不穷的认识和实践问题不断向人类理智提出挑战。在以解决这些问题为目标的目的性活动过程中，往往会孕育和催生出一系列新技术形态。从微观层面分析技术系统的建构过程或机理，是全面理解广义技术世界及其发展的基础。

1. 技术构成要素及其演进

历史与逻辑是统一的，在追溯技术发生与发展历史的基础上，有必要对技术结构进行逻辑解剖。基于躯体的动作技能（Skill）是技术的原始形态和核心，它进一步演化为实物、操作和知识三个相互关联的基本要素。一般而言，技术的实物与操作要素比较明显，容易理解，而知识要素往往为人们所忽视。“把技术看成是机器或有形的物质，犹如错把甲壳当成蜗牛，把蜘蛛网当成蜘蛛一样是大错特错了。技术不是物体，而是知识，是记载在亿万册书籍和储藏在数十亿人头脑中的知识，当然，在重要程度上是凝结在形形色色物质产品中的知识。”①西蒙在这里所谓的知识，其实就是以信息形态存在的目的性活动序列或方式。在技术发展的不同历史阶段，这三个技术要素所占的比重及其表现形态也不尽相同，由此反映出人类变革客观世界方式的演变。

技术的实物、操作和知识要素，在不同历史时期的具体表现形式如下图所示。由内到外的三个方框，分别代表着古代技术、近代技术与现代技术三个历史发展阶段。这三个要素在技术活动中扮演着不同的角色，发挥着各自的独特职能。实物要素是客观的技术存在物，是技术活动展开的物质基础；操作要素存在于驾驭或控制物化技术体系的操作者身上，体现在技术活动的全过程；知识要素是关于目的性活动过程机制或规律性的凝聚，是技术活动的灵魂。技术活动的这三种要素并不是孤立存在的，它们既相互独立，又密切相关，由此构成了三位一体的具体技术形态。各技术要素之间存在着互补互动机制，其中某一要素的变化都可能影响或牵动其他要素的变化；各技术要素之间的发展又是不平衡的，在某一时期，某一要素往往处于矛盾的主导地位，其发展规定或制约着其他要素的发展变化。

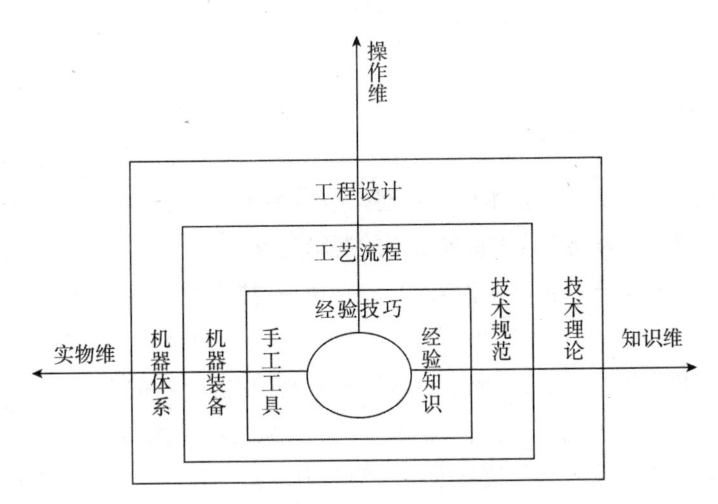

技术构成要素结构示意图

在人类历史的早期，人们在采集、渔猎、制陶、植物栽培、动物养殖等生产实践活动中，形成了以经验技巧为标志的古代技术形态。其中的手工工具就是技术的实物要素，经验技巧就是技术的操作要素，感性经验知识就是技术的知识要素。

① 西蒙. 技术与环境[J]. 科学与哲学研究资料，1985(2).

在技术发展的这一时期，技术中的知识含量较低，手工工具简单，工匠们所形成的经验技能或技巧是构成技术的主要因素。技术存在于工匠们对物品的加工、工具的制作等直接的劳动过程之中。

近代以来，在生产需求刺激与科学研究推动下，技术的构成要素也发生了重大变革，形成了以机器为标志的近代技术形态。在技术发展的这一阶段，原有的经验知识发展成为系统化的技术规范，经验技能为稳定的工艺流程所取代，手工工具为复杂的机器装备所代替。机器的出现改变了劳动方式，使生产过程中动作技能或技艺的作用相对减弱，也促使技术开发从生产过程中逐步分离出来。

进入现代以来，在新科技革命进程中，技术的构成要素又体现出一系列新特点，形成了以技术理论为基础的现代技术形态。工程设计是对经验技巧和工艺流程的思维建构，是操作要素的现代体现；技术理论则是对技术实践中经验知识与技术规范的进一步提炼，是知识要素的现代表现形式；机器体系是手工工具和机器装备的进一步发展，是实物要素的现代形态。以科学研究为基础是现代技术的基本特征，技术理论是现代技术的核心要素。当代的高新技术开发基本上都是在基础研究与应用研究的支持下进行的。

2. 物化技术单元

在前面的叙述中，我们曾提到过作为技术形态构成要素的技术单元，但未就此概念作展开论述。物化技术单元是建构技术系统乃至技术世界大厦的“砖块”或“骨骼”，理应成为分析技术世界结构的逻辑起点。

单元总是相对于系统整体而言的，简单地说，技术单元就是构成技术系统的基本要素。概而言之，技术单元主要有三个来源：一是自然物。如前所述，在大自然漫长的进化发展历程中，形成了许多结构精巧、功能奇特的自然物。这些自然物可以作为技术单元，直接被纳入技术系统的建构之中。例如，牛、马因禀赋的奔跑、驮载本领，而常常作为传统技术系统的动力单元，用以驱动车辆、农具、器械的运转，从而建构起运输、农业、手工业等多种具体技术系统。二是人工物。如前所述，人工物是由自然物加工制作而来的。一般说来，初级人工物构造简单，成分与功能单一，多以材料、能源等形式参与技术系统的建构；高级人工物本身往往就是一个技术系统，其功能源于内置于其中的人工结构与运行机制，多以相对独立的构件形式参与技术系统的建构。三是个体或团体的人。人既是技术系统的建构者，又是技术系统的操纵者或使用者，还是建构技术系统的基本要素。人是自然属性与社会文化属性的统一体，他以天赋本能与后天技能一起参与技术系统的建构。作为技术单元的人,以其肢体、器官、神经系统、知识等所拥有的体力、技巧、智慧,在技术系统中扮演着灵活多样的角色。它既可以是动力源,也可以是装配者,还可以是操纵控制者,等等。因此,人在技术系统中扮演角色的多样化程度,或体力与智力支出的程度,可以作为衡量技术发展水平的标尺。一般来说,人参与技术系统运转的程度越低,或者体力与智力支出越少,技术形态就越发达;反之,就越落后。

在技术系统建构过程中,技术单元表现出较强的相对独立性,容易并入技术系统或从其中分离出来。技术系统以设计方案为“模板”,以技术原理为“灵魂”,把众多技术单元组织起来,联为一体,统摄与协调众多技术单元的有序运转,形成全新的技术功能。技术单元是建构技术系统的基础,直接决定着技术系统的结构与功能。

值得一提的是,由于技术系统结构的层次性,技术单元与技术系统之间的区分是相对的、可变的,其间也存在着双向互动机制。① 技术单元总是相对于技术系统而言的,在未被纳入技术系统之前,技术单元独立自存,功能各异;低层次技术系统进入高层次技术系统的建构之中,就转化为高层次技术系统中的技术单元。同样,高层次技术系统中的技术单元,也可能本身就是一个独立的低层次技术系统。随着高层次技术系统的解体,其中的技术单元也可以从中剥离出来,复归各自的原初技术形态。可见,与技术系统相比,技术单元的稳定性更强,灵活性与自由度更大。

3. 技术系统的建构模式

技术是人类的创造物。从社会发展史的角度看,技术系统的创建总是在时代所提供的技术“平台”或技术世界发展的基础上展开的,前人的技术成果是后人建构技术系统的现实基础。因此,新技术系统中总凝聚着前人的技术成就,是继承与创新的有机统一。关于这一点,笔者将在第四章再作进一步阐述。围绕主体目的的有效实现,技术系统的累积性主要体现为时间上的“阶梯”式递进。

(1) 技术系统的建构模式

人类技术创造活动具有累积性。先驱者的成功经验与失败教训,是后来者进行技术探索的现实起点。后来者的技术创造也多是在先驱者技术开发成就的基

① 国家教委社会科学研究与艺术教育司. 自然辩证法概论[M]. 北京:高等教育出版社,1989,41.

础上展开的。新技术形态并不都是全新的,它往往是按照实现具体目的的要求,对众多现有技术成果的创造性综合。即使个别环节上的基础创新,也不是“飞来之物”,其中不乏前人相关技术成就的启迪与借鉴。前人的技术创新成果往往以文献、图纸、经验等信息形式,以及定型化的人工物技术形态或稳定的流程技术形态等实物形式流传于世。这些技术成果易于保存、传播,往往以技术单元形式进入新技术系统的建构之中。如此,后来者就不必再纠缠于已经解决了的老问题,而可以集中精力面对出现的新技术问题。新一代技术形态继承和发扬了前一代技术形态的优点,改进或弥补了其中的不足之处,将不断替换或淘汰所在技术族系的落后技术形态。因而,新技术系统结构渐趋合理,功能不断完善,效率不断提高,呈现出进化发展态势。按技术形态效率由低到高的逻辑顺序,通常可以把某一族系技术成长发育的历史,大致划分为原始技术、初级技术、中间技术、先进技术、尖端技术等发展阶段。后发展起来的技术形态,往往以“压缩”的形式重复该技术族系发展的历史阶段,其中蕴含着该技术族系进化发展“阶梯”的大量信息。

一般地说,从逻辑推演的角度看,技术问题的提出与技术创造思路的演进,是沿着从目的到手段的顺序展开的;而技术系统的建构与主体目的的实现,则是沿着从手段到目的、由局部到整体的次序推进的,如此就形成了由目的到手段转化推演的多簇路径。例如,要实现往来于河流两岸的目的,就并存着泅渡、建造船只、架设桥梁、开挖河底地下隧道等多种技术途径,其中的每一条途径又有许多种具体的实现方式或环节。单就架桥途径而言,要建设桥梁(目的),就需要在河流中设立桥墩、预制构件等(手段);而要在河流中设立桥墩(目的),就必须在河流中构筑围堰、排水、开挖河床等(手段);……如此就形成了一个辐射状的立体族系。其中,实现目的的每一条基本技术途径就是这一族系的主干。主干上的阶段性目的或手段,就是这一族系的分叉;族系上的分叉或节点多表现为单元性的人工物技术形态,路径链条多表现为彼此密切联系的流程技术形态。技术族系的分叉越多,链条越密、越长,该技术族系就越发达,反之亦然。正是这些单元性、分支性技术成果的不断创造与累积,为主体目的性活动序列或方式的建构奠定了基础,才使得主体目的的实现越来越容易、越来越迅速。可见,技术族系就是技术系统存在与建构的基本模式,形成了技术世界的微观结构。

沿着从低级到高级、由局部到整体的次序,技术系统的建构则体现为以“复合”为特征的建构阶梯。自然技术系统源于设计技术形态(记作技术Ⅰ),技术Ⅰ经过物化制作,就转化为实物技术形态(记作技术Ⅱ)。技术Ⅱ为操作者所使用,与操作者的操作经验、动作技能相结合,就转化为现实技术形态(记作技术Ⅲ)。

以众多现实技术形态Ⅲ为基础，在观念上筹划设计出社会组织单元（记作技术Ⅳ），该设计方案经过实际组建就转化为现实的社会组织单元（记作技术Ⅴ）。众多技术Ⅴ为领导者所操纵，它们与领导者的领导技艺相结合，就转化为现实的社会组织机构（记作技术Ⅵ）。如此就衍生出各级各类社会技术形态。在上述技术系统的演进与建构过程中，前面的低层次技术系统作为部分被组织到后面的高层次技术系统之中，自然技术系统被纳入社会技术系统之中。这就是技术系统建构的逻辑“阶梯”。低层次技术系统的改进会通过这一阶梯式构成“链条”，为高层次技术系统所吸收，并依次引发高层次技术系统的变革。例如，作为计算机技术系统的核心元件，CPU（Central Processing Unit）主频率的改进，就直接带动着计算机运算功能的提高，也间接地推进着以计算机为构成单元的各级技术系统的革新。同样，对高层次技术系统功能的预设，也会通过这一阶梯式构成“链条”，刺激低层次技术系统功能的改善。

而沿着从高级到低级、由整体到部分的次序，技术系统的建构就展现为空间上的层层“嵌套”。克兰兹贝格曾将技术系统的这一特点概括为克兰兹贝格第三定律。“我的第三定律是：技术是配套的，这个‘套’有大有小。”①从技术系统的建构过程看，技术单元就是通过“嵌套”方式被组织集成到技术系统之中的。技术系统是由众多技术单元衔接、匹配而成的。这些技术单元是按照技术原理、运行程序等组织规则，被装配、“嵌套”入技术系统之中的。其中的技术单元可能就是一个技术系统，它当初也是通过这种“嵌套”方式被建构起来的。即使最原始、最简单的技术系统，也是由自然物、动作技能等技术单元复合而成的。同样，技术系统本身也可以作为一个技术单元，被“嵌套”入更大的技术系统之中。正是通过这种“嵌套”式建构模式，低层次的单元性技术成果就渗透到高层次技术系统之中。一般来说，沿着从原材料到制成品，从思维技术、自然技术到社会技术的逻辑顺序，处于前面的技术形态往往被依次“嵌套”入后面的技术系统之中。以往的技术成果就像“滚雪球”似的被依次累积到后发展起来的技术形态之中。在这里，时间上的“阶梯”式进化与空间上的“嵌套”式建构，是同一过程的两个侧面，在本质上是统一的。

（2）技术形态的级别

在技术系统层次结构中，我们可以引入一个描述技术形态结构特征或衡量技

---

① 中国社会科学院自然辩证法研究室. 国外自然科学哲学问题［M］. 北京：中国社会科学出版社，1991，195.

术形态整体性能的重要概念——技术级别。如上所述,在时间维度上,我们可以按技术演进历程,把某一技术族系的演化大致划分为原始技术、初级技术、中间技术、先进技术、尖端技术等发展阶段。技术的发展过程就是低级别技术形态向高级别技术形态的演进。一般地说,在同一技术族系中,后发展起来的技术形态总是比先发展起来的技术形态功能更强大,技术级别更高。日常生活中所使用的技术更新换代概念就是对技术在这一序列中演进过程的具体描述。如近几十年来,微机的发展就经历了单片机、286、386、486、586、奔腾处理器系列等机型的发展阶段。在这一进化发展过程中,后发展起来的微机机型的技术级别总是高于先发展起来的微机机型。

其实,在技术世界中,众多技术族系的相继发展,在空间上就展现为多种技术形态的并存竞争与综合集成。在空间维度上,我们也可以根据技术形态的构成层次及其主要构成单元的性能,而相对地给出该技术形态的技术级别。一般而言,技术形态的结构越复杂,包含结构层次越多,或者主要构成单元的性能越先进,该技术形态的技术级别就越高。例如,作为技术形态的跨国公司,就比中小型企业的构成层次或运转机制更复杂,包含的构成层次更多,因而其技术级别也就明显地高于后者。再如,同样是发电厂,装备 60 万千瓦发电机组的发电厂的技术级别,肯定高于装备 12.5 万千瓦发电机组的发电厂。事实上,在工业生产、体育竞技、语言交流等社会领域中所采用的技能级别评定制度,就是这里的以个体技能为核心的技术级别概念的具体体现。

从本质上说,从时间维度上给出的技术形态的技术级别,与从空间维度上判定的技术形态的技术级别是一致的。由于技术继承性与构成性的生成与存在方式,后发展起来的技术形态总是淘汰了先发展起来的技术形态的缺点,继承了它的优点,又进一步创造出了一些原有技术形态所不具备的新性能、新特征;而后发展起来的技术形态在构成上又多以先发展起来的技术形态为建构单元。同时,高层次技术形态又必须以低层次技术形态为建构基础,是众多低层次技术形态结构与性能的耦合,依赖于相关技术领域技术开发成果的长期积累。因此,后发展起来的技术形态或高层次技术形态的技术级别,往往要比先发展起来的技术形态的技术级别更为高级。

应当指出的是,技术级别是衡量一个技术形态结构复杂程度或功能效率的重要指标。我们不仅可以在同一技术族系中比较不同技术形态技术级别的高低,甚至也可以在不同技术族系之间大致比较不同技术形态的技术级别。这对于我们从数量上统一把握技术形态的复杂程度或功能效率具有重要的理论意义。至于技术级别标尺的具体标定等细节问题，还有待于进一步研究。

四、广义技术世界的基本结构

广义技术世界就是在广义技术定义限定下的所有技术形态的集合，外延广泛、内容庞杂。其中既包括地处北极圈的爱斯基摩人的冰屋建造技术形态，也包括生活在南部非洲荒原上的布须曼人的原始采猎技术形态；既包括美国正在开发的国家导弹防御体系（*TMD*）技术形态，也包括已经消亡的金字塔建造技术；既有自然技术形态，也有思维技术形态和社会技术形态；等等。因此，技术世界的结构既表现为过去、现在和未来的时间结构，也表现为上下、前后、左右的空间结构。揭示纷繁复杂的众多技术形态的内在联系，在思维中把它们复制、还原为一个具有丰富内涵的“思维具体”形态的技术世界，是本课题的基本任务之一。

在前面的叙述中，我们就技术世界的微观结构，曾作过一些管中窥豹式的零星描述，但未能给出全面细致的刻画。技术世界的结构是认识技术世界的核心，也是研究技术哲学外部问题的理论基础。这一节将就广义技术世界的结构展开全面而深入的剖析。

1. 认识技术世界结构的方法特征

从认识论角度看，我们对技术世界的认识是一个复杂的过程，其中存在着许多固有局限性。① 一是我们总是站在“现在阱”中认识技术世界的。受技术世界历史与未来时间“屏障”的阻隔，对技术世界产生和发展过程的认识往往是不全面、不深入的。二是受社会分工、专业领域、知识背景等主观视角所限，我们又是戴着“职业眼镜”认识技术世界的，难免带有职业偏见。此外，受认识者所处地域、时代、认识手段、技术世界的发展状况等主客观因素的复杂影响，我们对技术世界的认识必然是一个漫长而艰难的过程。

结构（structure）蕴含于事物体系内部，泛指一个整体的各组成部分之间的搭配与排列。结构主义认为，不管表面显得如何多样，所有的社会现象都是内在关联的，以某种未被意识到的样式组织在一起。这种内在关系或样式就形成了结

① 北京大学哲学系外国哲学史教研室．西方哲学原著选读（上卷）［M］．北京：商务印书馆，1981，350.

构。一般地说,一个结构具有整体、转换与自我调节的特性。众多技术形态之间的联系或结合方式就形成了技术世界的结构。因此,揭示技术世界内部众多技术形态之间的相互关系与结合方式,就是对技术世界结构的认识。西方结构主义倡导一种重要的方法论。它主张事物仅以一个有意义的系统的要素形式而存在。它强调结构而非实体,强调关系而非事物,强调从结构的观点分析和审视事物。可见,结构主义理论与方法是认识广义技术世界结构的基本方法。

技术世界潜藏于现实世界之中,是现实世界的技术投影。它涉及领域广泛,本身就是一个复杂的认识对象。理论决定我们能够看到什么。从不同的理论视角审视它,我们就会看到技术世界不同层面、不同领域的精细结构。如果沿着过去、现在和未来的时间维度去分析技术世界,看到的就是技术世界的时间结构;如果从上下、前后、左右的空间维度去剖析技术世界,看到的就是技术世界的空间结构;如果从对人类活动领域的划分角度出发分析技术世界,看到的就是技术世界的领域结构;如果从各类技术形态的数量角度去剖析技术世界,看到的就是技术世界的数量比例结构;如果从使用效率角度去分析技术世界,看到的就是技术世界的效率结构;如果仅着眼于技术世界的某一领域,看到的就只是技术世界的局部结构;等等。

如前所述,技术存在于客观事物及其运行过程之中,技术世界及其结构潜藏于客观世界及其发展变化之中。技术世界只是属人世界的一个层面,与属人世界之间存在着二位一体关系,二者在结构上具有同一性。技术世界的结构是客观存在的,但它又不是直观的、外显的,而是内含于具体事物之中的。这一抽象性存在特点,要求我们应通过对可直接感知的属人世界结构的剖析和透视,间接地认识技术世界的内在结构。客观世界是人类认识和实践活动的对象。按照对客观世界的基本划分,人类的认识成果也相应地划分为自然科学、人文社会科学和思维科学三大知识领域,其中的许多具体学科又都是以客观世界的某一领域或层面为其认识对象的。对这些领域或层面属性与结构的揭示,是这些学科的基本任务,其认识成果为人们的目的性活动指明了方向。

由于技术世界与属人世界的同构性、同源性和发展的同步性,所以,这些学科所刻画的客观世界尤其是其中属人世界的结构,既是人们建构新技术形态的基础,也是我们认识技术世界结构的理论基础。例如,在传统的狭义技术视野中,技术科学与工程科学就是以自然技术为研究对象的。这些科学知识有助于我们认识自然技术领域的结构。再如,经济学对社会经济运行机制与规律的认识,法学对社会政权组织形态与法律秩序的认识等人文社会科学研究成果,又有助于我们认识社会技术领域的结构。事实上,正如第二章"社会技术形态"一目所述,人文社会科学与自然科学具有相似的学科层次结构,其中的应用基础学科与人文社会工程学科,就是直接以人文社会技术为研究对象的。① 这些学科都有助于我们认识社会技术领域的结构。还有,心理学、逻辑学、创造学等学科对人类心理活动、思维活动结构与规律的研究成果,也有助于我们认识思维技术领域的结构。

科学理论是我们探讨技术世界结构的基础和出发点。由于理论的抽象性、分析性、领域性等特点,不同理论视野中所呈现出的技术世界的不同结构,多是局部的、分析性的。这就要求我们,一方面要把技术世界置于多维理论视野中,进行多维度剖析和全景式透视;另一方面又必须在思维中把这些局部"结构"综合和装配在一起,以逼近广义技术世界的真实结构。这一任务是十分艰巨的,必将是一个漫长而复杂的认识过程。

2. 技术世界的基本结构

从历史的角度看,随着人类的进化与社会的发展,技术经历了一个从简单到复杂、由低级到高级、由单一领域向众多领域的发展历程。伴随着科学的兴起与技术的进步,技术世界自下而上逐步分化出了基础技术、专业技术与工程技术的梯级结构。这一结构的形成与人类认识发展,尤其是自然科学和人文社会科学的发展密切相关。

(1)科学与技术关系的历史演变

从科学技术史角度看,近代以前,除个别人文学科外,自然科学与社会科学尚处于襁褓之中,只有零星的科学知识,并无严格意义上的体系化的科学。在这一时期,社会实践与技术创新活动是派生科学知识的主要源泉,而零散的、经验性的科学与技术知识,对技术发展的推动作用微弱,而且多是间接的。这一时期的技术发展主要依靠人们长期的经验积累与摸索。技术开发与实际应用过程浑然一体,几乎没有细致分工与专业领域分化。以解决实际问题为核心的工程技术系统的创建是技术发展的主要形式。

欧洲文艺复兴之后,不断系统化、理论化的科学开始从自然哲学的母体中分离,也逐步挣脱了宗教神学的束缚,进入了全面、快速发展时期。同时,在以蒸汽动力应用与生产机械化为标志的第一次技术革命的推动下,生产过程的复杂化与

---

① 刘大椿. 中国人民大学中国人文社会科学发展研究报告 2002[M]. 北京:中国人民大学出版社,2003,14.

产品的精密化、大型化，促使技术开发活动从生产领域中逐步分离出来，形成了相对独立的专业化技术研究领域。还有，随着资本主义制度的确立与蓬勃发展，社会交往的范围不断扩大，社会生活的复杂程度与不确定性增大。以管理社会、指挥作战、制定法律、筹划经济活动等为内容的专业化社会技术也逐步形成。这一时期，科学研究对技术发展的规范和指导作用明显增强。以创建工程技术系统为核心的传统技术发展模式被打破，出现了技术开发与技术应用之间的分化，支持工程技术系统创建的专业技术体系逐步形成。

进入20世纪以来，在现代科学技术一体化进程中，科学活动逐步从单纯的基础研究领域，扩展到了应用研究和开发研究领域。技术的应用与开发活动开始作为科学认识的对象，被纳入科学研究领域。作为知识体系的科学，也随之分化为基础科学、技术科学和工程科学三个层次。如前所述，科学的发展开始走到了技术发展的前面，对技术创新起着规范和指导作用。在科学发展的推动下，技术世界在原有工程技术、专业技术层次的基础上，又进一步分化出了基础技术层次。技术世界的基础技术、专业技术与工程技术层次，与科学领域的基础科学、技术科学和工程科学层次彼此照应，如下图所示。

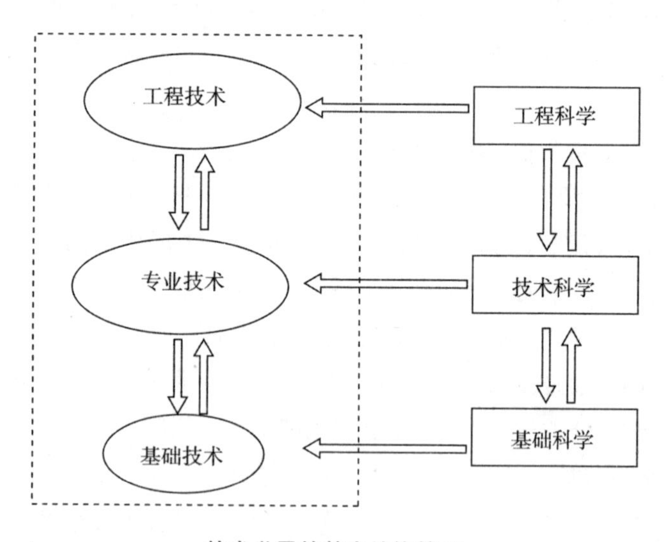

技术世界的基本结构简图

图中左边虚框部分表示技术世界，右半部分可视为科学世界，箭头表示其间的相互作用。在技术自下而上的纵向发育过程中，从科学原理中派生出来的基础技术成果，经过应用性开发与工程化环节，最终将综合、演变为各类具体工程技术形态。这是现代技术发展的重要特征之一。

(2)技术世界的基本构成

在现代技术世界与科学世界的基本结构中,基础技术(或实验室技术)层次与基础科学关系密切。基础科学是基础技术发展的源泉,往往会开辟出全新的技术领域。一般地说,在“是什么”“为什么”问题的答案中,往往就包含着“如何做”的方法论指向。基础技术就是对科学发现、原理、规律中所蕴含的技术可能性探索的结果,是围绕技术原理的摸索与探究展开的,处于科学向技术转化的基础环节。因为该技术多是在实验室里试验成功的,有时也被称为实验室技术。原创性、原理性、原型性等是基础技术的基本特征,例如,1946 年前后,肖克莱、巴丁、布拉坦等人对晶体管的研制,就是基础技术的典型形态。20 世纪 30 年代,固体物理学得到了快速发展,成为孕育晶体管技术原理的理论基础。作为一位理论物理学家,肖克莱曾预言过“场效应”的存在。场效应原理为电子放大器的研制提供了技术可能性。后来,肖克莱小组精心构思和设计,两易试验方案,终于成功地研制出了“点接触”型晶体管放大器,实现了科学原理向技术工作原理的转化。晶体管是 20 世纪最重要的技术发明之一,开创了微电子技术领域的先河,成为现代信息技术革命的源头。

专业技术处于基础技术层次向工程技术层次转化的中间环节,与技术科学关系密切。专业技术是技术专业化发展的产物。随着技术形态的复杂化与技术创新模式的转换,技术应用过程中的许多基础性、共同性问题,开始从中分离出来,成为技术科学的研究对象。同时,围绕基础技术的应用性开发,也有一系列关键性问题需要解决。这些问题本质上属技术问题,以派生目的形式拓展新的技术途径,促进技术的专业分化。技术科学的研究有助于新技术途径的探寻,并使探寻活动方向明确、途径简捷、效率更高。围绕着这些基础性、共同性问题的解决,而发展起来的专业技术层次,表现出专业性、单元性、分析性与纵向推进性等基本特征,是建构实用的工程技术形态的直接基础,如晶体管放大器研制成功后,如何把众多的元器件集成在一起的芯片制作技术,就成为微电子技术领域的专业性技术。该技术既是晶体管发明走向实用的重要环节,也是实现各种集成电路设计的基础。围绕这一具体问题的解决,人们先后发展出了光刻技术、电子束、聚焦离子束和 X 射线照相制版技术、等离子蚀刻技术、CMOS 芯片技术等,这些技术都可归入专业技术之列。受局部的或分析性技术目标所限,专业技术的经济或社会效益多是间接的、远期的或局部的。专业技术只有应用于解决实际问题,转化为工程技术形态,才可能实现专业技术的潜在价值。

工程技术就是在社会实践活动中广泛应用的各种实用技术形态。它处于技术世界结构的顶端，与工程科学关系密切。工程科学以各类工程实践活动中的普遍性问题为研究对象，综合运用基础科学、技术科学、经济科学、管理科学等多学科的理论与方法，直接服务于各种目的性活动。工程技术以解决现实问题为目标，以众多基础技术与专业技术为内在支撑，以多项人工物技术形态为建构材料，往往表现为多项单元性技术成果的综合与集成。成套性、实用性、综合性与横向拓展是工程技术的基本特征。例如，三峡工程的设计与施工，就综合了地质勘查、水文、建筑、气象、航运、考古、运输、电力、施工管理、移民搬迁等上百套成熟的先进技术。由于工程实践问题的紧迫性，以及对技术形态可靠性、经济性的要求，工程技术形态中所综合或集成的技术单元，多是相关专业技术领域或工程技术领域的成熟技术。工程技术活动中某些环节一时难以解决的细节问题，会反馈、转移到相关专业技术领域，成为专业技术发展的重要方向。例如2003年初，在突如其来的SARS病毒打击下，现有的生物学实验技术、呼吸医疗技术、卫生防疫、社会应急与动员等相关技术体系的薄弱环节都一下子暴露出来，成为近期相关专业技术领域投资和开发的重点。

这里应当强调的是，由于自然科学与人文社会科学之间的历史鸿沟，以及狭义技术视野的影响等原因，人们往往只是在自然科学与自然技术的特定意义上使用科学与技术概念。这一理解是带有偏见和狭隘性的。我们这里所运用的科学和技术概念都是在广义上使用的，既包括自然科学和技术，也包括人文社会科学和技术，两者在结构与功能上具有同一性。同时，还应指出，从上述科学与技术的关联性角度看，科学研究是推动技术发展的根本动力。这种推动是立体的、多层面的，在第四章，笔者将就此再作全面论述。从技术世界的基本结构简图可以看出，科学与技术的各个层面之间总是直接或间接地联系在一起的。不仅基础科学、技术科学和工程科学在各自层次上，分别推动着基础技术、专业技术和工程技术的发展，而且其中任一领域科学研究的进展，都会通过其间的相互作用链条，直接或间接地推动其他层次技术形态的发展。

(3)技术世界的建构特征

在技术世界的基本结构中，各技术层次之间存在着双向互动机理，即双向因果链。沿着基础技术、专业技术与工程技术的阶梯上升方向，低层次技术作为单元或构成部分支持着高层次技术系统的建构；低层次技术的创新推动着高层次技术的发展。而沿着工程技术、专业技术与基础技术的阶梯下降方向看，低层次技术又是从高层次技术系统的建构过程中分化出来的。低层次技术的发展往往会受到高层次技术发展需求的刺激或调制;同时,也离不开高层次技术发展的支持。

在技术世界的基本结构中,各层次技术形态又体现出许多重要特点。沿着基础技术、专业技术与工程技术的阶梯上升方向,各层次技术形态的数量依次递增,构成了一个倒"金字塔"形的数量比例结构。同样,沿着这一阶梯上升方向,各层次技术形态的寿命或技术创新的难度递减。这两种基本趋势在本质上也是内在统一的,都是反映系统层次结构一般规律的具体体现。

如前所述,从技术基本形态角度看,技术世界是以人工物技术形态为纽结,以流程技术形态为纽带,而编织起来的一个分层次的、开放的立体巨型网络体系。无论是人工物技术形态的创建,还是流程技术形态的建构,都像蚕或蜘蛛所吐的丝一样,都在为技术世界的建构增砖添瓦,最终都被纳入到技术世界之中。不断成长的技术世界是以人的生存与发展为核心的,人的需要或目的是无数条流程技术形态的纽带或链条直接或间接的交汇点。这也许可以看作人类中心主义观念形成的技术依据。

从宏观上看,技术世界形成了一个以人类需求或目的为核心的立体辐射状网络结构。在技术世界建构过程中,围绕着众多人类目的的实现,往往在纵向上形成了多簇技术族系,如运输技术族系、建筑技术族系、通讯技术族系、军事技术族系等。这些技术族系的一端与人类需求相连,另一端与科学、经验认识等外部领域相接。沿从需求指向认识活动的方向,依次形成了工程技术、专业技术与基础技术的梯级结构。同时,不同技术族系之间彼此贯通、相互联系、相互转化;而且愈靠近基础技术一端,技术族系之间的联系也就愈紧密,它们共同植根于人类理智创造与认识活动之中。总之,处于动态发展之中的技术世界,形成了众多技术族系既独立并存,又相互贯通,错综交织,构成立体的网络结构。

作为技术单元或"持存物",人也被编织进这一巨型网络之中。如前所述,人既是这一技术之网的设计者和编织者,同时也是这一网络的构成单元或编织材料。由于在现实生活中,一个人同时扮演着多种社会角色,参与处理多种事务,因而往往以多条纽带形式被编入这一巨型网络之中。可见,作为其中的一个纽结,人常常是多条纽带的交汇点,为多条网绳所牵动。同蜘蛛和蜘蛛网之间的关系一样,人与技术不可分离。"网中人"依赖技术之网而生活,也为技术之网所束缚,而且这张无形的巨大技术之网将愈来愈细密、愈来愈结实。事实上,就像地球上的水圈、大气圈、岩石圈、生物圈一样,技术世界已形成了人类赖以生存和发展的"技术圈”①。

从根源上说，技术是人类目的性活动的副产品，广义技术世界是属人世界的投影。技术世界既是人类文明的组成部分，又是整个人类文明发展的基础。从历史角度看，人类所有技术创新成果都被及时纳入到技术世界的建构之中，技术世界处于动态发展之中。人类新需求或新目的的实现依赖于新技术形态的创建，而新技术形态的建构又总是在技术世界的基础上展开的。当下的技术世界是新技术形态生长发育的“沃土”，为新技术形态的建构提供它所必需的技术路径、技术原理、技术单元等建构材料。从本质上说，这里的技术世界就是我们前面提到的人类社会的技术“平台”，是人类目的性活动展开的“脚手架”，是新技术形态成长发育的现实基础。

3. 技术世界结构的层次性

层次结构是系统的基本特征，它不仅是技术系统建构的普遍原则，而且也是技术世界结构的基本准则。“系统论断言，无论是系统的形成和保持，还是系统的运行和演化，等级层次结构都是复杂系统最合理的或最优的组织方式。”②西蒙的一个中心思想是：“复杂性经常采取层级结构的形式，层级系统有一些与系统具体内容无关的共同性质。……层级系统，或层级结构，我指的是由相互联系的子系统组成的系统，每个子系统在结构上又是层级式的，直到我们达到某个基本子系统的最低层次。”③技术世界可看作一个巨系统，其发展过程可视为该系统的演进。

层次结构是指若干要素经相干性关系构成的系统，再通过新的相干性关系而构成更大系统的逐级构成的结构关系。如前所述，复合或综合集成是技术系统建构的基本形式。在技术系统的建构过程中，低层次技术系统以技术“单元”或功能“模块”的形式参与高一级技术系统的建构，技术单元或子系统之间存在着耦合作用或横向相干性。正是由于这种横向关系的存在，才导致了高一级技术系统的建构与新功能的凸现，形成了技术系统纵向上的层次结构。这就是上述技术系统“嵌套”模式的理论依据。在技术系统中，由于技术单元结构与功能之间的不对称性，技术单元的内部结构及其他属性往往被掩盖或“屏蔽”。即在该层次技术系统

---

① F. 拉普. 技术哲学导论[M]. 沈阳：辽宁科学技术出版社，1986，107.
② 苗东升. 系统科学精要[M]. 北京：中国人民大学出版社，1998，37.
③ 赫伯特. A. 西蒙. 人工科学[M]. 北京：商务印书馆，1987，168.

中,技术单元的内部结构及其丰富属性难以呈现。正如 M. 邦格所指出,“人们的实践活动大多是在其自身的物质层次上进行的,同其他层次一样,这个层次是以下一级层次为基础的,但又有自己的独立性。也就是说,下一级层次的一切变化并不都对更高层次有显著影响。”①技术系统的这一特点,也可以理解为海德格尔“遮蔽”概念的一种具体含义。②

“屏蔽”效应的存在,使技术系统中的构成单元容易被其他同功能单元整体替换。西蒙就此曾指出:“在任何复杂系统中都有一些单元完成着特定的子功能,这些子功能为总体功能做出贡献。……将系统分解为与其许多子功能相对应的半独立部件。那么,在一定程度上,每一部件的设计就可独立于其他部件的设计来进行,即每一部件主要通过自己的功能与其他部件发生影响,而与实现此功能的机制的详细情形无关。”③从根源上说,技术工作原理是技术系统建构的灵魂。技术单元按所属技术系统工作原理的要求被组织起来,它所扮演的角色与所起的作用是技术系统指派的或赋予的。技术系统的结构使其中技术单元属性的显现和功能的发挥定向化、单一化,抑制了这些单元其他属性的显现和功能的发挥。这就是下向因果链的体现,也就是海德格尔所谓的“订造”或“持存物”概念的具体含义。④ 在社会生活的技术化进程中,社会的角色分化与专业化分工,抑制了人性的全面发展与呈现,也可视为这一“屏蔽”效应的具体表现。

在系统的层次结构中,正是由于“屏蔽”效应的存在,高层次系统可能比低层次系统结构更简单。“上层系统并不是一定比它的下层系统更复杂。譬如像 H_2O 这样的分子,其结构要比组成氢和氧的原子结构简单得多。细胞群体的结构要比组成这群体的细胞的结构简单。……系统进化创造出来的等级不单单是结构等级,而且还是控制等级。”⑤再如,电脑中的主板、光驱、网卡、显卡等配件的内部结构都很复杂,然而电脑技术系统的结构却相对简单,以至于装配工人在十分钟内就能完成一台电脑的装配任务。同样,屏蔽效应的存在也使技术开发活动的分工成为可能。各层次的技术开发可以由不同的开发者承担,开发者可以只专注某一技术单元甚至某一环节的技术创新,而不必过分考虑其他单元或环节的功能。在高层次技术系统的建构过程中,人们可以不介入低层次技术单元的建构,而只把

---

① F. 拉普. 技术科学的思维结构[M]. 长春:吉林人民出版社,1988,35.
② 海德格尔. 海德格尔选集[M]. 上海:上海三联书店,1996,951.
③ 赫伯特. A. 西蒙. 人工科学[M]. 北京:商务印书馆,1987,138.
④ 海德格尔. 海德格尔选集[M]. 上海:上海三联书店,1996,935.
⑤ 拉兹洛. 进化[M]. 北京:社会科学文献出版社,1988,34.

它们作为事先给定的预制构件来使用。如此，就能把人们从复杂的低层次技术系统建构之中解脱出来，集中精力于所属层次技术系统的建构上，专门解决技术原理的构思、技术方案的设计、技术单元或子系统之间的匹配、优化等问题。这就是复杂技术系统建构的模块化、积木化趋势的内在根据，也是导致技术加速发展的根本原因。

技术系统是技术世界建构的基本单元。在技术世界中，技术系统的“嵌套”模式就转化为技术世界的层次性结构。上述的基础技术、专业技术与工程技术的梯级结构，就是技术世界成长发育过程中呈现出来的主要层次。事实上，技术世界的层次结构不仅仅限于这三个基本层次。正如技术系统的“嵌套”模式一样，不同技术形态之间的相干性，还会耦合出技术世界的许多亚层次结构。这既是技术综合集成创新的一条重要途径，也是技术世界向外扩展的内在动力。同样，在技术世界的层次结构中也存在着双向因果链。低层次技术是高层次技术的建构基础，决定着高层次技术系统的性能，这就是上向因果链。同时，高层次技术对低层次技术的发展又起着规范和约束作用，刺激着低层次技术的发展，这就是下向因果链。正是在这种纵横交错的相互作用中，技术世界才处于纵向深入与横向拓展之中。

五、广义技术世界的本体论地位

在对技术世界结构的上述刻画中，我们简要论述了技术与科学、教育、艺术等文化形态之间的关系。事实上，技术世界只是人类文明的基础部分，它与人类其他文明形态之间存在着密不可分的内在联系。从本体论角度出发，剖析技术世界的地位，澄清技术世界与人类其他文明形态之间的联系，是全面认识技术世界结构的重要内容。

技术是主体目的性活动的序列或方式，技术世界是众多具体技术形态的集合。那么，广义技术世界在客观世界中处于什么样的位置？有无本体论地位可言？技术世界与客观知识（世界3）有怎样的联系？可否并入世界3？等等。对这些问题的探讨，有助于把对技术世界结构的认识，置于一个更为宽广的理论背景之中。

1. 波普尔“三个世界”理论简评

卡尔·波普尔(Karl R. Popper,1902—1994)是20世纪最重要的哲学家之一。他所开创的批判理性主义,是现代西方科学哲学乃至政治哲学领域独树一帜的重要流派,对于推动20世纪中后期科学哲学的发展,产生过巨大的影响。“三个世界”理论是波普尔在1967年的第三次国际逻辑、方法论和科学哲学大会上,首次阐述的一个重要哲学思想,其影响远远超出了科学哲学领域。“传统哲学一直承认两个世界:一个是物质的,另一个是意识的和精神的。波普提出了一种新的三重世界的概念框架。他称物质世界为‘世界1’,包括所有的物理对象和状态;称精神世界为‘世界2’,包括当下的感知经验,其他心理状态和行为意识。此外还有一个第三世界,或世界3,由思想的客观内容所组成,包括问题、理论、批评,以及它们的未曾意想到的结论。”①“三个世界”理论问世以来,哲学界对这一理论建树褒贬不一,毁誉参半。波普尔晚年也主要致力于为世界3的客观性、自主性和实在性作辩护。

“三个世界”理论之所以备受学者的关注,原因之一就在于它是一个重大的本体论问题,直接关涉各个哲学流派的理论基础。我国学术界对这一问题背景尤为熟悉,因为它与马克思主义哲学的基本问题密切相关。思维与存在或者意识与物质的关系问题是哲学的基本问题。其中,思维与存在或者意识与物质何者为第一性的问题,属本体论问题,是哲学基本问题的第一个层面,是划分唯物主义与唯心主义的唯一标准;思维与存在或者意识与物质有无同一性的问题,属认识论问题,是哲学基本问题的第二个层面,是划分可知论与不可知论的主要依据。然而,本体论问题并不完全等同于世界的本原问题,它还涉及到对哲学理论体系基础的“元理论”考察。

本体论预设是哲学理论体系建构的基石,与演绎逻辑体系中的公理、公设地位相当。它既是经验归纳的产物,也需要借助信仰或信念等非理性因素加以确认。辩证唯物主义认为,本体论意义上的二元论或多元论是站不住脚的。它们不具有终极的本原意义,最终都可以还原、归并为一元论。然而,认识论或方法论意义上的二元论或多元论则是有积极价值的,有利于具体分析和阐述人类认识与实践活动过程。无疑,波普尔的“三个世界”理论是在认识论与方法论意义上提出和论述的,是对认识理论的重大发展,应当给予积极的肯定性评价。然而,“三个世

---

① 尼古拉斯·布宁 余纪元.西方哲学英汉对照辞典[M].北京:人民出版社,2001,1073.

界”的理论框架是否是开放的、合理的、严密的，却是一个值得商榷的理论问题。在这一点上，我们不应墨守成规，迷信盲从，而应解放思想，大胆探索。

主客体的二元对立是传统认识论展开的逻辑前提。从历史发生的角度看，世界 2 不是从来就有的，而是随着人类的进化与意识的发生，逐步从世界 1 中分化和发展起来的。同样，世界 3 也不是从来就有的，而是在世界 2 与世界 1 的相互作用过程中，逐步从世界 2 中派生出来的。波普尔没有论及“三个世界”的历史发生过程，而是直接把它们的现实关系作为其理论出发点的。这一自明的理论常识应当视为“三个世界”理论的暗含前提。“我宁愿把这种多元论哲学当作讨论问题的出发点，尽管我既不是柏拉图主义者，也不是黑格尔派。按照这种多元论哲学，世界至少包括三个在本体论上泾渭分明的亚世界，或者如我要说的，存在着三个世界。”①事实上，无论是柏拉图，还是黑格尔，都是唯心主义一元论者。尽管我们一时难于判定波普尔究竟是唯物主义者，还是唯心主义者，但绝不应从他的阐述中解读出他是本体论意义上的多元论者。波普尔这里的多元论并不具有终极的本体论意义，而只具有认识论或方法论上的意义，是展开他的“没有认识主体的认识论”的逻辑预设。

在论及三个世界之间的关系时，波普尔笼统地使用了“相互作用”一词。“三个世界发生如下关系：前两者可以相互作用，后两者也可以相互作用。因此，第二世界即主观经验或个人经验世界可以跟其他两个世界中任何一个发生作用。第一世界和第三世界不能相互作用，除非通过第二世界即主观经验或个人经验世界的干预。”②可见，世界 2 居于“三个世界”体系的中心地位，世界 1 与世界 2 之间的相互作用带有根源性意义。由于波普尔主要是从认识论和科学哲学角度提出和论述“三个世界”理论的，在他有生之年也未能一致贯彻和清晰表述这一思想，所以，他对世界 3 内涵的揭示是片面的、不完备和含混的。这就为后人的进一步拓展和深入探讨留下了空间。

2. 波普尔世界 3 界定的不一致性

阅读波普尔晚年不同时期的著作，不难看出，他的“三个世界”理论及其表述曾经历了一个发展过程。波普尔早期曾用“第一世界”“第二世界”和“第三世界”词语分别指称他的“三个世界”，后来在他与约翰·文克尔斯合著的《自我及其

---

① 纪树立. 科学知识进化论——波普尔科学哲学选集[M]. 北京：三联书店，1987，364.

② 纪树立. 科学知识进化论——波普尔科学哲学选集[M]. 北京：三联书店，1987，365.

脑》一书中,才最终更改为世界1、世界2和世界3的称谓。波普尔对世界3内涵的表述是不清晰、不一贯的。李伯聪先生在论及这一点时曾指出:"值得注意的是:波普尔在提出他的三个世界的理论后,他对世界1和世界2的解释可以说是没有什么变化的,而他对世界3的解释和界定却有一些耐人寻味的变化,看来对于究竟怎样才能更'准确'地解释和界定世界3的问题,波普尔本人还是有点拿不定主意的。"①正是波普尔本人表述上的不一致性,造成了后人在世界3理解上的分歧。

由于波普尔主要是从认识论角度分析世界3的,因此,在他的理论视野中,思想的客观内容(客观知识)是世界3的核心部分,而其他形态的人工创造物只是仅仅提及而已。"在'第三世界'的'居住者'中,更突出的是理论体系,但问题和问题情境也很重要。我将论证,这个世界最重要的成分是批判论据以及可称之为——类似物理状态或意识状态——讨论状态或批判论据状态的东西;当然,还有杂志、书籍和图书馆的内容。"②多数学者正是基于这一论述才把世界3等同于客观知识世界的。可是,波普尔也说过,"根据我这里所采取的观点,第三世界(人类语言是它的组成部分)是人造物,正如蜂蜜是蜜蜂的产物、蛛网是蜘蛛的产物一样。像语言(也像蜂蜜)、人类语言一样,第三世界的大部分都是人类活动的非计划产物。"③而按照波普尔的这一阐述,世界3又可解读为人类活动的产物,而且多是非计划的产物。如此等等。波普尔曾在其1967年以后的多种论著中,多次提到内容不尽一致的世界3概念。

在这里,如果世界3是指人造物,那就不仅仅限于知识,还应包括技术与艺术产品、宗教、社会等文化形态。许多学者都发现了波普尔在世界3表述上的含混和不一致。李伯聪先生曾指出,"我赞成把世界3定义为'人类精神产物的世界',但我却无法同意波普尔不加区别地把飞机与书本同样地划入世界3之中。"④王克迪博士也认为,波普尔把许多人工物质产品划归世界3是不恰当的,在信息化视野中应当对"三个世界"理论作出适当修正。⑤

以舒炜光先生为代表的国内外大多数学者,更倾向于把波普尔的世界3解读为客观知识世界。"在波普尔看来,存在三个世界。第一世界是包括物理实体和

① 李伯聪.工程哲学引论——我造物故我在[M].郑州:大象出版社,2002,413.
② 纪树立.科学知识进化论——波普尔科学哲学选集[M].北京:三联书店,1987,310.
③ 纪树立.科学知识进化论——波普尔科学哲学选集[M].北京:三联书店,1987,369.
④ 李伯聪.工程哲学引论——我造物故我在[M].郑州:大象出版社,2002,414.
⑤ 王克迪.信息化视野中的"三个世界理论"[D].北京大学2000届博士研究生学位论文,1.

物理状态的物理世界，简称世界1。第二世界是精神的或心理的世界，包括意识形态、心理素质、主观经验等，简称世界2。第三世界是思想内容的世界、客观知识世界，简称世界3。"①这一理解与前述尼古拉斯·布宁的解释是一致的，是对世界3概念的正统解释。事实上，目前在世界4问题上的争论者也多是以此解释为理论依据的。

按照波普尔"三个世界"理论框架的内在逻辑，如果我们把世界3的内容仅仅理解为客观知识（或精神活动的产物），那么，与客观知识处于同等地位的其他非知识性的人类活动产物，势必被排斥到世界3的外延之外。而要按照"三个世界"的理论框架，尤其是关于世界3的这一划分依据，探讨众多文化形态的本体论地位，势必会推演出世界4等其他世界来。这就是世界4问题发生的逻辑必然性。同样，要把这些非知识性的文化形态之间区别开来，又必然会引入世界5、世界6等多重世界来。

今天，关于世界4问题的探讨之所以还未推进到这一步，就在于关于世界4内涵的争论尚未充分展开，所提出的各种世界4之间的逻辑关系还有待于进一步清理；坚持世界4独立地位的各位学者，都不甘心把自己所发现的独立世界罗列于其他世界之后罢了。可能正是基于这一认识，波普尔本人当初也认为，他的"三个世界"理论框架是开放的和发展的，而不是封闭的和静止的。"说我们不能以不同的方式列举我们的世界，或说我们根本不能去列举我们的世界，不是我的观点或论据。尤其是我们可以区分出不止三个世界。我的'第三世界'不过是个方便术语。"②这里的"不同的方式"，就是对"我们的世界"进行划分的"不同的依据"，划分依据不同，得到的分类结果就不可能一样。"以不同的方式"对"我们的世界"进行列举或划分，既是人类认识的重要途径，也是人类认识的必经阶段。

可见，波普尔对"三个世界"的划分，在逻辑上是不充分、不严密的，并未穷尽人类活动的所有领域及其产物，犯了划分不全的逻辑错误。他从认识论视角对人类活动方式与内容的揭示也是不全面的，有以偏概全之嫌。因而，这就留下了对人类活动产物进一步划分的余地，也埋下了今天理论争论的种子。世界4问题就是在这一背景下萌发的。

3. 世界4问题的提出与分歧

为了了解国外关于世界4问题的研究状况，笔者曾通过"ProQuest Digital Dis-

① 卡尔·波普尔. 客观知识——一个进化论的研究[M]. 上海：上海译文出版社，1987，5.
② 纪树立. 科学知识进化论——波普尔科学哲学选集[M]. 北京：三联书店，1987，310.

sertation(ProQuest 学位论文全文检索系统)”,就“世界 4”主题进行过初步的文献调研工作。PQDD 是国外著名的博士、硕士学位论文数据库,收录了近几十年来欧美 1000 余所大学文、理、工、农、医等领域的博士、硕士学位论文,是学术研究中十分重要的信息资源。还应指出,硕士生、博士生是蓬勃向上的科研力量,他们的毕业论文选题与研究领域,在一定程度上反映了学术研究动态与未来发展走向。

在“摘要”与“论文名称”栏目下检索“world 4”“world Ⅳ”词语,均未检索到相关论文;在哲学(philosophy)主题下,检索关键词:“technological world(技术世界)”,找到 11 篇相关论文。这一并不全面的检索结果初步表明:“技术世界”概念已经得到国际学术界的普遍认可;西方学术界并未提出“世界 4”概念,或者说“世界 4”的提法尚未为西方学术界所关注和接受。在“三个世界”理论提出后的近 40 年中,西方学者尚未突破这一理论框架,这应当引起我们的重视。

近年来,国内一些学者发展了波普尔的“三个世界”理论,开始探讨世界 4 问题,但在世界 4 的具体所指上却存在着很大分歧。孙慕天先生认为世界 4 就是符码世界,“现在,人们越来越多地在符码化的虚拟空间中生存和活动,以致现实空间和虚拟空间并列互补,不分轩轾,使人类原初的生存空间二元化了。相应地,一个符码世界也从世界 3——客观知识的世界中分化出来,成为可以与现实物理世界、主观意识世界、客观知识世界并列的、具有本体论意义的实在域。”“世界 4 的出现是客体世界的进步,也是主体世界的进步。”“世界 4 表现了人类主体性进化的最新趋势。”①

张之沧先生认为世界 4 就是虚拟世界,“从哲学高度上讲,世界 4 的上述性质显然集中体现了有和无、实和虚、静和动、人和物、主和客,以及时间与空间、有限和无限、抽象和具体、理论和实践、可观察物与不可观察物的对立统一性。它的物质基础或构成质料是信息,它的外在形式或量的特征是数字,而它的内在本质则是人类大脑的自由想象和创造。在人类历史上没有什么东西能够比世界 4 更充分、更自由、更随心所欲地展现了人类的想象力和创造性。”②

李伯聪先生则认为,“如果需要承认人类的精神活动的产物形成了一个世界 3 的话,那么我们也有同样充分的理由承认人类的物质生产活动的产物形成了一个世界 4。”“创造世界 4 的过程不可能是一个完全为人的过程,世界 4 也不可能是一个完全为人的世界和完全属人的世界。世界 4 具有半为人、半自在或者说半属

① 孙慕天. 论世界 4[J]. 自然辩证法通讯,2000(2).

② 张之沧. 从世界 1 到世界 4[J]. 自然辩证法研究,2001(12).

人、半自在的性质。”①

笔者也曾基于对世界3的正统解释，提出了世界4就是技术世界的观点。②笔者当初认为，波普尔主要是以认识活动替换和诠释三个世界之间的“相互作用”的，而实践活动则是他理论视野中的一个“盲区”。这也是以往哲学家的通病。认识和实践活动是人类活动的基本方式，技术就是以认识和实践为内容的目的性活动的序列或方式。如果我们用目的性活动替代和诠释“相互作用”，那么就会得到一个与波普尔的世界3(客观知识)性质不同的新世界——世界4。世界4就是世界2在认识和改造世界1及其自身的过程中，建构和积累起来的一个相对独立的技术世界。如果说人类认识活动产物的世代累积构成了世界3，那么，人类目的性活动的序列或方式的日积月累就形成了世界4。如此，“三个世界”的理论框架就演变成了“四个世界”的理论体系。如此等等。

上述这些学者从各自的理论背景、研究范式与分析视角出发，提出了内容各异的世界4概念。关于世界4理论建构的这些尝试无疑是有益的，这对于推进对人类文明结构与演化认识的深化具有积极的作用。综观近年来学术界关于世界4问题的探讨，可以看出，在世界4问题上的分歧或争论大致可分为两个层面：一是承认不承认世界4的独立地位。尽管以上述诸位学者为代表的群体，在世界4的具体所指上有分歧，但他们都承认的确存在着一个相对独立的世界4。而以殷正坤、成素梅、唐魁玉等学者为代表的群体，③④⑤则反对世界4的提法，否认世界4的独立地位，认为所有的世界4都可以并入世界3之中。二是世界4究竟是什么？它是否是唯一的(或者说还会不会有世界5、世界6等世界的出现)？这一层面的分歧主要集中在以上述诸位作者为代表的群体内部。这两个层面的问题密切相关，前者是后者的基础，后者是前者的深化与延伸。从目前研究和讨论的状况来看，第一个层面的争论业已展开，并出现了一些“回合”⑥，双方立场、观点趋于明确，而第二个层面的争论局面尚未形成，仍然停留在阐述各自见解的早期阶段，各方观点尚未交锋，也没有出现焦点。

---

① 李伯聪.工程哲学引论——我造物故我在[M].郑州：大象出版社，2002，414—419.

② 王伯鲁.世界4——技术世界及其结构问题[J].科学学研究，2003(1).

③ 殷正坤.波普尔的世界3和虚拟世界——兼与张之沧先生商榷[J].华中科技大学学报(人文社会科学版)2002(2).

④ 唐魁玉.“世界4”论可以成立吗？——与孙慕天先生商榷[J].南京社会科学，2004(4).

⑤ 成素梅.“虚拟实在”的哲学解读[J].科学技术与辩证法研究，2003(5).

⑥ 张之沧.我提出“世界4”的理论根据——兼回应殷正坤先生的“商榷”一文[J].南京师大学报(社会科版)，2003(2).

4. 世界 4 问题的一种解决方案

如上所述，波普尔是“三个世界”理论的始作俑者，他在世界 3 内涵与外延表述上的不清晰、不一致，以及后人在世界 3 解读上的分歧，在一定程度上影响了“三个世界”理论框架的贯彻。这也是导致目前在世界 4 问题上分歧与争论的根源。如果把世界 3 仅仅理解为客观知识世界，就必然导致“三个世界”理论框架的不完备性，为各种名目的世界 4 的涌现打开方便之门。笔者认为，解决问题的出路在于正本清源，进一步阐述和发展波普尔的思想，重新明确给出世界 3 的具体界定。这是平息在世界 4 问题上争论的首要任务。

人是知、情、意的统一体，除过认识活动及其知识派生物外，人类还有情感、意志、行为等多种活动及其产物发生。因此，人们在认识和改造主客观世界的过程中，所派生和累积起来的就不仅仅是知识，还有人工物、技术、艺术、宗教、社会等物质或文化形态。这些都是人类活动的具体产物，只把知识从人类活动产物中分立出来，作为世界 3 的核心内容是不恰当的。然而，经验和理论织就了人们的观念之网，决定着人们在思想中能够发现和捕捉到什么？推演出什么？波普尔有疏漏的认识论之“网”，最终使人工物、技术、艺术、宗教等大“鱼”漏了网。

如果我们把世界 3 限定为人类活动的产物（文化世界），而不仅仅是认识活动的产物（客观知识世界），那么“三个世界”的划分在逻辑上就是相称的和无懈可击的。如此，我们就既能保证对世界概念划分的充分性、严密性，又能巩固世界 3 的本体论地位，杜绝与世界 3 并列的其他世界的出现。这也是拒绝给予世界 4 独立地位的学者们的初衷。事实上，在波普尔以往的论述中已经暗含着这一划分思想，①只是他未能明确阐发和一致贯彻罢了。在修正过的全新的“三个世界”理论框架下，目前所提出的各种世界 4（包括客观知识世界）都是人类活动的不同产物，都隶属于全新的世界 3，都是全新世界 3 中的一个“亚世界（或子世界）”。它们可以与客观知识世界并存，而不能与全新意义上的世界 3 并列。在全新世界 3 中，“亚世界”的数目也不止一个，以后可能还会提出世界 5、世界 6 等多种世界来。从这个意义上说，任何把世界 4 与世界 1、2、3 并列的做法都是不足取的。如此，三个世界之间的结构关系如下图所示。其中，世界 4、世界 5、世界 6 等标示着全新世界 3 中彼此并存的各种“亚世界”，右边的小圈则代表着与这些亚世界并列的尚未被揭示出来的其他亚世界。

---

① 纪树立. 科学知识进化论——波普尔科学哲学选集[M]. 北京：三联书店，1987，369.

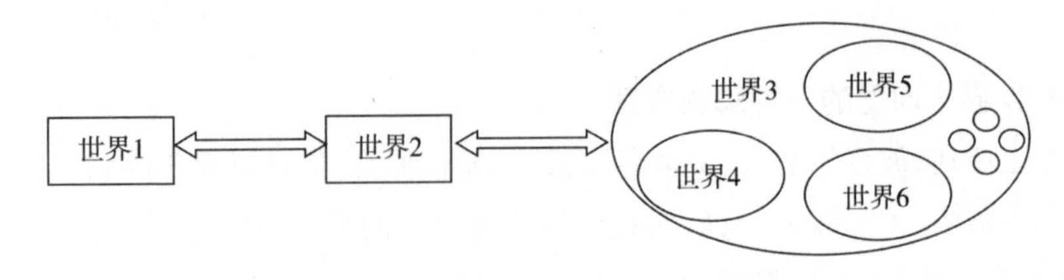

修正过的“三个世界”的本体论地位示意图

因此，不难理解，笔者虽然坚持波普尔“三个世界”的理论框架，但这里的世界3却是被明确限定和修正过的。同样，我们虽然不否认世界4的实在性，不反对世界4的提法，但这里的世界4却并不具有独立于全新世界3的本体论地位，而只是作为一个子项隶属于全新的世界3。其实，除“符码世界”与“虚拟世界”类似外，在上述第二个层面上所提出的种种世界4之间，一时尚难于归并、简约，可暂时以“亚世界”形式并列。可能当初正是出于这一考虑，波普尔才说“我们可以区分出不止三个世界”来。① 当然，具体阐明这些“亚世界”的结构、属性与特点，澄清其间的内在联系，应当成为今后世界4问题研究的重要内容。

5. 技术世界的本体论地位

在这里，笔者无意介入世界4问题上的具体争论，也难于给出这些争论是非对错的结论，只想借用波普尔的“三个世界”理论框架，阐明广义技术世界的外部联系，明确它所处的本体论地位。事实上，把技术世界称为那一个亚世界，并不是问题的核心，关键在于澄清技术世界与其他三个世界之间的关系。其实，技术世界的外部关系有两个基本层面：一是技术世界与全新的世界3及其亚世界之间的关系；二是技术世界与世界1、世界2之间的关系。

(1)技术世界与全新的世界3及其亚世界之间的关系

目的性活动是人类的基本特征，也是唯理论哲学传统的基石。我们承认非理性因素的存在，也不排除非理性活动在人类生活尤其是技术发明中的重要作用。但不容否认的是，非理性因素总是与理性因素同生共存、协调统一的，非理性的无目的性活动往往只是暂时的反常现象，最终都要服从于理性活动的统摄，其背后总要受到理性的目的性活动的整合与调制。同时，也应看到，非理性活动也主要存在于心理、情感、直觉等领域；现实生活中的非理性行为也不是天马行空，无根

① 纪树立.科学知识进化论——波普尔科学哲学选集[M].北京：三联书店，1987，310.

无源,而总是在一定技术基础上展开的,离不开特定技术形态的间接支持。从这一点来说,技术是人类活动的基本结构与内在基础,支持着各种文化活动的展开。

作为主体目的性活动的序列或方式,技术与人类目的性活动如影随形,水乳交融,已经广泛渗透到各种文化形态之中,支持着这些文化形态的发展,是人类安身立命之根本。作为人类活动的具体产物,全新世界 3 中的任何一个亚世界,都或多或少地得益于技术活动的支持,都直接或间接地与技术世界关联着,其间存在着相互依存、相互转化的复杂作用机理。其实,除神话、语言、诗歌等亚世界的技术特征不明显外,世界 3 中的其他亚世界都带有显著的技术特征,其发生和发展都是在技术模式的支持下展开的,都与技术世界关系密切。

技术世界既不同于客观知识世界,而又与它密切相关:一方面,技术的开发与应用过程中会派生出许多新知识,尤其是关于技术本身的知识。例如,计算机技术的发展深化了对微电子领域的认识,产生了大量的计算机软、硬件知识,孕育和催生了计算机科学。同时,许多知识领域的拓展都依赖于仪器装备、思维方式等技术形态的支持。如粒子物理学的发展就依赖于高能加速器的建造,天文学的发展有赖于太空望远镜、航天技术的发展,等等。另一方面,技术的开发与应用也离不开客观知识世界的支持。例如,计算机技术的发展,就得到了控制论、半导体物理学、二进制等多领域科学技术知识的支持。此外,技术又需要借助知识形态并通过认识活动方式扩散和传承。然而,技术毕竟不是知识,二者的职能、价值指向与发展路径明显不同。因此,技术世界与客观知识世界交融、并行,同属全新世界 3 中的两个亚世界。同样,技术世界与虚拟世界、人工物世界、艺术世界、宗教世界等亚世界之间的关系,概莫能外。澄清技术世界与各个亚世界之间的相互作用机理,是深入认识技术世界外部联系的重要内容。

如上所述,技术只是人类活动的一种产物,技术世界只是全新世界 3 中的一个亚世界,并不能与世界 3 平起平坐。由于技术在人类活动中的基础地位,以及与世界 3 中其他亚世界之间的密切相关性,技术世界的发展必然会带动众多亚世界以及世界 3 的发展;反之,亚世界以及世界 3 的发展也会推动技术世界的拓展。

(2)技术世界与世界 1、世界 2 之间的关系

从前面的论述中,不难理解,世界 2 的理智活动是技术世界扩展的源泉。正是在实现主体目的的过程,人类智慧的逐步结晶与外化,才导致了新技术形态的不断涌现与技术世界的加速发展。同时,技术世界又是世界 2 得以存在和发展的支撑“平台”。任何时代的主体要实现他们的目的,都必须从其所处时代的技术世界出发,构筑新的技术形态或者选用现成技术形态。可见,技术世界与世界 2 之

间相互依存,互动递进,共同发展。

从属人世界(可理解为世界2与世界3的结合)角度看,技术寓于人类活动或人工物之中,技术世界潜藏于现实世界之内。但技术并不因此就等于人工物,技术世界也不等同于属人世界。我们不能抹杀或消解技术世界与属人世界之间的本质差别,以技术世界简单代替属人世界,犯代替论的错误。同样,从技术世界的观点看,技术广泛存在于属人世界的各个领域,是人类塑造客观世界的主要依据,构成了属人事物的灵魂。但我们也不能把属人世界简单地还原为技术世界,犯还原论的错误。

技术世界与世界1的关系从属于世界2,植根于世界2与世界1的相互作用。从前述技术发生、发展过程看,技术与人类同步诞生,技术世界与世界2同步形成、相互促进。从逻辑角度看,技术世界的成长源于世界1所提供的"养料"。如果没有天然物、自然运行机制等物质材料与运动规律,就不可能建构起现实技术系统,技术世界也不可能从世界2中外化和独立出来。同时,世界2总是通过技术世界的中介认识与改造世界1的,也就是说,世界2对世界1的主动作用是在技术世界的基础上展开的。这是人与动物的根本差别。而且,随着技术世界的发展,这种作用的强度会越来越强。随着人工智能技术的发展,有时还会出现世界2在这一作用过程中暂时退场的现象。也就是说,从局部环节和短暂过程来看,技术世界可以直接作用于世界1。

第四章

广义技术世界的演进

技术世界不是从来就有的，也不是永远如此的，而是经历了一个漫长的演化发展历程。伴随着人类的诞生和技术的出现，技术世界也逐步从现实世界中分化出来，形成了一个相对独立的体系。H. 斯柯列莫夫斯基认为："我的观点是，技术进步是理解技术的关键。不理解技术进步，就无法弄清什么是技术，也就不是好的技术哲学。"①其实，静态剖析是认识事物动态发展的基础，反过来，对事物的动态把握又会促进对其静态结构的深入认识。因此，从历史与逻辑相结合的角度，审视技术世界的演进历程及其未来发展趋势，揭示技术世界的时间结构与演变特点，是全面认识技术世界不可或缺的内容。

一、技术运动的基本形式

任何技术形态都有一个从无到有、由简单到复杂、从低级到高级的孕育和发展过程。技术的形成、发展和消亡，是在社会大系统尤其是技术世界中展开的一个多环节、多侧面的复杂过程。以运动方向为依据，可以把技术运动划分为纵向运动与横向运动两种基本形式。前者以时间上的进化发展为特征，后者以空间上的相互联系与拓展为特征。② 对技术运动形式及其过程的剖析，是认识技术世界演进的微观基础。

1. 技术的纵向运动

新技术形态是通过技术创新途径不断萌发的。这一过程主要表现为随着时

---

① F. 拉普. 技术科学的思维结构[M]. 长春：吉林人民出版社，1988，93.

② 王伯鲁. 技术运动过程剖析[J]. 科研管理，2000(4).

间的推移，技术的演化发展过程。

(1)技术的纵向运动

技术的纵向运动有广义与狭义两重基本含义。广义的技术纵向运动是指技术由低级到高级的历史发展，在逻辑上涵盖了技术从无到有、自下而上发育历程的各个阶段；狭义的技术纵向运动是指具体技术形态的创造与改进过程，涵盖了技术基础创新与二次创新的诸环节。鉴于技术科学与技术史对广义技术纵向运动已有广泛而详尽的讨论，这里笔者将着重探讨狭义的技术纵向运动形态。

技术形态从无到有，效率由低到高，功能由弱到强，一直是技术创新的基本方向。由于技术发展的历史局限性，任何具体技术形态的效率与功能总是有限的，不可能一劳永逸地满足不断发展的社会需求。这就形成了新技术目标与原有技术系统功能之间的矛盾。这一矛盾总是通过技术创新途径解决的。关于这一点，将在下一节展开论述。技术目标就是主体需求或目的的技术“翻译”或“表达形式”。源于主体需求的技术目标经常处于发展变化之中，是这一矛盾的主要方面，而技术系统结构与功能则相对稳定，多居于从属地位。植根于科学研究领域的技术创新活动，可以拓展技术可能性空间，将会创造出效率更高、功能更强的新技术系统，逐步实现新技术目标，使这一矛盾得到暂时解决。此后，在社会物质文化需求发展的推动下，又会萌生出新的技术目标，形成新一轮新技术目标与原有技术系统功能之间的矛盾。正是这一对基本矛盾的不断产生与解决，推动着技术的持续快速发展。

由于技术活动领域之间的差异性，不同类型的技术形态的发明创造活动各具特点，难以纳入统一的描述模式。一般而言，技术创造过程要经过发展预测、目标设定、效果评估、原理构思、方案设计、方案评价、研制、试验等环节，如下图所示。①

以下沿着技术创造过程，就其中的主要环节予以简要说明。(1)技术源于主体需求发展与目的的形成。为了实现新的主体需求，技术开发者往往首先从科学研究与技术世界发展现状出发，预测实现这一需求的技术可能性，探寻未来技术发展的路径与突破口。(2)在技术发展预测的基础上，再把主体需求转化为具体的技术目标设定，形成技术开发课题。(3)技术目标设定后，还应对实现该技术目标可能产生的效果，进行系统而全面的评估。如果该技术目标被否定，就必须修正或重新设定技术目标；如果该技术目标得到确认，就转入技术原理的构思环节。

① 国家教委社会科学研究与艺术教育司.自然辩证法概论[M].北京：高等教育出版社，1991，201.

(4)技术开发者总是在综合运用现有科学技术成果的基础上,在观念中搜寻和构思实现技术目标的技术系统工作原理。(5)技术原理确定后,就转入技术系统方案的具体设计环节。如果所构思的技术原理一时难以形成切实可行的技术方案,就必须重新探求新的技术原理。(6)对所设计出来的技术方案还应作进一步的论证、评价,以实现技术方案的优化。如果论证中发现了该设计方案的缺陷,就应根据缺陷产生的根源进行修正或重新设计,甚至重新构思新技术原理。(7)技术评价环节完成后,就依次转入新技术系统的研制、试验、鉴定等后续环节,实际建构技术系统。通过技术鉴定的新技术系统随之进入实际应用阶段,技术创造过程即告结束。如果技术鉴定过程中发现了问题,还应根据问题产生的根源或环节,返回上述相应环节加以修正,再重新走完后续各环节。

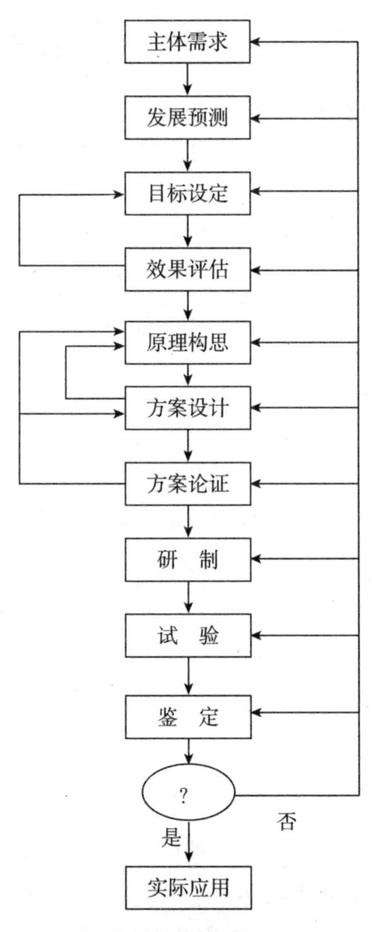

技术创造过程示意图

如前所述，依据技术原理是否变更或技术形态发展变化的程度，技术创新可分为一次（基础）创新与二次创新两大类。与技术发明创造过程相对应，一次创新是技术进步的突变形态或非常性行为，它多是在基础研究领域重大突破和应用研究领域重大发明的基础上展开的，体现了基础科学、技术科学和工程科学之间内在的逻辑联动性。与技术改进过程相对应，二次创新是技术进步的渐变形式或经常性行为。这一过程多是从完善和优化技术方案设计环节开始，重新走完上述技术创造过程的后续环节。二次创新对约束技术要素的更新，以及对相关技术要素所进行的实质性调整与结构优化过程，主要依赖于相关专业技术成果的支持。同时，新技术单元的引入，也会引发原有技术系统结构的"连锁反应"与一系列适应性调整。从长过程、大趋势来看，二次创新是在一次创新的基础上展开的技术再创造活动，是一次创新过程的继续和完善，表现为多轮小幅度技术改进，直至接近原有技术原理所容许的功能或效率极限。此后的技术创造活动将转入在新技术原理基础上的新一轮一次创新。

从本质上说，上述技术创造程序也是以创造新技术形态为目的的目的性活动序列，可视为完成技术创造的"流程技术形态"或"元技术形态"。值得指出的是，这一程序是对众多技术创造过程抽象的结果。现实的具体技术创造活动十分复杂，许多环节都有主体非理性因素的渗入，稳定性和可重复性极低，个性色彩浓厚。因此，这里技术创造的"流程技术形态"或"元技术形态"只是一种借喻，实用价值不大。

（2）技术开发

技术开发就是以纵向深化为特征的技术创造过程。它既包括从生产实践经验摸索，到相应技能、技巧的形成，再到技能、技巧的规范化过程；也包括从科学发现到探求科学理论实际应用的条件、途径和技术原理，再从技术原理到技术方案的构思、设计以及技术形态的试制过程；等等。技术开发既可以指技术纵向运动的所有环节，也可以指其中的个别环节。

从技术基本形态角度看，技术开发活动表现为人工物技术形态与流程技术形态的创建。人工物技术形态的开发是指人工物结构的创建与功能提高过程，可区分为全新人工物、换代人工物、改进人工物等类型。全新人工物技术开发的目标是获取新的人工物功能，多以新技术原理的发明为核心，往往不惜高昂的开发投入，暂时不计较产品的负效应或成本。进入人工物更新改造阶段后，技术开发的重心就转换为进一步扩充和完善人工物功能，提高人工物性能价格比等方面，开始注重减轻人工物的负效应，降低制作与运行成本。从人工物技术开发历史看，在不断拓展和强化人工物功能的同时,追求外在形式的短、小、轻、薄,小批量、多规格、低价格,以及内在品质的安全可靠、高效低耗、多功能、长寿命等,一直是人工物技术开发的大方向。

流程技术形态多是围绕人工物建构过程展开的,流程技术开发往往源于人工物技术开发的拉动。从创新程度看,它包括全新流程技术形态创新与原有流程技术形态改进两大类型。全新流程技术开发的目标是力求达到特定的技术效果,多以新技术工作原理的探求为核心,往往不计较高昂的经济投入。进入技术改进阶段后,技术开发的重心就转换为进一步优化原有流程技术形态结构与运行程序,完善其功能方面,多注重减轻劳动强度与提高技术运行效益。流程技术开发历史表明,在不断创造新型流程技术形态的同时,提高现行流程技术形态的效率,降低流程技术系统造价与运行费用,一直是流程技术开发的大方向。

从技术系统内部构成更新改造的角度看,技术开发是一个吐故纳新的"扬弃"过程。即在抛弃原有技术系统中落后技术要素与不合理结构的同时,又继承了其中的适当成分。其实,把科学技术发展的最新成就适时纳入所开发的技术形态之中,就是对人类所创造的科学技术成果的继承。这是技术创新的基础和前提。连续与间断是同一技术开发过程的两种属性,继承之中有抛弃,抛弃之中又有继承;继承体现了技术发展的连续性,抛弃则是技术发展间断性的表现。

2. 技术的横向运动

技术是人类的创造物。在技术创新过程中,众多技术单元是按技术原理的要求与设计方案被组织和建构在一起的。在技术纵向发展的同时,也存在着技术的横向运动。技术的横向运动也有两重含义:一是指在具体技术系统的创建过程中,对外在科学技术成果的综合吸纳(即技术引进);二是指技术成果向外部的扩散与转移。此技术的吸纳是以彼技术的扩散与转移为前提条件的,两者是同一技术运动过程的两个侧面。应当指出,由于技术形态结构及其在技术世界中所处位置的不同,技术横向运动的过程与环节也不可能完全相同。

(1)技术吸纳

技术吸纳是技术发育成长的前提条件,本质上属技术纵向运动的起始环节。任何技术创新活动都是在现有科学技术发展的基础上,通过广泛吸纳相关技术学科、工程学科成就,尤其是所处时代技术世界多重成果的途径实现的。技术系统既是多重科学知识的凝结,也是多领域、多层次技术成果的集成。技术创新过程的每一个环节都是以科学技术成果的筛选、综合、转化为前提的。处于成长阶段的“准”技术开发者，正是通过广泛吸收科学技术知识的“营养”，才使其定向建构起来的知识与技能结构，适宜于支撑未来的技术创新活动。这是个体以压缩的形式对技术科学与工程科学发展历史的重演，属广义技术纵向运动在思维领域中的具体表现。

从技术发展过程的横断面看，技术开发者始终站在技术世界的时代“平台”上，进行创造新技术系统的预测、构思、论证、设计与试制。作为技术创新的主体，技术开发者正是通过对诸如新技术科学与工程科学理论、数学方法、经济思想甚至美学潮流等科学技术发展新成果的不断吸纳，才使其技术创新源泉不致枯竭。此外，技术开发者通过学习与技术交流等途径，还会把新专利、新材料、新工艺、新设备、新器件等技术世界的新成果，及时综合集成到所创建的技术系统之中，从而创造出功能更强、效率更高和具有时代特征的新型技术系统。

事实上，在现实的技术发展过程中，真正从事技术创新活动者毕竟很少，多数部门或单位主要是通过直接引进外部技术创新成果的方式，提高自身技术水准的。这是技术空间发展不平衡条件下的一种必然现象。这些单位局部的技术进步活动，既是技术横向运动的具体表现，也是在社会巨系统中技术纵向运动的重要环节。

(2)技术扩散与转移

技术扩散与转移是技术发展不平衡条件下的一种重要技术运动形式。技术扩散主要是指专利文献、设计方案、配方、操作规范、元器件、软件等技术知识、信息或单元性技术成果向外传播的过程，是技术横向运动的初级形态。技术转移则是指成套技术设备及其相关技术资料的整体转让过程，是技术横向运动的高级形态。技术扩散与转移各有自己的特点，在推进技术进步过程中扮演着不同的角色。应当看到，由于技术信息对技术实体的依存性，以及单元性技术与成套性技术之间划分的相对性，技术扩散与技术转移之间的这一区分也是相对的、可变的。

技术扩散是以技术知识、技术信息、单元性技术的广谱渗透性为基础的一种运动形式，主要是通过报刊、广播、电视等大众传媒，以及专业性技术市场、经验交流会、展览会、出版物等途径实现的，费用多由技术输出方承担。扩散内容往往只涉及技术原理、特点、性能指标、适用范围等技术形态概况。除基础产业、社会公共事务等领域的普及性技术外，扩散过程中多不涉及技术结构细节、技术诀窍等实质性内容。尽管技术扩散具有速度快、辐射面宽、信息量大、成本低，有助于推进技术受体的创新活动等优点，但由于它对技术受体的专业素质与实践经验要求较高，因而在促进技术进步过程中的效率往往较低。

技术转移是基于成套性新技术系统，对现行旧技术系统的替代性而展开的一种技术运动形式，是技术扩散的发展和延伸，属技术横向运动的高级形态。技术转移主要是通过专业性技术市场、同行专家的中介、同行业先进单位的示范等途径实现的，费用多由技术输入方承担。与技术扩散相比，技术转移的内容更深入、更具体，多以技术受体理解和掌握为原则。技术转移具有针对性强、技术进步幅度大、速度快，对技术受体的专业素质或实践经验要求较低等优点。但由于技术转移的专业性强、辐射面窄、费用较高等原因，在推进技术进步过程中的作用也是有限的。

应当指出的是，从技术基本形态角度看，人工物技术形态比流程技术形态具有更为明显的转移优势。许多人工物技术形态都可以通过产品的批量生产与市场购销机制广泛转移，而相关流程技术形态的建构则由购买者自主完成，或由设计与施工部门代理。人工物技术形态内含于各种具体产品之中，产品的生产就是人工物技术形态的建构，产品的销售与购买就是人工物技术形态的转移与吸纳，产品的消费就是以人工物技术形态为基础的多种流程技术形态的建构与运转。产品销售往往伴随着产品说明书等技术资料的扩散与转移，是技术横向运动的重要形式。相比之下，除部分流程技术形态以产品或工程项目的形式转移外，多数流程技术形态难以实现定型化、产品化、商品化，转移量与转移过程往往受到多方面因素制约。

3. 技术进步的基本模式

技术纵向运动与横向运动并不是孤立进行的，而总是相互依存，互动促进，联为一体。在现实技术发展过程中，技术进步又展现为递进式引进、递进式开发、跨越式引进、跨越式开发等四种基本模式。

(1)纵向运动与横向运动的辩证统一

技术的纵向运动与横向运动，是从纵、横两个维度对技术运动过程剖析的结果。前者侧重于从整体上反映技术在时间上的前后继起性，后者则侧重于从微观机理上反映技术在空间上的相互依存性，两者在本质上是辩证统一的。技术的纵向运动通过一次创新与二次创新途径，创造出更多的新型技术形态，推进了原有技术形态的更新与繁衍，成为技术横向运动的源头；新技术成果通过扩散与转移途径进入目的性活动领域，为技术创新者所吸收和利用，就转化为技术纵向运动的基础。事实上，在现实技术运动过程中，技术的纵向与横向运动总是交织纠缠在一起的，两者相互贯通，互为条件，协同推进。

技术的纵向运动与横向运动互相贯通、相互转化。从技术开发过程看，技术纵向运动的各环节、各阶段，是由一系列技术吸纳活动串连而成的，是技术扩散或转移的结果，其中内在地包含着技术横向运动。技术创新成果既是具体技术纵向运动的终点，又是以技术扩散与转移为内容的技术横向运动的起点。一般而言，技术创新成果的单元性、普适性越强，就越容易实现向横向运动的转化。同样，技术横向运动又是以技术创新成果为内容的，多表现为众多技术成果的并行推进，其中又内在地包含着技术纵向运动。技术横向运动往往会加快技术受体技术创新环节的流转，促进技术纵向运动的发展。一般而言，技术扩散与转移的成套性越强，内容越丰富，越适合技术受体需要，就越容易为技术受体所吸纳，从而也就越容易实现向新技术形态的转化。

技术的纵向运动与横向运动相互依存、互为条件。技术的纵向运动以横向运动为前提，是多重技术横向运动成果的累进。没有技术创新过程各个环节的技术扩散或转移、吸纳与综合，就不可能顺利实现技术创新过程的推进。反过来，技术横向运动又以纵向运动为基础，没有众多技术创新成果的累积，技术扩散、转移、吸纳也就不会有实质性内容。同时，技术的纵向与横向运动之间协同作用、滚动递进。技术创新拓展了技术可能性空间，创造出了大量的先进技术成果，充实了技术扩散与转移的内容。反过来，技术扩散与转移提供的大量先进技术成果，扩大了技术受体选择和吸纳外部技术成果的范围，又推动着新的技术综合与技术创新。正是在技术纵向运动与横向运动之间这种相互递进的正反馈机制的驱动下，才演绎出了技术发展的历史轨迹。

由于技术纵向运动与横向运动诸环节及其表现形态的多样性，在现实技术运动过程中，技术的纵向运动与横向运动之间的具体关系样式千姿百态、丰富多彩，恕不赘述。总之，把握技术运动形式及其规律，有助于我们在实践中区分技术运动形式及其所处阶段，按照不同技术运动形式的性质、特点与规律，有针对性地制定和实施技术发展计划，更有效地促进技术创新与技术推广应用工作。

(2)技术进步的基本模式

技术的进化发展就是不断拓展技术功能，提高技术效率的历史过程。技术开发者或应用者是技术进步的主体，它们创建或选用技术形态，多是沿着效率由低到高的逻辑顺序依次推进的，这就是所谓的技术递进(或技术追赶)。但是在某些特殊情况下，个别技术的发展也可以越过一个或几个技术发展阶段，由低效率技术形态直接跃入更高效率的先进技术形态,这就是所谓的技术跨越。①

技术进步的种类繁多,依据的划分标准不同,得到的分类结果就不一样。从技术来源角度出发,可以把技术进步划分为技术开发与技术引进(或技术吸纳)两种形式;从技术效率提升幅度或发展路径看,又可以划分为技术递进与技术跨越两大类;等等。把这两种分类加以组合,就可推演出递进式引进、递进式开发、跨越式引进、跨越式开发四种技术进步的基本模式。这四种模式在内外条件、一次性投资额、投资回报率、时间效益、实施难度、发展后劲、采用频率等方面都表现出各自不同的特征,详见下表。

技术进步四种基本模式属性对比简表

模式 条件	技术递进		技术跨越	
	递进式引进	递进式开发	跨越式引进	跨越式开发
内部条件	要求低	要求较高	要求高	要求很高
外部条件	要求低	一般	要求很高	要求较高
一次投资额	较小	一般	大	较大
投资回报率	一般	较差	很好	最好
时间效益	缩小技术差距较慢	缩小技术差距很慢	缩小技术差距最快	缩小技术差距较快
实施难度	小	大	较大	最大
发展后劲	小	较大	一般	最大
采用频率	很高	一般	较低	最低

技术进步总是在多重因素的协同作用下实现的,诸模式的适用范围主要表现在主体技术进步能力上的差别。其实,技术进步能力是一个宏观指标,它是由主体内部众多因素 $X_{i内}$ 综合而成的。按照对技术进步主体综合素质 $X_{i内}$ 要求的不同,四种基本模式之间大致存在着如下递减关系:

$$X_{i跨越式开发} > X_{i递进式开发} > X_{i跨越式引进} > X_{i递进式引进}$$

从本质上说,技术进步就是技术级别的提升过程。从技术发展序列来看,递进式开发与递进式引进是以连续性为基本特征的技术进步形式,技术进步前后的两个技术形态之间联系密切;跨越式开发与跨越式引进则是以间断性为主要特征的技术进步形式,技术进步前后的两个技术形态之间联系松散。事实上,技术递进与技术跨越既相区别,又相联系。技术跨越必然以压缩的形式重演技术递进所

① 王伯鲁.产业技术跨越的社会基础与基本模式探析[J].自然辩证法研究,1999(5).

经历的各个技术发展阶段，应当以技术形态之间的历史联系为基础；技术递进则是延缓或分解了的技术跨越，应当以技术形态之间的差别为前提。

技术进步的这四种理想模式各有自己的特点。跨越式开发是以自主技术创新为主导的技术进步的特例。技术开发者往往能在科学技术研究新进展的基础上，探寻出不同于以往其他技术形态的新技术原理，并付诸研制、试验。这样常常能后来者居上，创造出全新的高效率技术形态。跨越式开发对技术进步能力的要求极高，投资额度与技术风险较大，属技术开发的反常行为；而递进式开发前后的技术形态之间联系密切，“落差”较小，对技术进步能力的要求较低，是技术开发的经常行为。世界科技革命已进入新的发展阶段，正酝酿着新的突破，为技术跨越提供了许多新的契机。因而，该模式在高新技术领域占有一定比例。

跨越式引进也是技术引进的特殊类型。引进适用的高效率技术形态，进行脱胎换骨式的技术更新改造或重塑，是迅速提高技术水平的又一条重要途径。由于递进式引进前后的技术水平“落差”较小，对技术受体吸纳条件的要求较低，因而，是一种经常性的技术引进形式；而跨越式引进前后的技术水平“落差”较大，对引进者综合素质的要求较高，多表现为一种反常性的技术引进行为。

二、技术进步的动力与方向

技术运动是在技术世界内外多重因素的共同作用下展开的。主体的智能创造是源泉和根本，但外部因素的触发与推动也不可缺少。技术发展历史表明，技术世界是一个处于快速发展之中的动态体系。分析推动技术进步的动力，把握技术发展的未来方向，可以把对技术世界演化的认识引向深入。

1. 技术进步的动力体系

从系统论的观点看，任何技术系统都是在所处社会文化环境中孕育和发展起来的，是社会文化大系统中的一个子系统。技术系统总是在其内外多重因素的协同作用下演进的，“外推内驱”是技术进步的基本动力机制。

（1）新目的与旧技术形态之间的矛盾

由于技术形态的专用性和历史局限性，原有的技术形态往往难以满足实现新目的的要求。这就迫切要求人们必须依据新目的的特点，创建实现新目的的活动序列或方式，从而推进技术创新。正如第一章“目的性活动是孕育新技术的温床”

一节所述，在认识和实践的发展过程中，人们常常会遇到许多新问题。这些问题是形成主体目的的源泉，它的解决总是依赖于新技术形态的建构与运转。同样，就现行技术形态而言，虽然它具有实现某一类目的的特殊功能，但是其功能或效率又总是有限的，不可能一劳永逸地满足不断翻新的社会物质文化需求。随着社会物质文化需求的发展，现有技术形态的功能或效率，往往难以满足快速或大规模地实现各类目的的需要。这就要求人们必须创建新型技术形态，或者对现行技术形态进行改进，拓展其功能或提高其效率。

矛盾是事物发展的根本动力，新目的与旧技术形态之间的矛盾，是推动技术进步的根本动力。新目的源于人类欲望的膨胀和不满足的本性，是这一矛盾的主要方面，并随社会物质文化需求的发展而处于经常变动之中。而现有技术形态的结构与功能往往相对稳定，多属于这一矛盾的次要方面。同时，还应当看到，除去人与自然的矛盾之外，社会生活中的种种矛盾也会反映到技术层面上来，并通过技术途径得到解决。这也是技术基本矛盾在社会领域的具体表现，比如，黑客对网络的攻击促进了网络安全技术的发展；反过来，网络安全技术的发展又刺激着黑客攻击技术的提高。盗版者对软件、音像制品、书籍等的盗窃与复制，促进了防伪、加密、鉴别以及相关法律制度等反盗版技术的发展；同样，反盗版技术的发展又刺激着盗版技术的不断提高与花样翻新，等等。

技术创新活动是主体智慧或主观能动性的集中表现。人们会不断创造出效率更高、功能更强的新技术形态，逐步满足实现新目的的需求，使这一矛盾得到暂时解决。但由于技术创新活动的历史局限性，一时的技术创新并不能使这一矛盾得到永久或彻底的解决。此后，在认识和实践发展的推动下，又会萌发其他新目的，形成新一轮的矛盾形态。正是在这个意义上，我们说新目的与旧技术形态之间的矛盾是技术发展的基本矛盾。这一矛盾的不断产生与解决，滚动或螺旋式地推动着技术的持续发展。

（2）社会竞争是推动技术进步的社会动力

竞争是在道德与法律规范的约束下，在广阔的社会领域展开的生存和发展资源的争夺。"两极分化，优胜劣汰"是竞争的残酷现实。在关系到生死存亡和切身利益的竞争压力下，人们往往会通过各种方式增强竞争实力。引进或开发新技术愈来愈成为增强竞争实力的主要途径。优先拥有先进技术，就意味着掌握了竞争的主动权，占据了竞争的制高点。英国学者 E. F. 舒马赫为发展中国家所设想的

“中间技术”道路，虽然是美好的，但却是不现实的。① 对于落后国家或地区而言，中间技术可能是暂时适用的，短期内也许是有效的，但在竞争的社会环境中，它必将一直处于劣势地位，被不断地边缘化。因此，追求先进技术的社会共识与价值取向，会促使人、财、物等社会资源向技术开发领域汇集，从而刺激和推动着技术创新活动。例如，市场竞争推动着产业技术进步，商业竞争促进了营销技术的创新，军事竞争刺激着军事技术的迅速变革，等等。

应当指出的是，由于技术对增强社会竞争力的基础性作用，技术尤其是自然技术开发领域的竞争已经成为社会竞争的核心或焦点。谁拥有先进技术，谁就掌握了所在领域竞争的主动权，谁就能赢得竞争的胜利。因此，社会竞争向技术领域的转移与集中，必然会加大技术开发的投入力度，加快技术创新与技术更新换代的速度。这是现代技术发展的重要特征。当然，竞争总是相对于合作而言的，没有合作就无所谓竞争。强调竞争对技术进步的推动作用，并不否认合作对技术进步的重要性。事实上，许多重大技术创新项目都是通过合作机制完成的，甚至大型技术系统的运行，也必须以广泛的社会合作与利益分配为前提。

(3)科学研究是技术创新的不竭之源

技术创新是以解决“如何做”问题为核心的。从逻辑上看，认识是实践活动的基础，“如何做”问题是以“是什么”“为什么”“怎么样”问题的解决为前提的，而后者正是科学研究的主要内容。马克斯·韦伯在论及资本主义发展的科学基础时曾指出，“初看上去，资本主义的独特的近代西方形态一直受到各种技术可能性的发展的强烈影响。其理智性在今天从根本上依赖于最为重要的技术因素的可靠性。然而，这在根本上意味着它依赖于现代科学，特别是以数学和精确的理性实验为基础的自然科学的特点。”②进入现代以来，科学研究对技术开发的引导作用日益突出，可以说科学是技术的直接基础，科学研究成果规范和指导着技术创新活动。这就是所谓的技术科学化趋势。同样，这里的科学概念也是在广义上使用的，既包括自然科学，也包括人文社会科学、思维科学等。

从历史角度看，科学诞生之前的技术创新活动，主要是在经验知识的引导下

---

① “‘所谓中间技术是介乎先进技术与传统技术之间的技术。按每个工作岗位(职位)投资来说，如果先进技术为1000英镑，传统技术为10英镑，那么中间技术可说是100英镑技术。’这种中间技术能够适应比较简单的环境，设备与生产方法简单，容易掌握，对原材料的依赖性很小，对市场的适应性很强，人员容易训练，组织管理比较简单。”(详见E. F. 舒马赫. 小的是美好的[M]. 北京：商务印书馆，1984，iii、122.)

② 马克斯·韦伯. 新教伦理与资本主义精神[M]. 上海：上海三联书店，1996，13.

摸索前进的。经验知识是科学理论的初级形态,其发展主要来自实践活动的长期积累。由于经验知识的零散性、不可靠性,以及交流与理解难度大等原因,因而对技术发展的指导作用十分有限。科学的诞生与分化发展,改变了技术发展的经验摸索方式,逐步成为技术创新的主要源泉。科学理论向技术实践转化,对技术创新起着规范和指导作用;技术按照科学理论规范与预见来创造,减少了技术创新活动中的盲目性。在现实生活中,由于人类不同活动领域的复杂程度以及相关学科之间发展的不平衡性,科学对这些领域的规范和指导作用的强度也各不相同。一般来说,科学研究越深入,学科分化发展越细密,对相关领域技术创新活动的指导作用就越明显。正是基于这一认识,我们说科学研究是推动技术发展的重要力量。

(4)技术世界内部的相干性是技术进步的驱动力

如前所述,技术世界是一个分层次的、立体的、网络状的、开放的巨型系统,其中各种技术形态之间存在着相互依存、相互转化的复杂作用机制。新技术形态的建构总是在所处时代的技术世界场景中展开的。高层次技术形态可以把低层次技术形态作为单元直接纳入其中,也可以从同一层次或更高层次的相关技术形态的建构过程中,借鉴其原理、设计、方法、部分单元技术等技术因素。同样,低层次技术形态的建构,又必须以高层次技术形态为"脚手架",依赖于以高层次技术形态为核心的流程技术形态的支持;等等。正是由于技术形态之间这种纵横交错的复杂联系,某一技术形态尤其是低层次技术形态的创新与变革,会通过这种复杂的非线性相互作用网络,引起相关技术形态结构的变革与适应性调整,从而推动相关技术形态的快速发展。在本章第五节,笔者将就这一相互作用机理作进一步的说明。

这里应当强调的是,在不同历史时期,由于人类所面临的现实问题与需求不同,各领域科学与技术发育上的差异以及投入的不同等,技术世界的发展总是不平衡的。在某一时期,往往有一个技术领域发展迅速,领先于其他技术族系,我们把这一技术领域称为该时代的带头技术。[①] 比如18世纪末期的蒸汽机技术,19世纪中期的电力技术,20世纪中后期的微电子技术以及目前的基因工程技术等。带头技术往往是在重大技术原理发明,或者基础技术或专业技术领域革命性突破的基础上孕育和发展起来的,具有广泛的渗透性和强大的辐射带动作用。带头技

① 带头技术概念的形成是受凯德洛夫"带头学科"概念的启发。(详见中国社会科学院情报研究所.社会发展和科技预测译文集[M].北京:科学出版社,1981,24—31.)

术是激发技术世界变革的先导性技术因素，它的率先发展往往会打破当时技术世界的结构格局，通过技术系统建构的“嵌套”模式或技术世界内部相互作用机理渗透到其他技术领域，推动着这些技术领域的全面进步。

以技术原理性、概念性、原型性为特征的基础技术，辐射面宽，持续时间长，带动作用强劲。它的重大发明不仅会生发出全新的技术族系，而且会带动其他技术族系的一系列变革。例如，晶体管制备技术不仅孕育和派生出了微电子技术族系，而且也促进了通讯、机械制造、交通运输、教育等相关技术领域的重大变革。相比之下，以行业性、单元性为特征的专业技术的辐射面较窄，持续时间较短，带动作用较弱。专业技术重大创新的带动作用，往往仅限于所属技术族系范围，对其他技术领域的辐射作用也多是间接的。例如，转炉吹氧炼钢技术发明的作用仅限于冶金技术领域，它对机械制造、建筑、化工、运输等技术领域的推动作用，主要是通过产业链条或技术链条上的联系间接传递的。带头技术的更迭不仅是分析技术演进的主要线索，而且也是划分社会经济时代的主要依据。

“唯物辩证法认为外因是变化的条件，内因是变化的根据，外因通过内因而起作用。”①上述四个层面的动力构成了技术进步的动力体系，“外推内驱”是最根本的动力作用机制。其中(1)、(4)多为内部因素，(2)、(3)多属外部因素。这四种动力之间也不是相互独立的，而是彼此交织在一起，共同植根于主体智慧的创造之中。可视为主观能动性在技术进步不同侧面的具体展现。新目的与旧技术形态之间的矛盾是技术进步的基本矛盾；技术世界内部的相干性是这一矛盾运动的方式和解决的根本途径。科学研究的推动作用是科学理论方法论功能的展现，是解决新目的与旧技术形态之间矛盾的现实基础；社会竞争是解决新目的与旧技术形态之间矛盾的社会途径。技术形态之间的相互作用是技术进步的现实轨迹，是新技术形态建构的直接基础。在具体技术形态的建构过程中，这四个层面的动力往往表现为不同的作用方式，循着其内在联系路径和相互作用机制，推动着技术创新以及技术世界结构的变迁。

2. 技术发展的基本方向

作为主体目的性活动的序列或方式，技术的进步是实现主体目的，提高人类活动效率的基本途径。技术功能是由技术系统的构成要素及其内在结构，共同决定的该技术系统的固有本领，是技术价值的表现形式，通常用一组“技术性能指

---

① 毛泽东. 毛泽东选集(一卷本)[M]. 北京：人民出版社，1964，277.

标”来表征。在技术应用过程中,技术系统的功能就转化为对技术对象、技术使用者及其相关事物的实在作用,从而引起一系列的复杂变化,这就是技术效果。按照对主体价值关系的性质,总可以把技术效果区分为技术的正效应与负效应,这就是技术的两重性。

(1)技术活动的基本原则

在主体价值观念的规范下,扩大和提高技术的正效应,减轻或部分消除技术的负效应,是人类技术活动的价值取向和基本原则,也是促进技术进步的原动力。这一原则的实质就是对技术综合价值或技术效率的不懈追求。如果用 Z 表示技术的正效应,F 表示技术的负效应,V 表示技术的综合价值(这里假定 Z、F 与 V 可以统一量化),那么就可以给出技术综合价值 V 的具体界定:

$$V = Z - F \tag{1}$$

这里的 V 就是扣除技术负效应后所获得的技术纯收益。它可以用来表示不同技术系统所创造的绝对价值,也可以作为衡量不同技术系统价值的绝对尺度。

技术进步是指技术系统功能的内涵提升与外延拓展,通常表现为具有新功能或较高性能指标的新型技术系统,或者功能相似而综合价值更高的各类新型技术系统的不断涌现。为了精确地把握技术进步的程度,这里引入技术效率概念。技术效率 W 可界定为:

$$W = \frac{Z}{F} \tag{2}$$

这里的 W 就是技术系统的单位负效应所换来的正效应的大小。它可以作为衡量不同技术系统价值的相对尺度。(1)、(2)式分别从不同侧面反映了同一技术价值,因而两者具有内在统一性。以 V 和 W 衡量技术形态,比以往单纯以技术正效应 Z 衡量技术系统的做法更全面、更科学。

提高技术系统的综合价值 V 或技术效率 W,是技术活动基本原则的内在要求,也是技术进步的基本方向。[①] 由这一基本方向又可以衍生出技术进步的两个相互关联的总体目标:一是扩大和提高技术的正效应;二是减轻或部分消除技术的负效应。这两个目标虽然指向不同,但都是通过技术创新途径实现的,都是围绕着提高技术形态的 V 或 W 展开的,在本质上是一致的。这也是技术之所以呈现进化发展趋势的价值论依据。

从技术活动的基本原则也可以派生出两个更为具体的原则:一是效果原则,

① 王伯鲁. 绿色技术界定的动态性[J]. 自然辩证法研究,1997(5).

即千方百计地达到特定的技术效果；二是效率原则，即以最小的代价付出换取最大的收益。前者是人类目的性活动的内在要求，是技术负载价值的根源。在军事、医疗、抢险救灾、宫廷用品等领域或特定场合，有时为了达到特定的技术效果，往往不惜一切代价，甚至是不计较得失的。这一原则常常在基础创新领域或社会竞争的危机时刻起支配作用。后者是人类活动合理性、经济性、持续性的具体体现。在能实现目的的各种序列或方式中，人们总是倾向于选用代价最小或收益最大的一种。这一原则常常在二次创新领域或技术应用活动中居于主导地位。一般地说，效果原则居于优先地位，效率原则处于从属地位。后者是在确保目的实现的前提下更进一步的价值追求。H. 斯柯列莫夫斯基曾从狭义技术视角，对技术活动的基本原则作过如下表述："技术进步本身是通过采用越来越有效的方式，生产越来越多样化的具有越来越多有趣特性的对象而表现出来的。技术进步的一个特点是，除了生产新产品外，它还为生产'更好'的同类产品提供手段。……通过缩短产品生产时间或降低生产成本也能取得技术进步。"①这一表述与这里的分析在本质上是一致的。

技术活动的基本原则是促进技术世界进化的内在依据，蕴含着技术进步的动力与方向。把技术活动的基本原则贯彻到技术创新过程之中，从逻辑上就可以推演出促进技术进步的六条基本途径：一是在维持 F 不变的条件下，设法提高 Z；二是在保持 Z 不变的条件下，设法减小 F；三是在提高 Z 的同时减小 F；四是在 Z、F 同步增大的过程中（技术的巨型化发展），设法使 $Z-F$ 的值提高，或者 Z 提高的幅度大于 F 增大的幅度；五是在 Z、F 同步减小的过程中（技术的微型化发展），设法使 $Z-F$ 的值提高，或者 F 下降的幅度大于 Z 减小的幅度；六是设法达到特定的 Z，而暂时不计较 F 的变化。

上述这六条基本途径就是技术进步的可能模式或方向。在不同历史时期、不同技术领域，这六条途径在技术进步实践活动中所处的地位不同，由此衍生出不同时代、地区、领域各具特色的技术进步方向。我们可以结合行业与时代特点，就不同领域的技术发展方向进行具体而详尽的讨论。产业技术泛指服务于社会物质生产活动领域的各类技术系统，是工程技术的典型形态。以下仅就现代产业技术的发展方向给出具体分析，②从中可以折射出现代技术世界未来发展的一些基本特征。

---

① F. 拉普. 技术科学的思维结构[M]. 长春：吉林人民出版社，1988，95.

② 王伯鲁. 现代产业技术发展方向初探[J]. 自然辩证法研究，1999(10).

(2)现代产业技术发展方向

第二次世界大战以来,以蒸汽力与电力应用为标志的第一、二次产业技术革命的衍生效应、远期效应逐步显现出来。如何减轻或部分消除技术负效应,开始成为现代产业技术发展中的重大问题。在新技术革命与经济全球化进程的推动下,现代产业技术的发展出现了一系列新特点,客观上要求技术活动在以最小代价谋求最大经济收益的同时,也应兼顾社会效益与环境效益的最大化。在技术活动原则的规范下,现代产业技术呈现出了高技术化与绿色技术化发展的大趋势。

所谓高技术,就是技术性能指标远优于同类传统技术的新型技术形态,即"高出一等"的技术。"高、精、尖、短、轻、薄"等都是对高技术特征的具体表述。从哲学角度看,高技术是相对于传统的落后技术而言的流动范畴。活字印刷技术相对于古老的雕版印刷技术而言,无疑是高技术,而相对于现代的激光照排技术来说,就蜕变为落后技术了。随着时间的推移和技术的不断进步,今天的高技术形态迟早会沦为未来的落后技术,这是技术历史发展的必然逻辑。而今天广泛使用的"高(新)技术"一词,特指在现代新技术革命中出现的信息技术、新能源技术、新材料技术、空间技术、生物工程、海洋工程等六大新兴技术群体。这是高技术概念的现代外延所指。

以信息技术与生物工程技术为核心的高(新)技术"群体"的形成,是现代科学革命直接推动的结果。高(新)技术产业化及其向传统产业领域的广泛渗透,是现代技术横向运动的基本特征,也是产业技术高技术化发展的主要方式。产业技术的高技术化趋势体现在现代经济生活的许多方面。从技术效果看,新产业、新工艺、新产品层出不穷,技术形态呈现多样化发展态势。人工产品数量的急剧膨胀,极大地丰富了社会物质文化生活。从技术指标看,产业技术明显地趋于高效低耗,提高了经济社会的运行效率,如铁路运输技术的高速化、重载化、自动化等发展趋势。从技术规模看,产业技术系统业已超越了与人体尺度相比拟的传统界限,同时向巨型化与微型化方向拓展,如火星登陆技术、三峡工程技术与纳米技术、转基因技术等技术形态的出现。从技术内涵看,产业技术内涵明显丰富,出现了结构精密化、外形艺术化、控制智能化、运行自动化与人性化等趋势。事实上,现代产业技术的高技术化趋势,是追求提高技术效率的内在要求,在当代产业技术领域的具体体现。

绿色技术是指对人类生态环境不产生消极影响,或者消极影响处于生态环境系统承载能力范围之内的技术形态,包括清洁生产技术、环保技术、原材料节约与废物循环再生技术、绿色产品技术等具体技术形态。今天,绿色技术概念已泛化为负效应低于人类生存与发展所容许限度的几乎所有技术形态。人们对绿色技术的认识与自觉开发，是在20世纪六七十年代西方工业化国家的社会生态运动中开始的。事实上，绿色技术的历史发生可以追溯到远古时代。由于那时的多数技术系统功能较弱，使用规模狭小，对生态环境的消极影响多处于生态环境系统承载范围之内，因而大多表现为绿色技术形态。以往人们在节能降耗、提高产品质量等方面的技术创新活动，也可视为绿色技术开发行为，只是当时人们尚未意识到这一点罢了。①

绿色技术是相对于非绿色技术而言的流动范畴。对技术形态的这种二分法，是以区域生态环境系统承载能力余量、技术系统负效应、技术使用规模等因素为依据的。区域生态环境系统状况是判定绿色技术属性的外部尺度，而技术负效应则是判定绿色技术属性的内在标尺。同一技术形态在此时此地为绿色技术，而到彼时彼地就可能转化为非绿色技术。由于现代以前生态环境系统承载能力余量很大、产业技术总体规模较小等历史原因，追求产业技术正效应的技术进步方式一直居于主导地位。进入20世纪以来，在产业技术总体规模不断扩张的过程中，产业技术正效应迅速提高，而总体负效应却接近或超过了人类生态系统的承载能力，从而使绿色技术的界定标准日趋严格。原有的绿色技术形态大多已转化为非绿色技术形态，迫切要求注重产业技术发展的社会与生态环境效果，大规模开发技术负效应更小的新型绿色技术形态。正是在这一时代背景下，以抑制技术负效应为主要特征的技术进步方式，开始成为产业技术进步的主流，出现了产业技术的绿色技术化趋势。

产业技术的绿色技术化发展，首先表现为生产流程技术形态向能源与原材料的低耗化、生产过程的清洁化、工业"三废"的综合利用，以及有助于改善生态环境质量的生态环保技术等方向发展。其次表现为产品技术形态向高效低耗、长寿命、易回收、易降解、无污染的绿色产品方向发展。现代社会生态环境意识的增强与绿色产品消费潮流的形成，是推动产品技术绿色技术化的社会基础。事实上，重视技术的社会与生态效果的绿色技术化趋势，今天已经远远超出了产业技术领域，而是在人类活动的广阔领域同步展开的。

正如技术的正效应与负效应密不可分一样，产业技术的高技术化与绿色技术化发展方向，统一于提高技术效率或综合价值的产业技术进步活动之中。两者相互促进，互为前提，成为支撑现代社会可持续发展的技术基础。由于技术正效应

---

① 王伯鲁.绿色技术界定的动态性[J].自然辩证法研究，1997(5).

与负效应的天然联系,①高技术化与绿色技术化趋势正在由初期的分立发展逐步走向融合。今天,技术负效应越小的绿色技术形态,往往同时也是技术性能指标超常的高技术形态,这是绿色技术发展向高技术方向的趋近;同样,技术正效应越高的高技术形态,其负效应也在不断趋于减弱,这是高技术发展向绿色技术方向的靠拢。以往"只高不绿"或"只绿不高"的单一技术进步模式,在提高产业技术综合价值方面的潜力是有限的。只有"既高又绿"的综合性技术进步方式,才是提高产业技术综合价值的根本途径。这是当代以至未来产业技术进步的必然趋势。

三、新技术形态的产生

技术世界的演化发展是一个新陈代谢过程,即新技术形态不断创生与旧技术形态逐步消亡,两者同时并存。在技术世界的演化问题上,仅仅对技术发展动力机制的说明是不够的,还必须具体探讨技术世界的生成机理。新技术形态是人类创造性活动的产物,它的不断涌现是技术世界扩张的微观基础。新技术形态的发生机理与进化过程十分复杂,既是人类目的性活动的过程,又受到许多不确定性因素的左右,应当予以说明。

1. 技术形态的社会形成

虽然技术的发展有其内在规律性,但任何具体技术形态的创建与运行,都是在特定的社会历史文化环境中展开的,都表现为一种社会活动,总要受到社会系统及其构成要素的多重影响。这就是所谓的技术社会化。"我们的体制——我们的习惯、价值、组织、思想的风俗——都是强有力的力量,它们以独特的方式塑造了我们的技术。"②近年来,在欧洲学术界受到广泛关注的"技术的社会塑造"(The Social Shaping of Technology,简称 SST)理论,③④就是基于对技术发展的社会文化因素及其作用机理的深入研究而形成的。它认为社会文化因素就像一个巨大而

---

① 王伯鲁.技术负效应根源浅析[J].科学技术与辩证法,1997(6).

② Ron Westrum. Technologies and Society, the Shaping of People and Things[M] (Wadsworth Pub. Co., 1991),5.

③ RobinWilliams,David Edge. The Social Shaping of Technology,Research Policy (1996),p25.

④ Donald MacKenzie,Judy Wajcman. The Social Shaping of Technology (Open University Press, 1999),p18.

无形的“模具”或“雕刻刀”一样，塑造着具体技术形态乃至技术世界的面貌。值得注意的是，SST 理论仍然持狭义技术观念，把技术发展的社会文化因素看作技术形态建构的外部因素。其实，在广义技术视野中，这里所谓技术的社会塑造，与前述的技术建构过程等内容具有内在统一性，许多社会因素都可以视为技术因素。

在技术发展过程中，社会文化因素的塑造作用集中体现在技术活动的动因、选择、调节和支持等层面。如前所述，目的性活动是孕育新技术的温床，作为主体目的性活动的序列或方式，技术形态的建构、选择与运行动因，都直接来源于目的本身。而人又是社会存在物，人们目的的萌发与实现总是在特定的社会文化场景中展开的，必然受到社会文化因素的影响与调制，打上社会文化的烙印。以往学术界对社会塑造作用的认识，往往集中体现在对社会需求的推动作用，以及社会诸因素对科学技术发展影响作用的认识上。① 学者们普遍看到了社会需要是派生主体目的的源泉，是技术发展的原动力；社会诸因素对技术的发展具有选择、调节和支持等多重作用。其实，这只是社会塑造作用的一个方面或一种模式。国内学者与 SST 理论的认识差距，就在于未能将社会需要内容与作用的机理和过程细化，就社会诸因素对技术形成与发展作用的说明也过于笼统和抽象。这也正是 SST 理论的解释优势所在。

就原初的基本含义而言，需要被理解为人们对促使其生存或发展条件、因素的渴求状态。它是以人为中心，指向外部环境的生命冲动倾向，由此建构起了人的活动方式以及与外部世界之间的稳定联系。由于需要的实现多是在社会场景中展开的一个复杂的目的性活动过程，人的终极需求在这一过程的各个环节会表现为不同的形态。例如，人们对粮食的需求在农业生产过程中，就可能转化为对肥料、农业机械、塑料薄膜等生产资料的需求；而对塑料薄膜的需求，又可能转化为对聚氯乙烯原料、薄膜成型技术或设备的需求；如此等等。在这种情况下，社会需求随着目的与手段的流转、衍生及其“链条”的延伸，就逐步演变和扩展为以人的生活需要为背景或终极指向，对事物发展过程中各要素之间依存、派生关系的一种动态表达。社会生活需求是根本，生产需求、消费需求、技术需求等都是它的衍生或转化形态。

从根源上说，社会生活就是以社会需求为基础或中心线索组织和运转的。社会需求是孕育思想文化的主体性源泉，或者说社会文化因素都可以追溯到它的需

---

① 国家教委社会科学研究与艺术教育司. 自然辩证法概论[M]. 北京：高等教育出版社，1991，307、301.

求根源。SST 理论的高明之处，就在于没有沿着抽象的还原论或构成论思路，①单纯从社会需求角度间接地分析社会文化因素的作用，而是从根源于社会需求的、现实的、具体的社会文化因素出发，直接剖析它们对技术发展的影响作用机理。然而，受狭义技术观念的束缚，该理论把许多技术形态建构的内在因素都视为外在的社会文化因素，这是与本文理论出发点的重大差别。

无论是"社会需求论"还是"社会塑造论"都有其理论缺陷。缺陷之一就在于无视技术活动者及其目的的中介作用。其实，社会需求或社会文化因素对技术发展的作用，都必须通过技术开发者或应用者思想观念的转化、目的的触发、主观能动性的发挥等环节，才能转变为对技术发展的现实作用。

缺陷之二就在于无视技术尤其是技术世界本身就是社会的构成部分，就是一种具体的社会文化因素。社会需求或社会文化因素与技术及其技术世界之间的作用总是双向的，是一个相互适应、相互作用的滚动建构过程。新技术形态的形成不仅能引发技术世界内部的"震颤"，而且也会促进社会需求或社会文化因素的变革。

缺陷之三就在于无视自然因素对技术的塑造作用。事实上，社会文化形态总是与地理（或自然）环境因素密切联系在一起的，前者是后者影响作用的结果。从这个意义上说，技术也是自然因素塑造的产物。同时，从技术系统构成角度看，技术单元大多来自自然界，即使技术创建者或使用者也具有自然属性。作为人的无机身体，技术又多植根于自然界，必然会受到自然因素的塑造或调制。例如，运输技术的发生和发展就与人类居住的地理环境密切相关，冰雪地域催生了雪橇，川塬地区创造了车马，沿江、沿海水域孕育出了舟船，等等。

笔者以为，如同动植物的生长发育一样，技术世界就是在自然与社会环境中逐步形成和发展起来的，是众多因素协同作用、互动递进的结果。我们既承认技术发展的规律性与内在逻辑，也承认自然因素与社会文化因素在技术创造与选择过程中的调制作用。事实上，在技术发生问题上，因为新技术形态尚未出现，以技术形态为边界的内因与外因之间的区分及其解释范式，已失去了解释效力。人类理智是技术发展的源泉，技术开发者是技术创新活动的主体，其个性与主观能动性的作用不可低估。"人毕竟不仅仅是自然界的产物，不仅仅是按一定规律和本能对外部刺激作出反应的动物。人同时又是自由规定自身的文化的产物，预先计划的每个行动都有目的地反映了（不管是以多么隐蔽和不完善的形式）它打算实

---

① 金吾伦. 生成哲学[M]. 保定：河北大学出版社，2000，1—16.

现的目标和价值。……这些具体目标是在技术潜力与文化知识环境的不断相互作用中逐渐出现的。”①技术开发者总是处于特定的自然与社会文化环境之中，其思想观念、科学文化知识与经验技能也是通过学习或实践途径，从社会文化环境中获取的。社会就是通过对技术开发者的影响途径而塑造技术的，这也许可视为“社会塑造论”解释模式的合理之处。

2. 新技术形态生成的复杂性

在本章第一节，我们曾讨论过技术的纵向运动过程，其实，技术形态的生成过程相当复杂。从对技术史的逻辑分析可见，导致新技术形态生成的因素与过程具有不确定性，并不存在发明创造的固定逻辑通道。虽然我们可以在以往的理论框架中区分出主要因素与次要因素、偶然因素与必然因素、确定性环节与随机性环节等，但是缺少其中某一因素或时机，新技术形态的形成都会受到不同程度的影响。“社会需求论”与“社会塑造论”的解释模式只具有一般的、普遍的或原则性意义。单纯强调社会文化因素的塑造作用，或者社会需求的推动作用是不够的，并不能完全解释具体技术形态形成的复杂机理。② 尽管与自然事物的生成过程不同，技术兼具自然与社会双重属性，是人类目的性活动的产物，但新技术的开发却是逻辑过程与非逻辑环节的耦合，并不预先存在一个唯一确定的创造路径。现实生活中大量存在的“同能异构”技术形态，就充分说明了这一点。

能行与不行或者已行与未行之间的矛盾是技术运动的基本矛盾，这一矛盾的解决过程就是技术发明。任何新技术形态的出现都是众多因素或特定时机造就的结果，其中开发者的个性特征、内外随机因素、非线性耦合效应的作用尤为突出。这也是技术客观性与自主性的具体体现。主体是这一过程推进的核心与组织者，开发者的创造性智慧是派生新技术的直接源泉。发明创造过程十分复杂，影响因素众多，不存在固定不变的统一模式。③ 心理学、创造学等学科对发明创造过程探讨较多，可资借鉴。总之，应当结合技术开发者的个性特点、初始条件或

---

① F. 拉普. 技术哲学导论[M]. 沈阳：辽宁科学技术出版社，1986，35.

② 金吾伦先生的生成哲学（生子论）有助于阐明新技术形态的形成机理。“拉普拉斯妖有因果决定性，麦克斯韦妖有随机偶然性，哈肯妖有目的趋向性，金妖有生成突创性。在事物的生成、存在与演化中，四个妖是互为前提、互相预设、协同动作的不可分割的整体。……生成过程是整合的，即从潜存到显现过程中将相关因素都整合在其中，从而生成具有个体性的新事物。”（详见金吾伦. 生成哲学[M]. 保定：河北大学出版社，2000，247.）

③ Larry J. Eriksson, How Technology Evolves. 1997 John Wiley & Sons, Inc. , Vol. 2, No. 3.

边界条件等因素,进行全方位、多层次、多维度的具体分析与个别阐释。

对具体技术形态形成与发展机理的这一描述,同样也适用于技术世界。区别只在于对前者而言,技术世界是新技术形态生长发育的"沃土",可视为外部条件;而对于后者来说,技术形态之间的相互作用则转化为技术世界成长的内部机理。同样,与具体技术形态相比,技术世界的自主性更为明显。如果说在具体技术形态的建构过程中,开发者的个性特征会左右技术进程,那么技术世界的发展则与人类社会的发展相似,它几乎不受个体意志的影响,而是众多个体意志作用"合力"的结果。① 这就形成了技术世界的客观性与自主性。在社会发展进程中,新技术形态在微观上的不断涌现与进化发展,在宏观上推动着技术世界的拓展与建构。

3. 创造性思维的方法论特征

技术发明创造是解决技术问题、孕育新技术形态的基本途径,也是推动技术世界演进的动力源泉。创造性思维是人类智慧中最可贵的品质,技术发明是创造性思维活动的集中体现。因此,创造性思维方法是技术发明方法的核心,广泛适用于技术发明过程的各个环节。由于技术发明对象的新颖性、突破时机的不确定性、方法应用的灵活性、应用主体或场合的个性特色等因素的影响,目前,技术实践活动中应用的上百种发明方法的经验色彩浓厚,适用场合不一,效果差异明显,难以纳入统一的方法论模式。事实上,如前所述,并不存在通达新技术形态的固定程式,也不存在必然导致技术发明的普遍有效的方法。但是,共性寓于个性之中,众多技术发明方法中也包含着一些共有的方法论特征。

首先是逻辑方法与非逻辑方法的综合与协同应用。技术发明活动是逻辑思维与非逻辑思维交替推进、螺旋式递进的探索过程。在逻辑方法走不通的地方,往往需要非逻辑(非理性)思维尝试或开辟新的通途;而当非逻辑方法打开通道后,逻辑方法又必须及时跟进与整理,在能行与不行的"鸿沟"上架起"逻辑的桥梁"。况且非逻辑思维所取得的成果,最终都要通过逻辑思维加工整理,以逻辑形式表达和交流,进而纳入人类技术知识体系之中。因此,一个足以完成技术创造过程的技术发明方法,必定是逻辑方法与非逻辑方法的辩证统一与综合应用。

其次是机遇的触发作用不可忽视。在技术实践活动中,由于意外事件而导致的技术发明与科学发现屡见不鲜。青霉素、望远镜、人工合成橡胶、近视眼手术治

---

① 马克思,恩格斯. 马克思恩格斯选集(第4卷)[M]. 北京:人民出版社,1995,248.

疗等技术形态的创建,无一不是得益于捉摸不定的机遇因素的触发。在技术创造活动中,除过想象、直觉、顿悟等非逻辑思维的作用外,机遇也发挥着十分重要的作用。以往科学认识论对科学研究中的机遇现象研究较多,而对技术发明活动中的机遇及其作用却认识不够。事实上,机遇总是相对于原有技术实践活动目的或计划而言的,意外性是它的本质特征。在技术创造活动中,机遇多表现为开发者的奇思妙想、人工物之间的偶然组合方式或特殊条件所导致的意外新属性或新功能。机遇的作用至少体现在以下两个方面:一是与原有技术目标或技术领域相偏离的机遇,它孕育着新的技术可能性,有可能发展成为一个新型技术形态甚至技术族系。二是与原有技术目标或技术领域相近的机遇,可以加快原有技术问题的解决,形成新技术形态。这就要求技术开发者应当知识渊博、思路开阔、思维活跃,敢于尝试,善于捕捉和利用机遇。

再次是发散性思维与收敛性思维的优化组合。发散性思维是指在解决问题时,思维从仅有的信息中尽可能地扩展开去,朝着众多方向去探寻各种不同的方法、路径和可能答案。由于它不受已经确立的方式、方法、规则或范围等约束,往往能产生一些奇思妙想,而被称为"求异思维"或"开放式思维"。收敛性思维则是指在思维活动中,尽可能地利用已有的知识和经验,把众多杂乱的信息逐步导入条理化的逻辑系列之中,从所接受的信息中推导出逻辑结论。这种聚焦型的思维活动也被称为"求同思维"或"封闭思维"。

在技术发明过程中,发散性思维与收敛性思维反复交替、相辅相成、各司其职、缺一不可,二者的优化组合与有机融合是创造性思维的基本特征。只有集中精力和思维收敛,才能在技术实践活动中发现问题、选准目标,为在各种可能方向上探索解决技术问题路径的发散性思维奠定基础。同时,思维也只有沿着多种渠道尽可能地发散开去,才有可能捕捉到有助于解决问题的信息和思路,搜索到实现目标的手段,为更有效地聚焦所解决问题的收敛性思维创造条件。总之,思维的收敛与发散相互依存,相得益彰,滚动递进。收敛和发散的轮次越多、层次越高、方向性越强,就越有可能产生出具有独创性的新观念、新构想。

四、旧技术形态的消亡

技术世界是一个处于动态发展之中的"活"的结构。与新技术形态创生同时并存的还有旧技术形态的消亡,前者是导致后者的原因之一。旧技术形态的消亡也是技术世界演进的重要方面,应当予以说明。

1. 技术的寿命

技术寿命是技术运行过程中体现出来的时间特征。辩证法指出,"一切产生出来的东西,都一定要灭亡。"①由于事物演化发展的不可逆性(熵增原理),任何具体技术形态或系统自建构之日起,都面临着消亡的命运。这里的技术寿命有两重含义:一是指具体技术形态自诞生到消亡的时间长短;二是指具体技术系统从产生到瓦解的周期。如前所述,技术形态和技术系统之间的关系,与生物界中种和个体之间的关系类似,两者的寿命长短并不一定相同。

(1)技术系统运行的节奏

除部分一次性使用的技术系统外,许多技术系统的运行都表现出周期性的特点。这种时间上或空间上的往复运行周期就是技术系统运行的节奏。技术系统运行的节奏是由技术系统的结构与其所实现的目标共同决定的。由于技术系统结构的层次性,各技术单元或子系统都表现出相对独立的运行周期。这些周期之间往往存在着较大差异,技术系统运行的节奏就是由这些周期耦合而成的。例如,在往返于两地的航空运输技术系统中,飞机发动机的转动频率约为 2500 转/秒;飞机起落架的收放周期为 3 小时左右;航班往返与机组人员的轮换周期为 6 小时左右;飞机安全检修周期为 3 个月左右;等等。技术系统运行的节奏多取决于其中节奏最长的那个技术单元的运行周期。对于处于技术系统不同结构层次的主体而言,这些周期或节奏的意义也各不相同。飞行员最为关心的是发动机的转动频率、起落架的收放周期等飞机各部件的运行节奏;乘客关心的则是航班飞行时间、往返次数;地勤维修人员关心的则是飞机的装卸、检修周期;等等。

主体既是技术系统的操纵者、消费者,又是技术系统的构成单元。在技术系统与操纵者之间存在着双向选择作用。技术系统的运行模式或节奏,对于被纳入其中的人们起着规范和调制作用。各个技术系统的运行都表现出周期性特征,对身处其中的人类活动的方向、节奏或速度等都提出了较高的要求;加之,由于社会的专业化分工,周期性的技术运行总使处于其中的人的活动日趋单调、无聊,精神倦怠。这就是 L. 芒福德关于时钟是我们文明中最重要和最危险的机器的观点的

① 恩格斯. 自然辩证法[M]. 北京:人民出版社,1971,20.

本意。① 人们在工作和生活中不得不屈从于外在技术系统的僵死的节奏。因此，要使技术系统正常运转，技术运行模式或节奏就应与人体生理活动的节律相协调，这是技术人性化的内在要求。例如，道路交通信号灯系统的短促节奏，对于生性迟缓者或老弱病残孕来说，就是一种非人道的生存压力。这也是技术非人性的具体体现。

事实上，除需要经过专业技能训练外，许多技术系统的运行都对操纵者的身体素质有严格的要求，如航天员、飞行员、军人等都必须具有强健的体魄与高超的技能。这就是技术对人的选择作用。同时，也应看到，技术系统的节奏虽然源于其内在结构以及与所服侍的外在目标，具有一定的客观性，但并不是固定不变的。它往往可以通过高一层次技术系统中的操纵者加以转化、重构或调控，以适应人的生理与心理节律。正如拉普所言，"技术系统的应用或利用，其前提是它的输入和输出条件能适应人的生理、心理功能。"②这就是人对技术形态的再造与重塑过程。只有那些适合人类生理节律的技术系统，才能最终为人类所选择和应用。

生活在技术世界中的人们往往被纳入多种技术系统之中，受到多种技术系统运行节奏的调制。对于个体而言，这些节奏多是外在的、强制性的。一般来说，在社会竞争环境中，追求技术功能与技术效率是技术进步的基本方向，而这两者与技术节奏之间多存在着正向相关性。"时间就是金钱，效率就是生命"的口号，已成为现代社会生活奉行的信条。这就意味着现代人不得不接受越来越快的工作与生活节奏。生活节奏的快慢通常也被视为社会发展程度的标志。例如，现代生活节奏快于近代和古代，发达国家或地区的生活节奏快于落后国家或地区，城市的生活节奏快于农村，等等。技术形态的多样化、技术世界的拓展以及技术运行节奏的加快，都是现代社会生活节奏加快的根本原因。110 报警电话、快餐店、钟点房、高速公路、高速列车、超音速飞机等技术形态的出现，既是社会生活节奏加快的标志，也是快节奏社会生活必然的技术产物。

(2)技术系统的寿命

寿命是反映技术系统性能的重要指标。服务于不同目的的技术系统的寿命之间差异很大。有寿命超过 2250 多年的都江堰水利灌溉技术系统，也有寿命不足半分钟的爆破作业技术系统。具体技术系统是围绕主体目的的实现而建构起

---

① Lewis Mumford, the Myth of the Machine——the pentagon of power (New York: Harcourt Brace Joranovich, Inc. 1970, 89).

② F. 拉普. 技术哲学导论[M]. 沈阳：辽宁科学技术出版社，1986，45.

来的,其寿命取决于主体目的属性、目的性活动持续时间、技术系统各单元的寿命等因素。既包括人的因素,也包括物的因素。一般地说,技术系统的寿命是由其中寿命最短的那一个技术单元或要素决定的。目的持续时间的长短是影响技术系统寿命的重要因素。由于生存环境的变迁,人们遇到的问题和形成的目的变化频繁,许多技术系统都是临时搭建的、一次性的。随着目的的实现和操纵主体的退出,技术系统随之瓦解,如地震灾害救援技术系统、野外考察技术系统、庆典技术系统等。

人既是技术系统的构成单元,又是技术系统建构与运行的灵魂。一般地说,技术的物化程度越低,人的地位和作用就越突出,反之亦然。随着人的退出或生理寿命的结束,技术系统也将随之消亡。如在手工业领域的许多流程技术系统中,技师的手艺举足轻重。随着技师年迈或辞世,技术系统运行中的“绝技”“秘术”也随之失传,带有技师个性特色的流程技术系统也不复存在。

同样,作为技术系统骨架的实物性技术单元,也面临着失灵、解体与消亡的结局。随着技术系统物化程度尤其是自动化程度的提高,物质技术单元在不断地简化和替代人的动作技能与控制操纵环节。因此,技术系统的寿命愈来愈取决于其中实物部分的运行状况。物质技术单元是影响技术系统寿命的重要因素,其中,任何一个物质技术单元的破损,都会不同程度地危及技术系统的整体功能。例如,在爱迪生发明的电灯技术系统中,早期的灯丝是制约电灯寿命的关键因素。电灯技术系统的寿命直接取决于灯丝的寿命。因此,在现实技术活动中,为了维持技术系统的正常运转,延长技术系统的寿命,就必须对其进行定期检修和维护,及时更换或修复易损技术单元。应当说明的是,这里对技术单元的更换,是在技术系统运行原理与结构框架下进行的,并未改变该技术系统的结构特征与整体面貌,可以起到延长技术系统寿命的作用。

(3)技术形态的寿命

技术形态存在于具体技术系统之中,是对具有特定结构与功能的一大类技术系统的统称。正如个体的消亡并不代表种的灭绝一样,具体技术系统的瓦解与消亡,并不意味着所属技术形态生命的结束。人们可以按照该技术形态的样式批量生产或复制同类技术系统,使技术形态的生命在后续技术系统中不断延伸。一般说来,技术形态的寿命比具体技术系统的寿命要长得多,两者之间并不存在内在的必然联系。

技术形态寿命是评价技术形态历史地位与作用的重要指标。产业经济学中使用的“产品寿命周期”“设备寿命周期”等概念,历史学中使用的石器时代、青铜器时代、铁器时代等概念，以及马克思所使用的以"手推磨""蒸汽磨"为标志的生产方式概念等，①都可视为技术形态寿命的具体体现。技术形态的依次更迭是技术创新的直接后果，主要取决于同族技术体系的扩张与更新换代的频率。在技术进步过程中，人们会不断创造出功能更强大、效率更高的新型技术形态。新型技术形态不仅具备同族的原型技术形态的功能，而且还往往会拓展和延伸出一些新的功能。因此，它的出现与推广应用，势必会逐步替换效率相对低下的同族原型技术形态，从而导致旧技术形态逐渐退出历史舞台，沦为历史上（曾经存在过）的技术形态。

2. 历史上的技术形态

技术世界的历史演进就是技术世界的时间结构，历史上的技术形态构成了历史上的技术世界，我们的技术世界就是由历史上的技术世界直接演化而来的。澄清古代社会人们的目的性活动序列或方式，既是认识技术世界历史存在方式与发展历程的重要内容，也是全面揭示古代社会生活面貌的技术基础。这一任务已成为技术考古学或技术历史学等学科研究的核心内容。

关于技术世界新陈代谢或优胜劣汰的机理，笔者将在下一节中再进行分析，这里只就历史上的技术形态的价值与认识问题作一些简略分析。新技术形态总是在技术世界的"母体"中孕育成熟的，是历史上的技术形态演进的产物，与历史技术形态之间存在着千丝万缕的联系。历史上的技术形态是一份丰厚的文化遗产，承载着大量的历史文化信息，是了解当时生产力发展水平，推测和复原当时经济活动与社会生活方式的重要依据。同时，也应当指出，许多历史上的技术形态，尤其是那些技术创新过程尚未完成或中途夭折（胎死腹中）的技术形态，对于当今的技术创新活动仍有积极的启迪价值。这就是技术发明的"回采法"的认识论根据。例如，荷兰物理学家惠更斯早在 1673 年就提出了以火药为燃料的真空活塞式内燃机的工作原理。后因火药的燃烧难于控制，屡次试验都以失败而告终，终未能开发出火药机的样机。然而，进入 19 世纪中叶以来，随着煤气、煤油、汽油等化石燃料的出现，卢诺瓦、奥托、戴姆勒、狄塞尔等人在惠更斯火药机工作原理的启发下，先后创造出了煤气机、汽油机、柴油机等新型内燃机。

作为主体目的性活动序列或方式，现实的"活"的技术系统与主体目的性活动同时存在，二位一体。然而，时过境迁，或是由于主体的消亡，或是由于主体面临

---

① 马克思，恩格斯. 马克思恩格斯选集（第 1 卷）[M]. 北京：人民出版社，1972，108.

问题的变化,或是由于新型技术形态的替代等复杂原因,原有技术形态会逐步退出历史舞台,沦为历史上的技术形态。事实上,人们从现实出发认识历史,普遍面临着时间"屏障"所造成的信息阻隔。我们只能通过认识历史上残存下来的技术系统碎片的方式,间接地认识和复原已经消亡的技术形态。

人们通常是从两条基本途径获取有关历史上技术形态的信息的:一是文字、图像等历史文献。如元代王祯撰写的《农书》,不仅记载了黄河流域旱田耕作与江南水田耕作的经验,而且还附有306幅插图,真实再现了当时的生产活动场景,是研究农业技术史的珍贵资料。二是实物资料。如考古发掘中出土的大量器物,既是当时人工物技术形态的样品,也是许多流程技术形态的构成单元,为复原和再现那一个时期的技术活动提供了可贵的实物材料。这对于探究当时的具体技术形态,甚至经济形态都具有重要的参考价值。正如马克思所说,"动物遗骸的结构对于认识已经绝迹的动物的机体有更重要的意义,劳动资料的遗骸对于判断已经消亡的社会经济形态也有同样重要的意义。"①

应当指出,我们搜集到的历史文献与实物资料是极其有限的,而且年代愈久远,留存下来的资料就愈稀少,给认识古代技术形态所带来的难度就愈大。同时,还应看到,古代历史文献与实物资料所承载的技术形态信息毕竟是有限的,难以全面准确地再现技术形态的复杂结构与动态运转过程。因此,搜集和消化这些历史资料,只是研究相关技术形态的基础性环节。我们还必须把这种研究置于当时的自然环境与社会文化发展的大背景下,并结合对当时其他社会生活领域的研究成果,运用相关性推定、场景模拟、试验、文献验证等多种方法进行全方位的综合考察。只有这样,才有可能最终再现符合历史发展实际的古代技术形态,还历史以本来面目。例如,考古学家对英国索尔兹伯里的巨石阵、埃及的金字塔、秦始皇兵马俑等古代文化遗存建造技术的探究,就是通过这一方式进行的。

事实上,探究历史上的技术形态的过程,就是模拟和重演当时技术形态的建构与运行过程。我们应当设身处地,从古人所面对的问题及其所要实现的目的出发,依据当时技术世界的发展状况,运用他们所能获得的知识和经验去重建当时的技术系统。虽然我们尽力从古人的处境出发,去复制历史上的技术形态,但我们毕竟生活在现实社会之中,复制过程中难免有不同历史时期甚至现实技术成分的投影,也很难排除现代人的创造性建构成分的渗入。这就是所谓的"历史的辉

---

① 马克思.资本论(第一卷)[M].北京:人民出版社,1975,203.

格解释(the Whig interpretation of history)"①。因此,在对历史上技术形态的认识上的争论是正常的。与历史文献、实物资料或当时技术与生产力发展水平不矛盾,是复原和理解历史上的技术形态的基本要求。同时,对历史上的技术形态的理解,还应当与该时代其他历史研究成果相统一,并经得起历史研究的长期考验。

五、广义技术世界演进的基本原理

技术的进化与技术世界的演进并不是杂乱无章的,而是体现出许多规律性的东西。前面提到的技术进步的基本模式、技术活动的基本原则等,都是这种规律性的具体体现。在这些研究成果的基础上进一步概括和总结这些规律,是全面认识技术世界及其演进历程的重要组成部分。

原理是理论体系中最基础、最核心的部分,是带有普遍性的,可以作为其他推论前提的规律,与演绎逻辑体系中的公理、公设地位大体相当。作为理论体系建构的基石和出发点,原理是对大量经验知识归纳与概括的结果,在该理论体系中并不能得到逻辑证明。鉴于目前学术界对广义技术世界的认识尚处于初级阶段,以原理形式承载和凝结关于广义技术世界的认识成果是适宜的,这样可以为今后广义技术理论体系的重建积累素材。

1. 人择原理

人择原理(Anthropic Principle)的思想,是美国科学家 R. H. 迪克于20世纪60年代初首先提出的。他认为,作为观测者的人类的存在需要特定的物理、化学环境。一些物理常数和宇宙量之间的数值关系,之所以只适合于我们所处的宇宙,而不适用于任一可能的宇宙,原因就在于我们所观测到的宇宙允许人类生存,而其他宇宙不具备人类生存的条件。其实,这一事实是我们所处的宇宙的演化不自觉地选择了人类,人类被动地接受和适应了宇宙的演化,而不是人类积极主动地选择了我们所处的宇宙。因而是"天择",而不是"人择"。这里借用这一思想来阐述人与技术世界之间的创建与选择关系。

如前所述,尽管技术形态是人创造的,但在人与技术形态之间却存在着双向选择机制。即技术系统的建构与运行对纳入其中的人有一定的选择作用,只有具

① Butterfield H. The Whig Interpretation of History. London: G. Bell and Sons, Ltd., 1931.

备一定条件的人,才能成为技术系统的构成单元或接受技术系统的运行效果。反过来,人对他所创造或运用的技术形态也是有选择的。① 技术是为人的目的服务的,是为人所应用的,因此,技术系统的设计、建构与运行都应当符合人的生理与心理特点,全面接受人与社会的选择与重塑。

虽然技术起初只是个别人或团体的自由创造,但任何具体技术形态的创建与运行都是一种社会活动,都是在特定的社会历史文化环境中展开的,总要受到社会环境及其构成要素的多重影响。在这个问题上,技术的社会塑造(SST)理论的探讨比较深入,值得重视。从技术创造过程看,技术设计方案的构思、论证、评估、试验等环节都是在比较和选择中进行的。例如,三峡工程从酝酿到开工建设就经历了半个多世纪之久,期间来自包括设计者、决策者在内的社会各界,都对该工程及其设计方案发表意见,在各个细节上进行修改、优化和选择。单就大坝设计而言,就存在着高坝、低坝和"零坝"(即反对三峡工程)等多种方案。最终的三峡工程设计施工方案,就是在权衡各种方案利弊得失后,社会理性选择的结果。

如果说技术创造各环节的选择主要是在技术创造者内部进行的,那么应用已有技术形态的选择则是在广阔的社会场景中展开的。从技术应用过程看,人们总是从各自目的、内外条件出发,自觉地选择各种技术形态。这种选择是以价值观念为核心,以技术活动原则为指针,通过市场交易、政治斗争、制度约束等社会途径实现的,在个体与集体两个层面上展开。具体技术形态或技术族系的兴衰与社会选择作用密不可分。英、法两国于20世纪60年代末合作开发的"协和"式飞机的坎坷命运就是一例。这种超音速大型客机巡航时速达2180公里,最快速度达音速的两倍,但也存在着噪音高、油耗大、运行费用高等缺点。当初英、法两国就是基于超音速飞行潜在的商业价值而合作开发的,而美国国会就是基于它的这些缺点,反对给研制超音速飞机的SST计划拨款,致使开发活动中途夭折。然而近年来,随着世界经济和航空业的萧条,机票收入持续下降,飞机飞行和维护费用不断上升,乘客越来越少,"协和"飞机运营艰难,不得不退出商业飞行。但谁也不能保证超音速飞行将从此一蹶不振,在未来不会再展雄风。

技术世界就是技术创造物的累积,是人类世代创造与选择结果的集中体现。技术世界尽管具有客观性、自主性,但并不是凝固不变的,而是处于流变之中,是可塑的。陈昌曙先生在论及人类对技术世界的选择作用时曾指出:"人类的活动充满选择,技术选择是人们主观能动性的重要表现。……每一个时代的技术基础

---

① 陈昌曙 远德玉.技术选择论[M].沈阳:辽宁人民出版社,1990.

都是当代人无法自由选择的，而各个时代的技术基础又是不断变化的。由石器时代的技术，经过铁器时代、蒸汽时代、电力时代的技术，发展到今天的各种新技术，都离不开选择性创新和创新性选择。”①陈先生这里的技术基础其实就是技术世界，只不过他是在狭义上理解和使用的，但这并不妨碍对广义技术世界可塑性的说明。当代人虽然无法自由选择现时代的技术基础，但是现时代的技术基础却是前一代人创造和选择活动的产物，而当代人今天的创造与选择活动也必将铸就明天人类活动的技术基础。

人们在微观上对具体技术形态的选择累积起来，就构成了对技术世界发展的选择作用。不同时代的人正是按照各自的发展与需求尺度创建和重塑技术世界的，也正是在这个意义上，我们说技术世界是属人的。人类对技术世界的选择是全方位、多层面和持久进行的，是塑造技术世界面貌的主要力量。这种选择作用不仅体现在新技术形态的产生、旧技术形态的消亡等层面上，而且也体现在技术族系、技术世界层面上。前述的产业技术的高技术化与绿色技术化，就是现代人对产业技术发展自觉选择的具体体现。因此，如果说“物竞天择，适者生存”是生物界进化的规律，那么，“技竞人择，优者沿袭”就是技术世界发展的规律。正是在这种持续不断的社会选择作用下，技术世界才被塑造得愈来愈适合人类社会发展的需要，愈来愈适合实现社会强势集团的目的与利益。

2. 加速发展原理

技术发展历史表明，技术自诞生以来，就一直处于快速发展之中，这是一个不争的历史事实。新技术形态层出不穷，原有技术形态效率不断提高，技术世界迅速扩张，已成为推动现代社会发展的强大动力。譬如，从以材料为标志的技术时代更迭周期角度看，整个旧石器时代大致持续了 300 万年左右，而新石器时代只持续了 7000 年左右，青铜器时代则持续了 2500 年左右，铁器时代只持续了 1500 年左右，而高分子时代的历史还不足 100 年。在人口增长和社会发展的大背景下，社会物质文化尤其是科学技术的快速发展，促使人们萌发出越来越多和越来越高的目标。一般而言，随着技术的进步，原初目的实现中的体力与智力支出呈现下降趋势，而派生目的实现中的智力投入则呈现增长态势。

技术形态的发展主要体现在技术性能指标的改进与新技术形态数量的递增两个方面；技术世界的发展则主要表现在技术世界内部结构的复杂化与外延的拓

---

① 陈昌曙 远德玉. 技术选择论[M]. 沈阳：辽宁人民出版社，1990，13.

展两个层面上。人们通常用一次创新与二次创新、技术革新与技术革命等范畴，定性地描述技术的形成和发展。我们不能仅仅停留在对技术发展的这种定性把握上，把对技术发展的定性认识推进到定量分析阶段，是技术哲学研究深化的内在要求与具体体现。

对具体技术形态及其发展的量化描述比较容易。因为技术系统的构成与功能往往呈现出多方面的数量特征，表现为一群性能指标。同族技术形态的性能指标相似，因而具有相对可比性。同时，进行技术指标之间的横向比较，也是技术评价的基本方法。原则上说，任何一项技术指标都可以作为衡量技术发展的标尺，该项技术指标改善表明该族技术进步；单位时间内该项技术指标改善幅度越大，表明该族技术进步速度越快。对各族技术发展的定量描述是技术史研究的一个重要分支，有望分化发展成为一门新兴学科——技术历史计量学。

就同一族技术而言，尽管选取的衡量指标不同，所得到的对技术发展的描述结果之间会有某些差异，但是技术呈现快速发展态势却是它们的共同特征。为了描述某一领域技术的历史发展，我们可以在该领域筛选出个别普适性技术指标，作为描述该领域技术发展的通用标尺，如用"速度"衡量运输技术，用"耗煤量"衡量发电技术，用"亩产量"衡量农业技术，等等。目前，除部分逻辑技术、社会技术的量化尚有一定困难外，其他领域的技术发展都可以通过这一方式加以度量。以时间为横轴，以技术指标为纵轴，就可以绘制出各族技术发展的历史曲线。

对许多领域技术发展史的实证分析表明，技术世界不仅是发展的，而且是加速发展的，表现出巨大的历史惯性。例如，关于集成电路发展的摩尔定律（单位面积芯片的存储量每 18 个月增加一倍），关于互联网发展的吉尔德定理（主干网带宽将每 6 个月增加一倍），人们公认的三次技术革命等，都是技术世界加速发展的典型形态。日本学者丸山益辉在论及这一点时也指出："技术随着时间而发展的同时，稳定期、革新期的周期逐渐缩短。……技术的这种加速度发展的特点，可用指数函数 $A = be^{kt}$ 表示（A 是技术的单位功能）。"①

同样，新技术形态的递增或技术世界的外延拓展，也呈现出加速发展的态势。原则上说，单位时间内新技术形态涌现的数量，或者单位时间旧技术形态淘汰的数量，或者技术时代更迭的频繁程度等，都可以作为衡量技术世界演进或扩展的宏观指标。考虑到流程技术形态的非直观性，以及与人工物技术形态的相关性，为了操作方便期间，可以以人工物品种的数量作为衡量新技术形态递增或技术世

① 邹珊刚. 技术与技术哲学[M]. 北京：知识出版社，1987，242.

界外延拓展的指标。如商品种类的数量、职业或行业的数量、专利的批准量、立法数量等,都可以作为衡量某一领域新技术形态的间接指标。通过对许多技术领域人工物种类及其增长速率的粗略分析,可以得出与上述技术指标分析类似的结论。

技术世界的加速发展并不是孤立展开的,而是与许多事物的发展密切相关的。如前所述,近代以来,科学对技术的规范和指导作用显著增强,科学发展已成为推动技术发展的根本动力,二者之间存在强相关性。美国科学学家普赖斯(Derek J. desolla Price)发现的"科学发展指数增长规律"①,与这里的技术世界加速发展原理具有内在的必然联系。科学与技术是人类理智应对未知或未行领域挑战的产物,二者互动促进,协同发展,在本质上是一致的。同样,由于技术在人类活动中的基础地位,技术的加速发展必然导致社会诸领域的快速发展,如经济总量递增、高新技术产业的迅速扩展、出版物数量的激增等。

这里应当说明的是,对技术世界加速发展原理不能作僵化、机械的理解。一是技术不是匀速发展,也不是匀加速式的发展,而往往是时快时慢的非匀速发展。二是考虑到落后技术形态的淘汰、社会动荡等因素的影响,并不排除某些技术族系的暂时停滞乃至加速消亡。三是技术世界各领域的技术发展或加速发展,并不是同步或同等程度展开的,在一定的历史时期,总是某些技术领域发展得快一些,而其他技术领域的发展相对慢一些。

3."链式"传导原理

由于具体技术系统建构过程的开放性、层次性、阶段性,因而,它与技术世界的联系是多层面的。一方面,具体技术系统的建构过程需要技术世界的多方面支持;另一方面,具体技术形态的创新成果又会通过技术形态之间的立体连接网络,在技术世界内部广泛而迅速地传播,从而刺激和带动着相关领域的技术创新活动。这就是技术世界建构的"链式"传导原理。正是基于对这一原理的深刻洞悉,约翰·齐曼在论及技术变化的进化模型时指出:"通常,技术制品的'进化树'(cladgram)看起来更像一个神经网络(neuralnet),而非一个系统树(family tree)!"②

事实上,人们的技术创新活动并不是孤立进行的,技术创新成果也不仅仅局限于所属技术领域或技术形态。由于技术世界内部相干机理的存在,局部的技术

① D.普赖斯.小科学,大科学[M].北京:世界科学社编印,1982,5—27.

② 约翰·齐曼.技术创新进化论[M].上海:上海科技教育出版社,2002,7.

创新也会衍生出一系列技术上的新需求,引发相关技术领域的革新,产生“连锁反应”。新技术形态不仅以其效率或功能优势,排挤着所属技术族系的其他技术形态,而且会对构成它的低层次技术产生需求,还会诱发以该技术形态为构成单元的高层次技术形态的创建或变革,甚至会刺激与它相对立的技术形态的发展,等等。克兰兹贝格在论及技术世界内部的这种链式传导作用机理时曾指出:“发明是需要之母。所有技术发明为了使之完全有效都要求追加技术发明。……许多重大的革新要求进一步的发明,使这些革新完全落实。A. 贝尔的电话导致一系列的技术改进,从爱迪生的碳粒扩音器到中枢转换机制。在 H. 埃特金关于无线电起源的书中也谈到了产生无线电波的技术与接收器相协调的种种革新。最近,设计更强大的火箭,具有更强大的推力,必须有化工方面的革新以产生这种推力,必须有材料方面的革新以经得住点燃爆发,以及电力控制机器方面的革新等等。我称之为‘技术不平衡’是指在一种机器上的改进扰乱了以前的平衡,必须通过新的革新作出努力来恢复平衡。”①尽管克兰兹贝格是在狭义技术视野中论述这一链式传导作用的,但这一机理却广泛存在于广义技术世界的各个领域。

从理论上说,由于技术世界内部立体网络结构的存在,一种技术形态及其变革,总会通过这个联系网络在技术世界中传播。新技术成果与其他技术形态之间总会形成众多复杂的作用传递链条。其实,也正是通过这个以自身为簇心的辐射状的多簇技术链条,新技术成果才得以与技术世界中的其他技术形态建立联系。这里值得指出的是,除技术形态之间内在的实在联系外,作为技术创新主体或技术系统构成单元的个体之间的联系,以及人们思维上的联想作用不容抹杀,而且后者更为积极主动,更富于创造性。

就技术创新活动而言,技术世界是建构新技术形态的现实基础。技术创新活动对当时技术世界的结构及其发展具有“路径依赖”性。② 新技术形态的设计就是在技术世界提供的可能性基础上展开的。在新技术形态的建构过程中,技术世界中的众多技术形态可以作为现成的技术单元而被纳入其中。新技术形态创建过程中所遇到的难点、关键环节等,也容易通过技术世界各领域之间的联系中介

---

① 中国社会科学院自然辩证法研究室. 国外自然科学哲学问题[M]. 北京:中国社会科学出版社,1991,194.

② “路径依赖(Path Dependence)思想最早源于保罗·大卫与阿瑟对技术的经济学研究。他们指出率先采用技术经常具有报酬递增机制。……一些很小的偶然事件常常会把技术发展引入特定的轨道(路径),不同的路径则会导致不同的结果。”(详见段文斌等. 制度经济学——制度主义与经济分析[M]. 天津:南开大学出版社,2003,347.)

传递到相关研究开发机构,从而得到这些机构的支持与合作。因此,技术世界越发达,结构网络越细密,技术领域之间联系与转化的“链条”也就越密集,也就越容易产生技术创新的“连锁反应”或“触发效应”;同时,新技术形态创建过程中的技术需求也就越容易得到满足,技术目的也就越容易实现;进而也会促进技术创新速度加快,新技术形态的“出生率”提高,技术世界加速成长。在技术世界的立体网络状结构中,即使遇到一时难以解决的技术难题,也容易通过这个网络组织或动员起社会各方面的技术力量,形成创建新技术形态的社会合力,展开技术协作或攻关。

新技术形态诞生后就转化为技术世界的新成员,而被纳入技术世界建构之中。新技术成果也会通过技术世界的网络结构向外扩散,渗透到其他技术形态的创建之中。同样,技术世界越发达,结构网络越细密,新技术成果在技术世界中的传播也就越广泛、迅速,也就越容易产生倍增放大效应,从而催生更多的相关技术形态的一系列创新。技术史上出现的几次技术革命,以及许多技术族系的快速成长期,都是通过这一“链式”传导机理实现的。可见,在新技术形态与技术世界之间存在着互动促进的正反馈机制,也正是在这一机制的支持下,技术世界呈现出加速扩张态势。

4. 累积与淘汰原理

技术进步的直接后果就是原有技术形态的不断更新与运行效率的逐步提高,以及新型技术形态的日趋丰富、多样,这就是技术的累积式发展。“确实,技术有不断积累、不断前进的特点(或埃吕尔说的‘自我增长’),在每一个问题解决的同时必然会提出新的问题在于,每一个时代的人们所面临的问题都不是个人意志能否定或扭转的,而必须服从和服务于技术积累提出的任务,而且是连锁反应的、越来越多、越来越复杂的任务。”①乔治·巴萨拉在论及技术世界的发展机理时也曾指出,“达尔文发表《物种起源》不久,卡尔·马克思十分推崇这位英国博物学家,呼吁写一部以进化论学说为参照的技术史评著。他认为这部新的技术史应该阐明工业革命从个别发明家的劳动中得益极少。马克思强调,发明是一种建立在许多微小改进基础之上的技术累积的社会过程,而不是少数天才人物个人英雄主义的杰作。”②

---

① 陈昌曙 远德玉. 技术选择论[M]. 沈阳:辽宁人民出版社,1990,25.

② 乔治·巴萨拉. 技术发展简史[M]. 上海:复旦大学出版社,2000,23.

同时,技术发展的另一个派生后果就是落后技术形态的不断淘汰,这两种后果同时并存、密切相关。技术的发展速度越快,技术的淘汰速度也随之加快。严格地说,现实技术世界的拓展,是新技术形态的涌现与旧技术形态的消亡相抵消的结果。然而,新技术形态的产生与旧技术形态的淘汰并不是同等程度展开的。由于人的全面发展与人类社会的不断进步,都表现出需求与目的的个性化、多样化、高级化特点,所以,这就要求必须有日趋丰富的技术形态,作为实现这些需求与目的的保障。因此,考虑到影响技术世界数量结构的种种因素,总的来说,技术形态的累积速度大于淘汰速度。

技术世界的累积是通过社会遗传方式实现的。这也是技术世界加速发展的客观基础。后人总是在前人的终点上继续前进的,前人的技术遗产与后人来日方长的生理寿命,是后人的天然优势。后人可以继承前人的创新成果,并从他们的失败中汲取经验教训,少走弯路,不重复前人走过的路,把有限的精力集中到前人未能解决的技术前沿问题上。这样,后人就容易在技术前沿上取得历史性的突破,从而推动技术世界的持续发展。这也就是为什么现行专利制度规定,在撰写专利申请说明书时,必须写明"所属技术领域"和"现有技术(或背景技术)"的原因。① 正是通过这一世代传承的滚动递进机制,人类才积累起日趋丰富的技术成果,才拥有不断扩张的技术世界;也正是由于这一累积性,人们也才能够在短期内动员起众多技术资源,迅速建构起结构复杂的精密技术系统,促使技术向复杂化、精密化、尖端化方向发展。

如上所述,技术的淘汰源于技术形态之间的亲缘性与功能上的可替代性,多在同一技术族系中渐次展开。技术是主体目的性活动的序列或方式,目的的实现是技术得以存在的根据。围绕同一类目的的实现,人们往往先后建构起多种技术形态。这些技术形态尽管在结构或工作原理上存在差异,但它们在功能上却是相似的,这是它们之间的共性。因此,从原则上说,在趋利避害或利益最大化的价值观念引导下,人们总是设法创造或选用高效率的先进技术形态,而不甘固守过时的低效率技术形态,更不愿意退回到落后的原始状态。这就是技术世界进化的内在根据,也是社会发展对技术发展的必然选择与方向调制。随着技术的不断创新,沿着从原始技术、初级技术、中间技术、先进技术、尖端技术的演进阶梯,技术渐次蜕变,逐步淘汰。然而,由于目的的个性、行为的惯性与技术的地域性等因素的影响,这种替换与淘汰又是一个相对缓慢的演进过程。

---

① 甄煜炜. 专利——献给工程技术人员的书[M]. 职工教育出版社,1989,131.

技术的淘汰表现为一个逐渐消亡的过程。从历史的角度看,一项新技术诞生后,有一个推广应用和为社会逐步接受的过程。该技术形态在技术世界中从无到有,数量由少到多,地位不断上升。然而,当与该项技术功能相似的更新技术形态出现后,由于技术效率或功能上的相对劣势,该项技术就难以摆脱被淘汰的命运。该技术形态在技术世界中的数量开始下降,原有的使用场合或应用领域逐步为新出现的高效率技术形态所占领。但由于旧技术形态的残余价值一时难以消亡,技术应用部门暂无经济实力更新换代,该技术形态的适用性或地域性特色尚难被完全替代等复杂原因,所以,旧技术形态的消亡将是一个漫长的缓慢过程。这也就是为什么在现实生活中,我们总能看到"二牛抬杠与卫星上天并行""毛驴拉车与太空飞行并存"等技术奇观的根本原因。

同技术创新的动力机制类似,技术淘汰也根源于社会竞争的选择与导引作用。在日趋加剧的社会竞争背景下,采用高效率的先进技术有利于增强竞争实力,在竞争中易于获胜;反之,则易于导致失败而被社会无情地淘汰。这就形成了"技竞人择,优者生存"的技术进化格局。因此,新技术的开发与落后技术的淘汰,是社会竞争在技术层面的具体反映,是技术世界新陈代谢的基本内容。反过来说,正是由于技术层面上"优胜劣汰"机理的作用,才导致了人类社会的进化发展。

5."生态"原理

技术自诞生之日起,就一直处于进化发展之中。许多学者都把技术的发展与物种的进化进行过类比,力图从技术发展与生物进化的相似性中概括出技术发展的一般规律。①② 这些研究是非常有价值的,为人们认识技术世界的演化提供了新的视角。然而,受狭义技术视野所限,这些探讨又是有缺陷的:一是多限于对物化的具体自然技术形态的考察;二是未能全面分析和概括技术世界的进化过程;三是技术发展与生物进化之间的可比性是有限的,多未就其微观机理方面的差异进行深入分析。

具体技术形态的进化发展至少有三种表现形式或经历了三个阶段:一是从无到有的创建过程;二是从低效率到高效率,或者从弱功能到强功能的演进;三是从有到无的淘汰过程。这三种形式的性质与特点各不相同。在日常语言中,虽然我们不加区别地使用"发展"或"进化"一词来表述技术的演进,但是这两个词汇的

---

① 约翰·齐曼.技术创新进化论[M].上海:上海科技教育出版社,2002.

② 乔治·巴萨拉.技术发展简史[M].上海:复旦大学出版社,2000.

含义还是有差别的。从以往技术进化论的分析框架来看,对后两种表现形式的解释比较成功,而对第一种表现形式的解释却缺乏说服力。事实上,如前所述,技术的发展毕竟不是一个纯自然的过程,必须诉诸人的目的、意志与创造性。因此,单纯从自然选择、社会选择等外部因素中寻找原因是不全面的。这也是技术社会塑造理论的一个重大缺陷。

生物界不仅存在着缓慢进化的趋势,而且物种间还存在着相对稳定的依存和制约关系。这就是生态学所要研究的内容。技术世界与生物界都是开放的动态系统,其间在结构、功能、演化发展等方面都存在着众多的相似性。生态学所揭示的生物界的许多规律,都可以用于对技术世界的类比研究,如可以用物种类比技术形态;用种群类比同一技术形态的众多技术系统;用种属类比技术族系;用物种之间的敌对关系类比对立技术形态之间的关系;用物种在生物界所处的位置类比技术形态在技术世界中所处的地位;用物种之间的生存竞争类比技术形态之间的竞争;等等。除进化论的视角外,生态学理论与方法也为我们探讨广义技术世界的结构、演化机理等问题,提供了可资借鉴的理论分析框架。因此,类比以往对生态系统的认识活动与研究成果,从生态学视角审视和剖析技术世界,应当成为现阶段研究广义技术世界的一个重要方向。由此可见,类比方法或类比推理是探讨广义技术世界的基本方法。

如同生态系统维持动态平衡的自调节能力一样,广义技术世界中也存在着类似的自平衡调节机制。事实上,在技术世界中,从来就不存在孤立的技术形态。新技术形态以其所具备的实现主体目的的独特功能进入技术世界后,往往会扰乱技术世界原有的稳定平衡状态,引起相关领域的一系列适应性调整或新的技术需求,从而建构起新的相互依存的动态结构。例如,网络技术形态的出现就改变了传统通讯技术族系的格局,不仅创造出多种便捷的信息传递形式,而且也刺激了网络监视、网站浏览与屏蔽、信息拦截、电子商务、通讯协议与立法等调控技术的发展,还催生了病毒制造与网络安全、黑客攻击与加密防护、垃圾邮件与信息过滤等相互制约的对立技术形态,从而调节和制约着网络技术的发展。任何具体技术系统总是处于自然、技术、经济、社会等多层次环境体系之中,与外部环境之间构建起了一个相互依存、互动制约、循环发展的复杂技术“生态系统”。

技术世界是人类活动的派生物,是人类生态系统的基础。各种技术系统都是处于运行之中的“活”的物质系统。它们与人类在客观世界中的活动具有同步性、同构性,体现出许多生态系统的特质。这也是生态学理论可以类推到广义技术世界的客观基础。上述广义技术世界的立体网络结构、建构与选择、累积与淘汰、链式传导等特性，都可以在生态系统中找到类似的过程或类型，从生态学理论与方法中得到直接启示。

应当指出的是，这里对广义技术世界"生态"属性的揭示仅仅是初步的。只有在具体深入地分析了广义技术世界的形成与发展过程、内外精细结构等内容之后，才能动态地全面把握广义技术世界的属性和规律。同时也应看到，尽管技术世界与生态系统之间存在着众多相似性、可比性，但两者毕竟不是同一个事物或过程，其间也存在着许多差别。因此，我们不能盲目地简单照搬生态学理论，而应根据广义技术世界的特点加以审视和批判性改造。

值得一提的是，上述这些原理的归纳与概括只是初步的。一是远未穷尽广义技术世界的静态结构与动态发展的所有规律。二是这些原理的理论形态并不是凝固不变的，随着认识的深化，它们将会进一步分化、充实和发展。三是这些原理并不是杂乱无章地堆砌在一起，而是存在着内在的逻辑联系，还有待于在广义技术哲学理论体系的未来重建过程，进一步缕清其间的内在联系。

第五章

广义技术世界的价值评说

技术既是一种基本文化形态，又是一种具有广泛渗透性、建设性的文明元素。通过人的目的性活动方式，技术已经渗入认识、实践、审美、评价等人类活动的几乎所有领域，形成这些活动的基础部分，参与这些活动过程，从而改变着这些领域的文化形态与发展样式。作为基础性的"元文化"因素，技术不仅是构成人类与自然关系维度的基础，而且也是构成个体与社会关系等维度的基础。技术承载和滋生着伦理、经济、政治、文化等多重社会关系，在现实生活中发挥着基础支持作用。因此，仅仅从认识论角度对技术与技术世界的剖析是不够的，还应该从价值论视角对技术世界进行审视。探讨技术参与人类其他活动的途径和机理，全面评价技术世界的积极作用与消极影响，是深化对广义技术世界认识的重要内容。

一、广义技术世界的基本功能

技术是人类目的性活动的序列或方式，支持或保障目的的有效实现，是技术建构与存在的根据，也是技术形态的基本职能。对广义技术世界功能的认识，应当从分析具体技术形态的功能开始，而对具体技术形态功能的认识，又必须从微观与宏观、直接与间接两个层面入手。

1. 走出技术生产力之阱

技术的生产力属性是一个不争的事实，马克思主义的经典作家也早就意识到了技术的这一基本属性。①②③ 现代世界新技术革命与改革开放以来，中国经济持续快速增长的事实，早已使邓小平的“科学技术是第一生产力”的著名论断深入人心。④⑤ 值得指出的是，对技术生产力属性的揭示，是人们在技术功能认识上的重大进展，对于社会经济实践与经济理论的发展产生了积极的影响。然而，这一真理的光辉却遮蔽了许多人透视技术其他功能的眼睛，使他们深陷生产力属性之阱中，而不能窥视到技术的其他属性。这是应当引起我们注意的。事实上，法兰克福学派的贡献就在于，在审视生产力属性的基础上，又进一步揭示出了技术的意识形态属性；⑥既看到了技术的革命性，又指出了它的保守性。

生产与生产力概念也有广义与狭义之别，⑦不过，通常人们多是在狭义上使用生产力概念的。即用“生产力”来指称，体现于生产过程中的控制和改造自然的客观物质力量。从本质上说，对技术生产力属性的揭示，是从哲学或经济学维度审视技术的结果。同时，对技术生产力属性的认识，还与狭义技术视野密切相关。狭义技术视野与狭义生产力观点，都是从人与自然关系维度出发的。一般说来，狭义生产力概念往往导致对技术的狭义理解；反过来，在狭义技术视野之中又容易形成狭义生产力观念。事实上，技术生产力观点的真理性是不容置疑的，即使在广义技术视野与广义生产力观念中，这一观点也是经得起推敲的。也就是说，技术不仅是狭义生产力，而且也可以是广义生产力。但问题不在于技术是不是具有生产力属性，而在于它是否只具有生产力属性。

把技术属性归结为生产力，并通过生产力与生产关系、经济基础与上层建筑的社会基本矛盾运动机理，直接或间接地推动社会系统各个领域、层面的发展，从而显现出它的多侧面、多层次社会功能。⑧ 这是以往国内学者尤其是马克思主义者认识技术功能的基本格式。在技术生产力视野中，生产力属性是最根本的，技

---

① 马克思，恩格斯. 马克思恩格斯全集（第47卷）[M]. 北京：人民出版社，1979，570.

② 马克思，恩格斯. 马克思恩格斯全集（第46卷（下））[M]. 北京：人民出版社，1980，219.

③ 乔瑞金. 马克思技术哲学纲要[M]. 北京：人民出版社，2002，70.

④ 邓小平. 关于建设有中国特色社会主义的论述专题摘编[M]. 北京：中央文献出版社，1992，61.

⑤ 邓小平. 关于建设有中国特色社会主义的论述专题摘编[M]. 北京：中央文献出版社，1992，67.

⑥ 尤尔根・哈贝马斯. 作为意识形态的技术与科学[M]. 上海：学林出版社，1999，47.

⑦ 《哲学大辞典・中国哲学史》编辑委员会. 哲学大辞典・马克思主义哲学卷[M]. 上海：上海辞书出版社，1990，205—207.

⑧ 国家教委社会科学研究与艺术教育司. 自然辩证法概论[M]. 北京：高等教育出版社，1989，293.

术的其他属性都是派生的，都可以归约为生产力属性。也就是说，技术如果不表现为直接的现实生产力，那它就一定是一种间接的潜在生产力。这种观点往往只承认物质生产领域的技术存在（即生产流程技术形态），而无视其他社会领域技术活动的事实。技术生产力观点难以令人信服。①

卡尔·曼海姆在分析"技术生产力"观念形成的历史根源时曾指出："尽管马克思因其所生活的时代的特征而认识到生产领域中的技术推动意义是值得对他赞美的，但他可能要对两点疏忽负有责任。首先，正如我所指出的那样，他没有认识非经济领域中的技术的重要意义；其次，他没有看到，正如经济技术可以成为某些渗入整个社会结构的社会变迁的核心一样，非经济领域的技术反过来也趋于散播具有同样深远作用的影响。任何军事技术、群体组织、管理或宣传上的新发明都有助于改变社会。然而，我们能够指出马克思为什么必定低估与经济系统相反的政治和军事系统的重要性，以及把后者仅仅视为经济技术变化的副产品，而不是战争和武力技术变化的直接后果的原因。这个原因就是，在工业革命中，经济技术是如此迅速地发展，以致它使所有其他事物的重要性都相形见绌。"②事实上，从认识发展历程角度看，从具体到抽象，由个别到一般，从特殊到普遍，由表及内是认识活动发展的基本规律。由于认识与实践活动的历史局限性，在一定历史时期，人们对技术本质的认识难免带有历史局限性，技术生产力观念就是这一局限性的具体表现。当然，狭义技术观念向广义技术观念的拓展和延伸，也是消除认识局限性的内在要求。

这里且不论广义生产与狭义生产的概念之争，单就生产与非生产活动之间的联系和转化而言，把技术仅限定于物质生产领域的做法就是不可取的。例如，虽然生产不同于消费，但二者之间又天然地联系在一起。离开了产品技术形态的运转，以及消费者消费该产品的程序或操作技能，像洗衣服、乘电梯、打电子游戏等消费活动就难以顺利完成。同样，产品技术形态以及对它的消费性使用过程，与生产流程技术形态的实际运行之间也没有本质上的差别。比如，利用洗衣机洗衣服的过程，既可以是家庭的消费性行为，也可以以洗衣业的形式表现为生产性活

---

① 俞吾金先生也认为，传统的历史唯物主义叙述体系有三个理论前提：资源和生产的无限性；科学技术只具有生产力功能，且历史作用是进步的和革命的；科学技术不是意识形态。这一理论前提是有缺陷的。（详见俞吾金．从科学技术的双重功能看历史唯物主义叙述方式的改变[J]．中国社会科学，2004(1)．）

② 卡尔·曼海姆．重建时代的人与社会：现代社会的结构研究[M]．北京：生活·读书·新知三联书店，2002，229.

动。不把前者归入技术之列，在逻辑上是不自洽的，也必将从逻辑上颠覆后者。

此外，技术生产力观点的破绽还在于，它难于诠释技术在现实生活中展现出来的其他功能。例如，把先进的军事技术装备投入战争，可以摧毁敌方军事目标甚至民用设施。在这一过程中，技术所显现出来的破坏功能是与生产力属性直接背离的。再如，运用先进医疗技术设备可以诊断或医治疾病，解除病人痛苦，延年益寿。技术的这一功能与生产力属性之间也没有直接的内在联系。还有，创建或使用先进的实验技术、探索自然奥秘、拓展人类认识领域，这一实验技术形态并不表现为生产力，将来也未必就能转化为直接生产力；等等。因此，走出技术生产力之阱，在多维视野中全方位地审视技术，还技术的本来面目，是技术哲学肩负的重要历史使命。

2. 技术的多重功能

属性是指事物本质的、必然的、不可分离的特点。功能就是事物在内部与外部的联系中表现出来的本领或能力，是一事物显现出来的对他事物作用的能力。当事物的属性对象化，转化为改变外部对象的力量时，属性就转化成了功能。因此，属性是功能的基础，功能是属性的外显。例如，太阳具有发光、发热的属性，这一属性可以表现为促使作物生长的功能。人们正是通过对事物属性与功能的认识把握客观事物的。具体技术形态之间因其构成要素与运行机制等方面的差异，而表现出丰富的属性与功能。认识这些属性与功能是科学技术研究的重要内容。事实上，技术的广义界定就是在广泛探讨具体技术形态属性的基础上，对众多技术形态共同的本质属性抽象概括的结果。在广义技术视野中，技术的本质属性表现为主体目的性活动的序列或方式，其基本功能就在于支持主体目的的实现。对技术的一般属性与功能的抽象把握是必要的，但是，我们又不能仅仅停留在这一层面上，还必须具体探究不同技术系统的属性与功能。

技术系统是以事物的自然属性为基础而人为建构起来的，技术系统的属性源于各构成单元的天然属性及其之间的结合方式。也正是由于技术属性上的差异，形成了不同技术形态之间的区分。属性往往潜藏于技术系统内部，在技术系统的运行过程中才会逐步显现出来。技术功能源于技术系统的属性，表现为技术运行过程中所引发的相关事物的变革。人们通常用一群技术指标概括地反映技术的属性或功能。在技术结构与功能之间，并不存在一一对应的确定性关系。不同结构可以具备同一功能，同一个结构也可以具备多种功能。也就是说，不同技术形态可以用于实现同一目的，同一技术形态也可以用于实现不同目的。如前所述，在主体目的与技术形态的创建之间存在着互动促进机制。技术形态就是围绕主体目的的实现而建构起来的。因此,可以说新型目的的不断萌生,是导致技术创新的直接动因,有什么样的目的,迟早会创造出什么样的技术形态。反过来,新技术形态的创建与应用必然会扩大人类活动领域,刺激个体、团体或社会的潜在需求,进而催生出新的活动目的。

在现实生活中,主体的具体目的千姿百态,因而实现这些目的的技术形态的具体属性与功能之间千差万别。不存在属性与功能凝固不变,而又能实现各种目的的万能技术系统。随着主体活动目的的发展变化,人们总会选择或建构起具有不同属性或功能的具体技术系统。当主体目的指向生产活动时,所建构起来的技术形态就表现出生产力属性或功能;当主体目的指向军事活动时,所建构起来的技术形态就具有克敌制胜的属性或功能;当主体目的指向健康领域时,相应的技术形态就表现出治病救人、延年益寿的属性或功能;等等。可以说,有多少种人类活动目的,就有多少种具体技术形态或技术功能。技术的生产力属性或功能,与技术的其他属性或功能多处于同一层次上,其间虽有联系与转化,但难于归并或通约。因此,仅仅看到技术的生产力属性或功能是片面的、不充分的。如果承认技术是主体目的性活动的序列或方式,那么就必然会承认具体技术形态功能的多样化。只有创造出数量足够多的技术形态及其丰富的技术属性或功能,才能够全面支撑主体目的及时有效地实现,也才能促进人类社会的全面、快速发展。

3. 技术世界是人的无机身体

马克思在《1844 年经济学哲学手稿》中,论及人与自然的关系时曾指出,"在实践上,人的普遍性正表现在把整个自然——首先作为人的直接的生活资料,其次作为人的生命活动的材料、对象和工具——变成人的无机的身体。自然界,就它本身不是人的身体而言,是人的无机的身体。人靠自然界生活。这就是说,自然界是人为了不致死亡而必须与之不断交往的人的身体。"①显然,这里的自然界既包括天然自然,也包括人工自然。而人工自然的形成和发展是主体目的性活动的产物,是物化技术成果的世代累积。"自然并没有制造出任何机器、火车头、铁路、电报、自动纺棉机等等。它们都是人类工业的产物,自然的物质转变为由人类意志驾驭自然或人类在自然界里活动的器官。它们是由人类的手所创造的人类

---

① 马克思,恩格斯. 马克思恩格斯全集(第 42 卷)[M]. 北京:人民出版社,1972,95.

头脑的器官,都是物化的智力。"①可见,在马克思的这些论述中已经暗含着"技术世界是人的无机身体"的观点。

技术哲学的创始人卡普经过长期观察和分析,发现了许多工具同人体器官结构相似的事实,进而提出了技术的器官投影说。他认为工具是从人体器官的功能中衍生出来的,是人体器官的投影与外化,人类在工具中继续生产自己。② 卡普是狭义技术论者,他所谓的工具也只是一种特殊的人工物技术形态。尽管卡普对技术本质的反思仅限于工具领域,但是他关于工具技术形态本质的概括与比拟,却具有一般的普遍意义,应当引起我们的重视。

如前所述,动物只能依靠躯体器官的天赋本能生存,而人类除了本能外还创造出了技术形态。技术就是人们建构起来的目的性活动的序列或方式,具有提高活动效率,支持目的实现的基本功能。外在的物化技术体系的合目的性运行,也是人赋予的和受人调控的。以本能为基础,以求生存为核心的动物生活模式是封闭的、停滞的。即使有缓慢的进化,也是在种群的基因突变、环境的选择与遗传等自然因素的作用推进的。而以技术为基础,以生存与发展为内容的人类活动模式却是开放的、发展的。除谋求满足生存的生理需要外,人类还表现出谋求物质文化生活质量提高,生活内容不断丰富的发展特征。

从哲学层面看,在人类改造客观世界的目的性活动过程中,并存着主体客体化与客体主体化的双向运动。一方面,主体把自身的本质力量对象化,按照自己的需求与意志塑造世界,消除了客体片面的客观性,这就是主体客体化;另一方面,主体把客体的属性、规律内化为自己的本质力量,充实和发展自身的体力和智力,消除了主体的片面主观性,这就是客体主体化。主体客体化与客体主体化是技术世界建构的哲学基础。在这种双向互动的进化过程中,主体会不断创造出相对稳定的目的性活动序列或样式,推动技术世界的建构。

从技术的角度看,所有技术形态都是人类目的性活动的产物,都是围绕生存与发展问题展开的,都直接或间接地与人类社会需求的实现过程相关联。技术活动的展开就是人们依靠智能与动作技能,控制或操纵物化技术体系,实现各自目的的过程。从技术在现实生活中所发挥的作用中,都可以还原出人的肢体器官原型或追溯到人的需求根源。与动物的本能性活动模式相比,技术形态可以视为人

---

① 马克思.政治经济学批判大纲(第8册)[M].北京:人民出版社,1963,358.

② Carl Mitcham, Thinking Through Technology——The path between Engineering and Philosophy, P. 24 (Chicago: The University of Chicago Press, 1994).

的体外器官或肢体。它以变形或放大的形式发挥着这些肢体与器官的原型功能，支持着人类的生存与发展，已成为人类安身立命之根本。正如哈贝马斯所言，"技术的发展同解释模式是相应的，似乎人类把人的机体最初具有的目的理性活动的功能范围的基本组成部分一个接一个地反映在技术手段的层面上，并且使自身从这些相应的功能中解脱出来。首先是人的活动器官（手和脚）得到加强和被代替，然后是（人体的）能量产生，再后是人的感官（眼睛、耳朵和皮肤）功能，最后是人的指挥中心（大脑）功能得到加强和被代替。"①技术系统的运行故障就像疾病一样，常常使人们感到痛苦或不适，二者在心理上的感受几乎没有多大差别。例如，交通阻塞或汽车故障就像腿脚受伤一样，使人感到行动困难；电话失灵就像喉咙或舌头生病一样，使人感到表达或交流不便；等等。在现实生活中，一个人或一个团体拥有的技术形态越多，技术效率或技术级别越高，他们生存与发展的条件也就越优越。

广义技术世界就是由人类所创造出来的种种技术形态所构成的复杂体系。它既是人类文明的重要组成部分，又是进一步建构人类文明大厦的脚手架。如果说单个技术形态有如人的肢体或器官，那么技术世界就好比是人的无机身体。它以放大的形态再现或替代着人体器官或机体的功能，支持着主体目的的实现。正是依靠技术的武装与技术世界的支持，人类才日益进化为本领超群的高级物种，成为自然界的真正霸主。

二、技术世界的价值审视

在现实生活中，技术系统运转的直接结果就是主体目的的实现。然而，任何技术系统都不是孤立存在的，而总是在特定环境中存在和运行的，与环境之间进行着物质、能量和信息的交换。除直接实现主体目的的基本功能外，技术系统的运转还会引发自然、社会和人类思维领域的一系列变革。技术负效应就是对技术应用过程中所产生的一系列消极后果的统称，它是人的技术化与社会技术化过程的必然结果，也是现代西方技术悲观主义、反科学主义思潮所持反技术立场的主要依据。我们不仅要重视技术直接的、近期的和积极的效应，还应关注它所产生的衍生的、远期的和消极的后果，客观、全面、动态地评价技术。因此，揭示技术负

① 尤尔根·哈贝马斯. 作为意识形态的技术与科学[M]. 上海：学林出版社，1999，44.

效应的本质及其根源，探索技术的社会控制机理，也是技术哲学的一项基本任务。

1. 技术的价值负载

近几十年来，在技术的价值问题上，并存着"技术价值中立论"与"技术价值负载论"①两种截然相反的观点。前者认为技术就其本性来说，是与"目的"相分离的。作为工具，技术可以为各种目的服务，所以从本质上说，技术是中性的。技术在政治、文化、伦理上没有正确与错误之分，不包含任何价值判断，但在使用过程中却存在正、负两种效应。后者则认为技术在政治、文化、伦理上不是中性的，技术创造者或使用者的价值取向会体现、渗透或转移到技术形态之中，任何技术本身都蕴含着一定的善恶、对错甚至好坏的价值取向和价值判断，即技术负荷特定的社会或人的价值观。

事实上，这两种观点之间的争论根源于技术概念界定上的分歧。一般来说，技术价值中立论者与狭义技术观念关系密切，而技术价值负荷论者多与广义技术观念紧密相联。因为把技术与创造者或使用者分离，孤立、静止、片面地审视物化技术系统，就意味着主体不是技术系统的构成部分，技术系统可以不依赖于创造者或使用者而存在，这与狭义技术观念比较接近。而认为技术与技术活动主体不可分离的观点，多是把主体视为技术系统的构成部分，是系统、全面、动态地审视技术系统结构与技术活动过程的结果，这与广义技术观念比较接近。

(1)技术负载价值的理由

笔者持"技术价值负荷论"观点。因为从前面所给出的广义技术定义出发，可以逻辑地推导出技术价值负荷论的结论。在广义技术视野中，作为技术的创造者、操纵者或建构单元的主体，内含于目的性活动序列或方式之中，与物化技术因素联为一体。这里的"序列或方式"是"目的性活动"所呈现出来的，或者说是与"目的性活动"过程合二而一的。该过程的演进总是围绕着"目的"的实现途径展开的，或者说内在地包含着目的指向或结局预见的。而"目的"又总是主体所产生和特有的，是负载着意义与价值的。正如《庄子・天地》中那位丈人之言："有机械者必有机事，有机事者必有机心。机心存于胸中，则纯白不备；纯白不备，则神生不定；神生不定者，道之所不载也。"②③简而言之，技术与目的不可分割，目的与主

---

① 有些学者也使用"技术价值负荷论"的提法。

② 卡尔・米切姆. 技术哲学概论[M]. 天津：天津科学技术出版社，1999，1.

③ 雷仲康. 庄子[M]. 沈阳：辽宁民族出版社，1996，119.

体不可分割,主体与价值不可分割,因而,技术必然负载着价值。任何技术活动无不体现出人们的目的和愿望,无不包含着人们的意志和追求,无不渗透着人们的智慧和创造。从另一个角度看,技术是主体的创造物,主体参与技术系统的建构与运行,是技术系统不可或缺的构成要素。所以,技术形态中必然渗透着主体的价值观念,负载着价值。这是广义技术观念的必然结论。

在技术与价值问题上,技术价值中立论者多采取孤立、静止的分析方法,把人工物技术形态从流程技术形态中分离出来;把主体从技术系统中剔除出去,割裂了技术活动中人与物的内在的历史联系。他们往往只看到技术系统中物的因素或自然技术形态,而看不到技术系统中人的因素或思维技术与社会技术成分,从而得出技术不负载价值的结论。这是难以令人信服的。

事实上,人是现实技术系统的构成部分,离开了人的创造与操纵,就没有技术系统的建构与运转。没有人安装子弹、瞄准与扣动扳机的动作序列,就没有射击技术系统;没有司机的驾驶与维护,就没有汽车运输技术系统的运转;没有事先的程序编制、输入、操纵与维护,也不可能有机器人的运行;等等。作为人工物技术形态,步枪、汽车、机器人等都是所属流程技术形态的重要组成部分,但并非这些技术系统的全部。只见物化技术,而不见智能技术;只见人工物技术形态,而不见其所属的流程技术形态,尤其是其中的主体及其背后无形的思维技术与社会技术因素,是狭义技术观念与价值中立论者的通病。正如陈昌曙先生所批评的,“如果只把技术或技术手段看作是中性的工具,或强调要把技术本身(无善恶)同技术的社会应用(有善恶)作截然的划分,确也难以充分论证。难道能说植树造林技术本身不是善的,研制化学武器、细菌武器的技术本身不是恶的。而且,把技术同技术应用分开来在道理上也不周密,技术本身就是动态系统,就是活动,就离不开应用,离开了应用就不成其为完整意义上的技术或现实技术。”①因此,见物不见人的狭隘技术理念或视角,往往无视技术系统所负载的价值,必然把技术本身所负载的价值与技术形态割裂开来,简单归咎于本该属于技术系统构成部分的创造者或使用者身上。

马尔库塞(Herbert Marcuse,1898—1979)对技术理性的批判,在现代西方社会产生了广泛的影响。他在批评“技术价值中立论”时指出:“面对着这个社会的极权主义特点,技术‘中立’的传统观念不能再维持下去了。不能把技术本身同它的

---

① 陈昌曙.技术哲学引论[M].北京:科学出版社,1999,239.

用处孤立开来；技术的社会是一个统治体系，它已在技术的概念和构造中起作用。"①哈贝马斯也曾指出："技术理性的概念，也许本身就是意识形态。不仅技术理性的应用，而且技术本身就是（对自然和人）统治，就是方法的、科学的、筹划好了的和正在筹划着的统治。统治的既定目的和利益，不是'后来追加的'和从技术之外强加上的；它们早已包含在技术设备的结构中。技术始终是一种历史和社会的设计；一个社会和这个社会的占统治地位的兴趣企图借助人和物而要做的事情，都要用技术加以设计。统治的这种目的是'物质的'，因此，它属于技术理性的形式本身。"②

拉普也曾经从三个方面指出了"技术价值中立论"观点的缺陷："第一，技术过程和对象当然并不总是事实上中立，……然而技术并不是独立于物理过程和个人及社会生活的自我封闭的事物。它产生于这些领域，而且不仅是为达到预想目的可自由采用的手段。尽管它从来就是如此，但只是在近来由于生态危机和材料能源短缺，人们才意识到这一点。""第二，技术不仅会产生物理上的副作用，同样还会产生感情和精神上的影响。……由于技术是日常生活的一个组成部分，因此，它必然影响人的思想感情。""第三，最后如果认为技术手段是社会中立的就错了。……技术条件不能不影响到特定的经济、社会、政治和文化条件。的确没有哪一个生活领域不受技术的直接或间接的影响。"③这些批评都是中肯的。现实生活中的人总是知、情、意等多重活动的复合体，并行着多元意义与价值追求。技术是实现这些目的的序列或方式，负载着这些意义或价值；同时，任一维度的价值追求及其技术形态运转，也会通过主体观念或社会体系的中介而影响到其他维度价值的实现。主体的价值困境以及主体间的利益冲突或价值观念上的对立，是导致技术世界对立技术形态存在与发展的根源。

（2）技术世界的价值

所谓价值，就是事物对人的有用性。因而，价值关涉人与事物两个方面。价值概念就是反映主客体之间有用性关系的重要哲学范畴。从价值客体角度看，技术形态本身所固有的属性与功能，是技术形态存在的根据，也是技术有用性的客观基础。不同技术形态的属性与功能各不相同，在运行过程中所呈现出来的有用性各异，因而会形成不同的技术价值。这是技术价值的客观特征。从价值主体角

① 马尔库塞. 单向度的人[M]. 重庆：重庆出版社，1988，7.
② 尤尔根·哈贝马斯. 作为意识形态的技术与科学[M]. 上海：学林出版社，1999，39.
③ F. 拉普. 技术哲学导论[M]. 沈阳：辽宁科学技术出版社，1986，47.

度看，技术形态所具备的属性与功能以及表现出来的实在作用，对于不同主体甚至处于不同境况下的同一主体的有用性或意义也各不相同，因而所感受到的价值也不一样。这是技术价值的主观特点。

技术形态是人们在认识客观世界本质与发展规律的基础上，以事物的天然属性与功能为基础创建而成的。因此，技术价值源于所涉及事物的属性，得益于主体智慧的创造。在技术世界建构过程中，多样化的技术形态创造出日趋丰富的价值样式，支持着人类各种目的与意义的实现。对技术世界价值的把握，应从三个层面入手：一是技术世界价值的广度。这一层面的理解与技术世界结构的复杂性和多样性密切相关。不同技术形态具有不同的价值，有多少种技术形态就有多少种价值样式存在；有多少种技术形态的使用方式也就有多少种价值表现。二是技术世界价值的深度。这一层面的理解与客观世界的普遍联系相关。由于客观事物之间联系的广泛性，技术系统对一事物的作用，会通过该事物与其他事物之间复杂的相互作用链条传递，间接地影响到其他事物的发展，产生出一系列衍生效应。因此，同一技术形态往往会依次呈现出多层次、长链条、长时段的远程价值关联。三是技术世界价值的多重性。这一层面的理解与对主体价值世界的理解相关联。由于主体目的的多样性，意义或价值的多重性，同一技术形态可以被具有不同价值观念或行为目的的主体所复制和利用，因而呈现出多样化的价值样式。即使同一技术形态，也会因操纵主体及其所处境况的不同而感受到它的不同价值。因而，把技术世界仅仅归结为工具（功利）价值的观点是没有理论依据的。

2. 技术负效应的根源

在技术应用过程中，技术系统的潜在属性或功能就转化为对客观对象的实在作用，从而引起客观对象及其相关事物的一系列复杂变化，这就是所谓的技术效果，也是技术价值的具体表现。不论我们处于某一技术系统之中，还是外在于某些技术系统，这些技术系统的运行都会或多或少、直接或间接地对我们的机体产生物理、心理或精神作用，从而影响我们的生活。显然，在技术作用与技术效果之间存在着因果联系，“一因多果”是它的基本模式。通常，按照技术效果产生的时间顺序，把它划分为近期效应与远期效应；按照技术效果与技术作用联系的密切程度，把它区分为直接效应和衍生效应；按照技术效果对主体价值关系的性质，把它划分为正效应与负效应；等等。

单从技术活动过程来看，技术正效应与负效应是同一原因所产生的两类价值或意义不同的结果，前者是技术发明者或应用者所期望的，而后者则是他们不愿意看到的。探寻导致技术负效应的根源，消除或减轻技术负效应，一直是促进技术进步的主要动力。技术进步的实践表明，单纯依靠科学研究与技术创新，并不能彻底消除技术负效应。技术负效应的存在还有深刻的社会文化根源，需要从哲学上进行剖析和说明。这对于在现实技术活动中预防或减轻技术负效应，也具有积极的实践意义。

(1)技术负效应存在的价值论根源

技术效果与主体之间的价值关系，是划分技术正效应与负效应的主要依据。技术效果或主体因素的变化直接影响着技术正效应与负效应的区分。单就技术效果而言，它会随时间、空间等客观条件的变化而改变。如作为一种人工物技术形态，青霉素制剂在保质期内具有杀菌消炎功能，对炎症病人具有价值，但超过了保质期，其功能就会蜕变，价值也随之丧失，甚至变得有害，正效应就会转化为负效应。同样，就主体来说，同一技术效果对于不同的主体，或者处于不同境况下的同一主体，其价值也各不相同。近视镜对于近视眼患者是极有价值的，而对于远视或视力正常者则是无用的，配戴它反而会伤害眼睛。由此可见，不存在绝对不变的技术正效应，在技术正效应的背后总是潜伏着技术负效应。正可谓“祸兮福所倚，福兮祸所伏！孰知其极？其无正也。正复为奇，善复为妖，人之悉也，其曰故久矣。”①正效应与负效应相互依存、相互转化，统一于技术效果之中。这就是技术的两重性。因此，技术效果的价值相对性是技术负效应存在的价值论根源。

(2)技术负效应发生的认识论根源

由于技术效果时空结构的复杂性以及主体认识的历史局限性等原因，人们对技术效果的认识往往要经历一个漫长的过程。一般来说，人们容易看到近期的、直接的或显著的技术效果，而难于发现远期的、衍生的或不甚明显的技术效果，这就造成了在技术效果认识上的片面性与滞后性。“从历史上看，立法的发生是基于对认识实际的不是潜在的危险或其他问题的反应。在许多情况中，认识本身或鉴别原因需要许多年。”②例如，人类对工业技术所导致的环境污染的认识就经历了一百多年之久；对香烟价值的认识就经历了一个由肯定到否定的漫长过程；等等。

从认识逻辑顺序来看，总是先有技术负效应的发生，而后才有对它的逐步认识。即使认识到了技术负效应的发生机理，减轻或消除该负效应的技术改进也不

---

① 梁海明. 老子(第五十八章)[M]. 武汉：湖北人民出版社，1997，95.

② R. 库姆斯 P. 萨维奥蒂 V. 沃尔什. 经济学与技术进步[M]. 北京：商务印书馆，1989，216.

是一蹴而就的。技术是人类创造性成果的外化,技术进步有赖于科学技术认识活动的发展。而作为具体的认识形态,科学技术研究活动是有历史局限性的,受到当时主客观多重因素的制约,技术创新实践活动也是如此。因而,企求技术负效应立即或彻底消除的愿望,是一时难于实现的。从发现氟里昂等有害气体对大气臭氧层的破坏作用,到无氟电冰箱的诞生与广泛使用,就大致经历了 30 多年的历程。何况旨在减轻或消除某一种技术负效应的新技术形态,也会产生新的未知负效应。可见,科学技术认识活动的历史局限性,是技术负效应产生的认识论根源。

(3)技术负效应存在的科学依据

任何具体技术系统总是处于一定环境之中的开放系统。该技术系统的创建是以主体体力、脑力与财力的投入为前提的,其运转又是以物质、能量与信息的消耗为代价的。单从能量转换角度看,热力学第一定律表明,不消耗能量而又能不断做功的永动机是创造不出来的;热力学第二定律又表明,能量转化的效率不可能达到 100%。从技术系统寿命角度看,"一切产生出来的东西,都一定要灭亡。"①任何技术系统及其构成单元的熵都在不断增加,都难以逃脱走向报废、解体、毁灭的结局。耗散结构理论表明,要维持技术系统的正常运转,就必须不断地从环境中引入负熵流($d_e s$),以抵消技术系统内部的熵增加($d_i s$),从而使技术系统的总熵不增加(ds)。这一过程可表示为:

$$ds = d_e s + d_i s \leqslant 0$$

这里的 $d_e s$ 就表现为对技术系统的保养、维修,以及物质、能量与信息的输入等形式;$d_i s$ 就是技术系统运行过程中的老化、磨损,以及所产生的垃圾、污染等形态。

从技术评价角度看,在技术系统的创建与运行过程中,所付出的代价往往表现为多种资源的消耗(其中的许多资源都是不可再生的),技术系统运行所产生的污染,以及失效后转化为危及人类生存的垃圾、危险源,等等。这也可视为技术负效应的具体表现形态。因此,任何技术积极效果的获取都必须以一定的付出为基础,不付出任何代价的技术形态及其效果是不存在。"要让马儿跑得快,又要马儿不吃草"的"永动机"是不可能的,也是没有科学依据的。

(4)技术负效应产生的经济根源

技术是人类目的性活动乃至生活方式的基础,是提高人类活动效率的基本途径。以最小的投入换取最大的收益,是人类目的性活动的效率原则的要求,也是

---

① 恩格斯.自然辩证法[M].北京:人民出版社,1971,20.

技术产生与发展的内在根据。技术正效应对人类社会发展的经济价值是显而易见的。例如,把人类体力与智力从劳动过程中析出,提高劳动效率,改善劳动条件,增加社会财富与人类闲暇,等等。按照技术活动的基本原则,只要技术负效应是可以容忍的,就有理由接受技术所带来的经济等多重价值,这是人类文明发展的必然选择。西方反科学主义观点的错误就在于,它违背了技术活动的效率原则。它无视人的技术本性,无视技术所带来的多重价值,无视人类创造和选择技术途径的历史必然性。它们所主张的"放弃现代技术,回归原始生活状态"的设想,是一种不切合实际的空想。即使退回到了刀耕火种的原始状态,也不可能彻底摆脱技术及其负效应。因为这种设想忽视了人类社会与技术的不可分离性。

人们在享受技术所创造的多重价值的同时,也必须承受技术所产生的负效应,这是运用该技术所必须付出的代价。随着技术的不断进步,人类对技术的依赖性日趋增强,已经沦为技术的奴隶,这也许是所有技术共同的负效应。在现实的技术创新与应用过程中,人们不可能超越技术发展的客观进程,而一定历史时期内可供选择的技术形态又总是有限的。这就意味着上一代人必须比一代人具有更大的忍耐性。同时,由于技术发展速度的加快与技术功能的日益强大,又意味着下一代人必须比上一代人承担更大的技术风险和控制技术的历史责任。可见,对技术的经济等价值形态的贪婪追求,是技术负效应产生的经济根源。

(5)技术负效应存在的社会根源

随着社会技术化和技术社会化进程的加快,技术已经渗透到人类生活与社会体系的各个角落,成为人们参与社会生活,谋求各自利益的现实基础。因此,在技术系统的创建与运行过程中,总是交织着复杂的社会关系。在技术效果与主体之间的价值关系中,往往折射着主体之间的社会关系。例如,在社会法制体系运行中,总是受到利益、情感等多重社会因素的纠缠与干扰,常常陷于情与法的矛盾困境。技术正、负效应的划分,也因评价主体及其切入角度的不同而变化。由于受到人性扭曲、控制技术的社会机制的缺陷、社会发展历史阶段性等复杂因素的影响,基于局部政治、军事、经济等利益,而不顾后果地滥用技术的不理性行为依然普遍存在,这是社会病态在技术领域的具体表现。技术越发达,技术的功能就越强大,滥用技术所带来的后果也就越严重。同样,作为理性产物的技术,为处于非理性状态的人或社会所使用,所潜伏的危险性就更大。从人类社会发展史角度看,生化武器等多种技术,不但没有造福人类,反倒成为危及人类生存与发展的祸根。这也是反科学主义者把技术视为“潘多拉魔盒”的原因。①

竞争机制是社会发展的内在动力,是社会生活的本质特征。战争本质上就是一种失去规范的激烈竞争。在社会竞争中,技术理所当然地成为人们谋求各自利益,参与竞争的基本手段。在关系到生死存亡和切身利益的竞争压力下,竞争者往往置法律、道德与技术负效应于不顾,不惜牺牲他人、大众、后代、长远等形式的利益,以技术方式赢得眼前竞争的胜利。例如,个别企业在获取粗放的生产流程技术形态,所带来的短期经济价值的同时,却需要该区域或流域内全体人口及其子孙后代,来分担它所造成的大气或水质污染。为了谋求一时的军事优势,有些国家不惜一切代价挤进了“有核国家俱乐部”,竞相进行核试验,造成了核辐射污染。受个体生理寿命有限性与竞争紧迫性的双重压力,人们在社会分工技术体系中总是被剪裁成“单向度”“体制化”“岗位型”的人,被塑造成社会“巨型机器”上一颗“合格”的“螺丝钉”。技术的社会价值是技术经济价值的转化形态,社会对技术的依赖性,具体表现为社会各部门、各个人对专业技术的依赖。作为社会系统的要素,不论技术的受益者或受害者是谁,技术效果最终都要由社会来承担。因此,对技术的依赖性,人性的扭曲以及社会体系的缺陷等,都是技术负效应存在的社会根源。

从上述分析中可以看出,技术正效应与技术负效应是同时存在的,彻底消除技术负效应的奢望是没有理论根据的。这也是反科学主义与技术悲观主义的合理之处。但是,在现实生活中,部分消除或减轻技术负效应的设想却是积极可行的,是为技术进步的实践所证实了的。我们不能以技术负效应的不可彻底清除性,而放弃消除或减轻技术负效应的主观努力。从近年来企业技术改造等旨在减轻技术负效应的社会努力来看,仅有技术创新是不够的,还必须提高全社会的忧患意识,健全技术的社会控制机制;通过经济干预、法律与行政约束、道德引导、舆论监督等手段,调控新技术的开发与应用,大力推广绿色技术形态;等等。只有多管齐下,不懈努力,才能达到迅速减轻技术负效应的目的。

3. 技术运行的风险

风险是指可能发生的危险。技术风险就是技术系统运行过程中潜在的种种危险,可视为技术负效应的具体表现。“技术丰富了我们的生活,同时也带来了风

① 潘多拉是希腊神话人物。宙斯命潘多拉带着一个盒子下凡,她私自打开盒子,于是里面的疾病、罪恶、疯狂等各种祸害都跑了出来,散布到了人间。

险——特别是那些未知的风险。这是一个令人不安的利弊共存的问题。”①正像奴隶会反抗奴隶主的压迫一样，技术也会偏离建构者或操纵者的目的，造成人为灾难。可见，技术世界既能造福人类，也会给人类带来苦难。一般而言，技术系统越复杂、功能越强大，技术风险也会随之增大。人们以往只从具体事物发展或人类活动过失等层面，分析事故发生的原因，而很少从技术尤其是广义技术角度，揭示事物发展所潜伏的技术风险。这是不完善、不深入的，应当引起我们的重视。

(1)技术风险存在的理论依据

从系统结构角度看，技术系统的正常运转与功能故障之间的关系是不对称的。只有技术系统的所有单元及其结构都处于正常状态，才能保证该系统的正常运转与功能实现；反之，只要其中任意一个单元或结构失常，该技术系统便不能正常运行，甚至酿成各种事故。这与我们前面所提到的，技术系统寿命取决于其中寿命最短的单元或最脆弱的结构环节的结论是一致的。因此，从理论上说，导致技术系统运行故障的因素、渠道与机会众多，技术风险难以避免。从美国“哥伦比亚”号航天飞机的爆炸，到家用电器酿成的火灾，都是技术灾难的具体表现。

潜在的技术风险源于技术系统建构与运行过程的各个层面。从设计角度看，由于人们对技术的预测与设计的历史局限性，许多技术系统本身就存在着先天不足。这一现象在一次(基础)创新阶段或投入不足的条件下比较普遍。例如，在许多早期公共建筑物的设计中，往往未考虑火灾等特殊情况下人们拥挤逃生的心理习惯，而采用向内推开的传统大门设计样式，潜伏着逃生通道不畅的缺陷。再如，许多低档汽车在设计上就缺少安全带、保险杠、备用车门、充气囊、备用车胎等部件，埋下了许多安全隐患，乘坐这种车辆肯定要承担较大的风险。随着经验教训的积累和设计技术形态的完善，这一层面的技术风险有望降低。

从技术系统内部结构角度看，技术风险来自操纵者与物化技术因素两个方面。人操纵和维护技术系统的过程，也就是按照技术系统的禀性“服侍”它的过程。违反规则，不符合技术系统禀性的操作，是导致技术事故发生的重要原因。然而，由于人的生理与心理、体力与智力等方面的先天缺陷，难于始终保持良好的工作状态，因而误操作难以避免。② 一般来说，人在技术系统中所处的地位或所

---

① H. W. 刘易斯. 技术与风险[M]. 北京：中国对外翻译出版公司，1994，Ⅸ.

② 美国爱德华兹空军基地的一位上尉工程师墨菲发现，“如果做某项工作有多种方法，而其中有一种方法将导致事故，那么一定会有人按这种方法去做。”后来这一结论被概括为：“凡事可能出岔子，就一定会出岔子。”这一发现被称为墨菲法则。（详见爱德华·特纳. 技术的报复——墨菲法则和事与愿违[M]. 上海：上海科技教育出版社，1999，21.）

起的作用越重要，误操作所导致的技术灾难就越大。例如，1986 年 4 月 26 日，前苏联切尔诺贝利核电站的核泄漏事故，就是由于操作人员失误而引发的。再如，在道路交通事故中，酒后驾驶、疲劳驾驶、无证驾驶的比例超过了半数。至于人们由于利益或价值观念的冲突，而滥用技术、恶意使用技术所引发的灾难就更是如此。

同样，物化技术因素的影响也不容忽视。热力学第二定律表明，任何技术系统都有一定的寿命，不可能永远保持良好的运行状态。即使在平均寿命期限内，由于技术系统及其单元之间的非齐一性，个别技术系统也会因某一物化因素的失效而提前瘫痪，甚至酿成灾难。“千里之堤毁于蚁穴”的成语，就形象地阐明了不起眼的微小技术因素，可以导致庞大技术系统崩溃的道理。在日趋复杂的技术体系中潜伏着被称为“体系效应”的危机，“佩罗认为，20 世纪末的许多体系不仅紧密关联，而且相当复杂。部件间的联系多重化，可发生意料不到的相互影响，……体系的复杂性，使得任何人都无法推定它会如何动作：由于紧密关联，一旦出现问题，即迅速蔓延开来。”①“这些复杂的技术程序和技术系统使我们的世界变得如此不堪一击：一个出其不意的变化就可能导致一场灾难。”②据调查，2003 年 8 月中下旬，美国东部地区与加拿大部分地区相继发生的大面积停电事故，是由位于俄亥俄州的第一能源集团的输电线严重超载引发的。而美国输电网络是由不同材质的输电线连接在一起的，只要一小段出错，就可能接连引爆，进而导致电力系统瘫痪。

技术系统总是在一定的环境中运行的，外部环境的变化往往也会影响技术系统的正常运转。反常的环境因素会通过向技术系统内部因素转化的途径，导致技术系统中人的因素与物的因素运转失灵，进而引发技术故障或灾难。一般来说，正常环境条件对技术系统的影响甚微，而恶劣环境条件则是诱发技术事故的重要原因。经验表明，现实生活中的许多事故都是直接或间接地由环境因素引起的。大雾、风雪是导致交通事故的主要原因，太阳耀斑是造成无线电通讯系统瘫痪的直接原因，监督失灵是助长官员腐败的重要因素，外部资金冲击是诱发国内金融危机的原因之一，等等。

（2）技术风险的不确定性

既然技术风险是潜在的，那么这种威胁究竟有多大？能不能预防？这也是美

---

① 爱德华·特纳. 技术的报复——墨菲法则和事与愿违[M]. 上海：上海科技教育出版社，1999，19.

② F. 拉普. 技术哲学导论[M]. 沈阳：辽宁科学技术出版社，1986，152.

国学者 H. W. 刘易斯《技术与风险》一书力图回答的核心问题。他总结道："然而技术风险却是真实的。风险的确存在，有时在潜伏等待着，眼前的威胁很小，但有可能在将来造成真正的问题。……即使我们试图尽可能做最好的权衡，我们在大多数情况下都会失败，因为风险估价中几乎总是存在着不确定性，而益处起码也同样难以用数量计算。"①从定性上说，技术系统结构越复杂，构成要素越多，出现技术事故的可能性就越大，潜在的技术风险也就越大。但实际情况并非总是如此，其间并不存在严格的线性相关性。技术事故发生的概率不一定随技术系统的复杂程度而增大。它还与运行环境、维护级别、操作水平等复杂因素有关。虽然对于许多技术风险都有基于大量经验事实的概率统计，但就具体技术系统而言，潜在的技术风险转化为技术事故的途径、时间和方式却难以预见和控制，是不确定的。

就"技术事故"而言，我们又可以进一步区分出"技术故障"与"技术灾难"两种类型。前者是指技术系统不能正常运行的状态，即小事故；后者是指技术系统运行失灵所造成的人员伤亡或财产损失，即大事故。技术故障不一定造成技术灾难，但技术灾难却常常源于技术故障。一般说来，技术故障是可以控制和修复的，所造成的经济损失较小，仅限于技术系统拥有者的活动范围；而技术灾难多是毁灭性的，往往超出了当下技术系统的时空范围。除技术系统本身的毁坏外，所造成的其他损失与当时的具体场合有关，不一而拘。比如，同样都是空难，但所造成的损失却不完全相同。

技术系统建构过程中也存在着许多不确定性因素。从本质上说，新技术形态是为了解决能行与不行（或已行与未行）的技术问题而产生的，其间往往也伴有已知与未知的矛盾。因此，新技术形态的发明或创建总是在"设计——试验"的多次反复中滚动推进的。由于认识、设计、试验环节都存在着许多未知或未行的不确定因素，这就决定了技术创新或建构过程中必然潜伏着多种风险。例如，诺贝尔就是由于研制炸药时发生了爆炸事故，而被迫把实验室建在船上，在马拉湖中继续进行试验。一般地说，技术一次创新的风险大于二次创新，复杂技术系统创新的风险大于简单技术系统创新的风险。

技术风险是与技术系统的运行共始终的，只要技术系统在运行，就存在着发生危险的可能性。虽然技术灾难的后果都是造成人员伤亡或财产损失，但技术灾难发生的具体原因却多种多样。正像"幸福的家庭都是一样的，而不幸的家庭却

① H. W. 刘易斯. 技术与风险[M]. 北京：中国对外翻译出版公司，1994，253.

各有各的不幸"一样,不同的技术形态会呈现出不同的灾难样式。导致技术灾难的原因大致有两类:一是源于技术系统内部因素。操纵者的误操作或技术单元失效等技术故障,是造成技术灾难的直接原因。这类灾难是技术风险的基本类型,其危害程度由内向外递减。美国"挑战者"号和"哥仑比亚"号航天飞机爆炸、俄罗斯"库尔斯克"号核潜艇失事等技术灾难,都属于这一类型。二是导源于技术系统外部因素的影响。如上所述,外部因素是诱发技术故障的重要条件。其中,除自然因素外,人为因素的影响也不容忽视。随着技术的专业化发展,除专业技术人员外,其他人对技术系统的属性与运行特点知之甚少,他们的无知与行为过失也是诱发技术灾难的重要原因。

技术风险的不确定性还表现在对技术风险的评估和控制方面。"风险通常通过造成的损害来表示,即出现的特定(损害)事件乘以该事件发生概率。某些技术进步对一些人有利,但对另一些人要付出代价或潜在的代价,这个事实使风险评估复杂化了。在某些情况下,或者甚至风险和好处都由同一人经受,就必须建立某种折衷,即为了得到好处承认以一定水平的风险来交换。在风险和好处由不同的人经受的地方,得到的益处可能受到危害,科学知识的地位受到挑战,在某些情况下,公众的代价可以用来反对私人的好处。"①可见,随着技术系统的性质、实现目标、运行环境、风险的危害程度、对风险的意识等因素的变化,人们对技术风险的评估结论与控制方式也在不断改变。

(3)技术风险与恐怖主义

值得一提的是,技术风险的客观存在为恐怖分子实施恐怖袭击提供了便利条件。技术系统的复杂性与运行环境的动态性表明,导致技术风险的诱因与技术灾难的破坏性之间是非线性的。恐怖分子正是利用了这种非线性关系,以微小的代价引发技术灾难,达到了四两拨千斤的恐怖效果。恐怖分子的思路之一就是,通过对社会的技术系统薄弱环节的攻击,把潜在的技术风险转化为实际的技术灾难,或者利用现有技术成果构筑恐怖袭击技术形态,进而达到威胁政治当局的目的,如暗杀政治领导人,绑架人质,袭击政府要害部门,自杀式爆炸袭击,劫持飞机,攻击水库大坝、电站,破坏桥梁、水源、通讯系统等。

事实上,恐怖袭击与反恐怖袭击在地位、思路、难易、代价等层面都是不对称的。反恐怖主义者不可能在所有时刻或场合,都处于优于恐怖分子的有利地位。现行的众多技术形态与反恐怖技术形态的缺陷或薄弱环节,都可能成为恐怖主义

---

① R.库姆斯 P.萨维奥蒂 V.沃尔什.经济学与技术进步[M].北京:商务印书馆,1989,221.

者建构恐怖技术形态的立足点。同时，社会的技术进步成果为恐怖主义者与反恐怖主义者共同分享，反恐怖主义者并不拥有明显的技术优势，或者他们所拥有的技术优势不一定对恐怖组织构成威胁。恐怖主义的可怕之处就在于造成了人人自危、草木皆兵、防不胜防的恐怖氛围；形成了到处都是战场，万物皆为武器，随时都可能发动袭击，却看不见对手的新型战争状态。这是现代社会深层次敌对矛盾发展的最新表现形式，也是军事技术体系发展的必然结果。

从技术风险角度反思9·11、3·11等恐怖事件，可以看出在技术系统功能与技术系统运行风险之间存在着正向相关性。一方面，技术系统功能越强大，潜在的技术事故的破坏性也就越大。在恐怖主义滋生蔓延的社会大背景下，技术系统运行成本与技术风险大大提高，演化为技术灾难的可能性趋于增强。另一方面，高新技术的发展也为恐怖技术形态的建构提供了全新的技术基础，拓展了恐怖技术系统的功能，给社会安全构成了更大的威胁。

除了进攻与防守、破坏与建设上的不对称性外，恐怖主义者所建构和使用的恐怖袭击技术形态也值得研究。其实，这是一种针对几乎所有现行技术系统薄弱环节或运行风险，而可能发动的全方位、立体式、全天候攻击，超越了传统的国防与社会治安范畴，需要全面设防，重新建构和塑造新型的社会安全保障体系。因此，在打击恐怖主义，铲除恐怖主义滋生土壤的同时，加强要害技术系统的防御与安全保卫工作至关重要。

4. 技术的社会控制

对技术负效应与技术风险的认识，有助于人们趋利避害、扬长避短，在技术世界中更好地生存和发展。如前所述，在技术效率原则的规范下，扩大或提高技术的正效应，减轻或部分消除技术的负效应，是技术进步的内在要求。然而，在现实生活中，技术的创新与应用总是为技术当事人的利益所左右，总是按照实现当事人利益的最大化创造和使用技术的，而并不以技术负效应的减小为根本目标，其间存在着复杂的伦理关系。这就要求代表公众利益与社会长远利益的政府或国际组织，建构起技术的社会控制机制，对技术的创新与应用活动进行规范和调控。贝尔认为，“后工业社会有可能达到社会变化的一个新方面，那就是说对技术的发展进行规划和控制。”①他指出，对技术的控制，可通过“技术鉴定”和发展“智能技术”去实现。该思想的核心是主张在技术开发或应用之前，应进行全面的评估、鉴

① 丹尼尔·贝尔. 后工业社会的来临[M]. 北京：商务印书馆，1986，34.

定和选择，以便进行修改和完善，为社会的技术决策提供依据。

(1)外部控制机制

技术的社会控制是一项复杂的系统工程，涉及社会生活的众多领域。除技术鉴定、选择、决策与管理途径外，还并存着政策与法律调控、文化控制、伦理道德调控等途径。从组织运行结构角度看，技术的社会控制机制，往往与现行的以权力为核心的社会政权运行机制合而为一，或者说就是社会政权机构所表现出来的对技术发展的调控功能。“假如当今世界能有一个真正的社会控制系统的话，那么最有可能行使控制权的便使政治机构。”①技术的社会控制系统如同现实生活中的政权结构一样，也形成了一个梯级层次结构。即低层次系统以子系统形式被纳入高层次系统之中，按高层次系统的意志或指令运行。技术的社会控制系统也是一个开放的复杂系统。社会的行政、立法、司法、税务、金融等机构，宗教、协会、基金会等社会团体，以及伦理道德规范的调节，大众传媒的舆论监督等文化职能，都可以作为该控制系统的单元或子系统而被整合和纳入其中，支持和调节技术的发展。这就是技术的社会控制的外部机制。

应当指出的是，在广义技术视野中，技术的社会控制机制本身就是一种社会技术形态，也并存着正效应与负效应。该技术形态的建构与运转也有一个调控问题。按照对技术世界层级结构的理解，社会控制机制的建构与调控职能往往落到社会的权力核心。不论是在民主社会中，还是在独裁体制下，对技术的社会控制机制的调控最终都会落在少数人的身上。而人又总是处于一定社会发展历史阶段的具体的人，总是归属于一定的民族、国家、阶级、集团等，不可能超越所属社会团体的价值观念、现实利益与历史发展阶段。

作为技术的社会控制机制运行的指针，统治阶级的价值观念或根本利益往往与技术的效率原则相冲突。因而，该控制系统对技术发展的调控，容易偏离理想的技术效率递增轨道，其调控作用也是有历史局限性的，不能估计过高。同样，技术的层级结构表明，新技术的创新与应用，总是通过社会组织尤其是政治核心的领导成员控制的。而领导核心的活动多凌驾于任何调控机制之上，仅依靠自律机理来调节。由于非理性因素等人性缺陷的存在，这种控制模式也不可能摆脱人性与社会发展的历史局限性，其运转往往潜伏着巨大危险。第二次世界大战的爆发、1994 年 4 月发生的索马里种族大屠杀等历史事件，都暴露了这种控制模式的弊端。这也是技术悲观主义的立足点之一。

---

① 丹尼尔・贝尔. 资本主义文化矛盾[M]. 北京：生活・读书・新知三联书店，1989，41.

(2)内部控制机制

在现实生活中,除技术的外部控制机制外,还并存着技术的内部控制机制。这就是以理性、价值观、责任感、风险意识等主观因素为基础的社会个体,对技术开发与应用的直接操纵与控制。其中,对科学技术专家历史责任感、行为规范的强化,就是这一控制机制的典型形式。不难理解,技术的内部控制是外部控制的基础与核心。按个体在社会结构中所处的地位,这一控制既可以是最低层次的控制,如战士对手中枪支的控制;也可以是最高层次的,如独裁者对国家权力、武装力量、核按钮等大型技术体系的控制。从表面上看,这种控制是在个体神经生理活动基础上,通过语言、肢体动作等方式实现的。而实质上这种控制是以人性或人的精神活动为基础的。人性就是人的本质属性,它是在现实社会生活中形成的,并随着社会的发展而发展变化的。人们不可能超越自身与社会现实中的矛盾,很难摆脱自身价值观念和现实利益的束缚,因而对技术的开发与应用活动,难以做出超越时代和现实人性的理想化的调控。

同时,人又是知、情、意的统一体,对技术开发与应用的控制也有非理性因素的参与。因此,不能排除在某些特殊情况下,误用、滥用、恶意使用或开发技术可能性的存在。可见,技术的内部控制机制自身也是不完善、不健全的。这可视为技术的社会控制机制负效应或风险性的具体表现。正如拉普所言,"同从前的时代相反,现代科学技术赋予人类的力量,需要人有一定程度的自我控制。而这完全超出了人类的能力,这就是现实让人进退两难的地方。"①近年来,国际社会围绕克隆人技术的开发与禁止之间的斗争,围绕无核化与发展核武器之间的斗争等,就充分暴露出了技术的社会控制体系的种种弊端。正是基于对技术的社会控制缺陷的这一认识,我们说技术的合理运用或技术负效应的减少,有赖于人性的完善和社会的进步。

三、技术的全面统治

作为主体目的性活动的序列或方式,技术在人类生活中发挥着至关重要的基础性作用,是构成人性的重要内容。人因技术而成为人,因技术发明而进化发展,技术也因人的创造和应用而得到迅猛发展。同时,人也因技术的发展而丧失了许

---

① F. 拉普. 技术哲学导论[M]. 沈阳:辽宁科学技术出版社,1986,46.

多原有属性,处于异化状态。"人们用科学来把握和控制的自然,重新出现在既生产又破坏的技术设备中,这种技术装备在维持和改善个人生活的同时,又使个人屈从于(他们的)主人——技术装备。因此,合理的等级制度和社会的等级制度融为一体。"①可以说,一部人类发展史就是一部技术发明史,一部技术史就是一部人类文明史的索引。因此,要对技术做出全面的评价,就必须从技术与人的本质关系入手。

1. 技术是人的本质属性

人类是自然界长期发展的产物,是由南方古猿直接进化而来的。如前所述,无论是在狭义技术视野中,还是在广义技术视野中,人们都把制作和使用粗制石器技术形态作为人类诞生的标志。这就是说,技术是人与动物之间的分界线,是作为物种的人类存在的根据。创造和使用技术就进化发展成为人,反之,仅仅依靠本能生存就是动物。因此,可以说没有技术就没有人,没有技术的进步也就没有人类文明的发生和发展。人一开始就是技术的人,人的进化发展历程就是不断技术化的过程。"人没有自己的本质。并不存在一个永恒不变的人性,这是人的基本的悖论:人的本性就在于它没有本性。人文学科的目的就在于唤醒人们身上的这个最原始的本性,即回归'无'的本性。人的无本质包含着两层意思:第一,它没有固定的本质——人是一种未完成的存在,一直处在流动变化之中;第二,它的本质的构成是一种向着'无'的、受着'无'的规定的构成,这里的'无'是'无它',即它是自己创造自己。"②正是从这个意义上说,技术属性是人的本质属性,技术的发展规定和改变着人的性质。沿着先贤圣哲的思路,我们也可以从技术角度,给出一个关于人的全新定义:人就是创造和使用技术的动物。

人一开始就是社会的人,是自然属性与社会属性的统一体,在人身上并存着动物野性与文化属性。社会属性是由以生产关系为基础的人的各种社会关系的总和决定的,是人性的现实基础与主要成分。这就是说,人性是由人所处的社会关系赋予的,是随着社会的发展而丰富和发展的,不存在任何抽象的和凝固不变的人性。从广义技术视角看,任何人一开始就出生和成长于技术世界之中。在人的社会化进程中,通过社会遗传方式、学习和适应活动等途径,自然的人被塑造成为社会的人、技术的人。如此,外在的技术属性就内化为人性的重要组成部分。

① 尤尔根·哈贝马斯. 作为意识形态的技术与科学[M]. 上海:学林出版社,1999,43.
② 吴国盛. 让科学回归人文[M]. 南京:江苏人民出版社,2003,34.

可见，学习和适应各种技术体系的运行，运用已有技术成果或创建新技术形态，是人类现实生活的重要内容。

在广义技术视野中，技术不仅是人的本质属性，而且也是渗透性极强的“元文化”因素。技术参与人类活动与社会生活的建构，是推动人类文明发展的基本驱动力。可以说，人类文明的发展总是伴随着新技术形态的创建与应用。受狭义技术视野与狭隘的学科分割的影响，以往人们对人类文明与文化形态的认识存在着一定的片面性。他们往往只重视对该文化形态的发展过程、内在结构、表现形态、意义与价值等问题的研究，而无视文化形态的技术结构及其在文化发展过程中的基础性作用；抑或看到了技术联系、技术因素的作用，也多不把它称为技术或归结为技术形态，这种现象非常普遍。例如，在绘画艺术中，人们往往重视作品本身的构图、意境，所刻画的形象，宣泄的情绪或表达的思想感情等艺术价值，而忽视作品主题提炼或创作过程的技巧、技法等技术因素。在社会金融生活领域，人们虽然重视货币、证券、金融机构、金融制度与政策法规等在社会经济生活中的作用与价值，但并不把它们称为金融技术形态或体系。在军事领域，人们往往看重武器装备及其操作技能的作用，并称其为军事技术，却把军事体制、兵种协同方式、战术、谋略、指挥等夺取军事斗争胜利的重要手段，排斥在军事技术体系之外；等等。

2. 人的技术化

人的技术化是指人的活动愈来愈按技术活动规范与原则展开，人愈来愈被纳入各种技术系统之中的发展过程。技术是主体目的性活动的序列或方式，因此，人的技术化本质上就是理性化的过程。这是由人的进化发展与社会选择共同决定的，是与人的进化和社会进步过程同步展开的，可作为人类发展程度的衡量标尺。揭示人的技术化与社会的技术化的本质，不仅是认识人类社会发展的基本向度，而且也是认识技术世界结构的重要内容。

(1)人的新进化

作为自然界的一个普通物种，人类的生物机体或天赋本能存在着许多局限性，如眼睛没有老鹰敏锐，鼻子不及猎犬灵敏，双腿没有羚羊迅速，体力抵不过老虎，寿命赶不上乌龟，等等。人类个体本领的有限性制约着其需求的实现和发展程度，迫使人们不得不采取集体生活方式，并积极寻求技术形态的支持。近代以来,新技术的大量发明和应用,使人的进化历程出现了许多新特点。①

人类自诞生以来就具有自然和社会双重属性。社会文化属性的改变,使人的生物属性的进化表现为体外进化与体内进化两种形式。所谓体外进化是指新技术的应用,使人的肢体、感觉器官、思维器官等的功能在体外得到延伸和放大。体内进化是指基于科学技术知识的思维方式、价值观念、认知能力等精神品质的变革与提升。其实,体内进化与体外进化相互促进,同步发展。随着以延长寿命、改善生命质量或人体生理功能的现代医疗技术的发展,体内进化与体外进化之间的界限趋于模糊,联为一体。例如,植入体内的心脏起搏器,改善了病人的心脏功能;配戴假牙改善了人的咀嚼功能;服用兴奋剂可以提高人的体力与智力付出功率;运用计算机及其软件,提高了人们分析问题、解决问题的能力;等等。

这些进入体内的物化技术单元,使人的生理品性得到改善。尽管这些"进化"成果很难通过基因途径遗传给后代,但却会通过社会遗传方式世代传承,不断改进。现代转基因技术与基因治疗技术,有望从根本上改善人的生物品质,干预人类的进化发展,使人类这一古老物种的新进化达到相对完善的程度。美国华纳公司大片《黑客帝国》之所以受到社会的广泛关注,就在于它从艺术的视角,直观形象地向人们展示了未来人类技术进化的特征及其所引发的种种问题。

技术的快速发展,使以技术为支点的人类认识和实践能力远远超过了人的天赋本能。正是依靠智慧与创造力,依靠技术途径与技术世界的支持,人类才超越了自然物种的限制。以技术创新与推广应用为基础的人的新进化,不仅弥补了人类天赋本能方面的种种欠缺,而且也使人类的后天才能迅速提升,日渐成为一种技术"超人"和自然界的"霸主"。比如,射电望远镜把人类的视界延伸到了河外星系,电子显微镜又使人的视力深入到分子层次;运载火箭把人的奔跑速度提高到十几千米/秒,把人的抛射力扩大到几十吨;遥感探测技术使人们能感知到上万米深的地下矿藏,预测几天乃至几年后的天气变化;火星探测器把人的触角延伸到了火星表面;等等。这些本领是自然界中任何一个物种都望尘莫及的。只要把生活于技术世界、训练有素、武装到牙齿的现代赛车运动员,与赤身裸体的类人猿相比,人类新进化的成果与进化程度便一目了然了。

与动物本能的相对稳定、封闭状态不同,人类本能表现出较大的可塑性。这一特点不仅体现在以肢体器官变迁为标志的人类早期进化历程之中,而且也体现

---

① 国家教委社会科学研究与艺术教育司.自然辩证法概论[M].北京:高等教育出版社,1989,91.

在人的新进化过程之中。新技术的开发与应用，在延伸肢体器官、放大肢体器官功能、减轻劳动强度的同时，也促使人类的许多天赋品质不断退化。例如，烹调技术使胃的消化功能退化；运输技术使双腿的负荷与运动能力降低；空调技术使人体的抗热耐寒本能衰退；医疗技术使人体的抗病免疫能力减弱；电脑储存技术使人的记忆力下降；等等。人类本能的退化必然导致人体相关生理结构与功能的同步改变，而文化体育运动有助于弥补或克服这一衰退趋势。这可能就是现代体育文化之所以繁荣发达的技术根源。人的新进化与退化趋势，也从一个侧面印证了笔者在第一章提出的技术起源于本能延伸的猜想。

(2)人的技术化

人的新进化是对人的技术化过程初步的、片面的理解。事实上，作为人的本质属性，技术与人相互促进、协同进化，是同一过程的两个侧面。或者说，技术的发展就是人类进化发展的重要内容。人的全面发展有助于技术的发展，反过来，技术的发展又促进和支持着人的全面发展。人的技术化有两层基本含义：一是指在社会发展进程中，人类会创造出和积累起愈来愈丰富的技术形态，从而使技术活动的种类或领域逐步扩大；二是指个体在其生命历程中，不断地学习、使用和适应前人或他人所创造出来的技术形态，逐步融入社会的种种技术体系之中，成为各种技术系统的构成部分。前者是后者展开的基础与前提，后者又是推动前者传承与发展的微观机理。

在人的新进化基础上，人的技术化后果主要体现在三个层面上：

一是躯体的技术化。即在长期的技术形态创建与应用过程中，人作为技术单元或子系统被纳入各种技术系统之中，按照技术系统的模式与节奏运行。从而在人的精神、心理、生理、器官、肢体等方面都打上了技术的烙印。就人类而言，长期的技术活动也是推动人类进化的重要力量。按照生物相关律所揭示的道理，手的灵巧化、肢体动作等技术活动，就直接刺激了大脑的进化。就个体而言，长期的技术活动尤其是职业技术活动，使人成长为带有各种精神气质与职业特征的人。

二是思维活动的技术化。由于技术模式在实现人类目的过程中的可靠性、简捷性、高效性等特点，长期的技术活动使人们养成了技术性思维的模式或习惯，即人们倾向于从搜寻或创建技术形态的角度思考和解决一切问题。这就是技术理性主义的历史根源。技术性思维模式同化或排斥着人类的其他思维活动方式。例如，技术形态的创建往往源于某些非理性或非逻辑的思维火花。然而，今天人们却是为了创建新技术形态的目的，而在有意识地激发、引导和捕捉非逻辑的思维火花，或者总是倾向于用技术的尺度去衡量思维火花的价值，从而使非逻辑思维归属或服务于技术形态的建构。

三是人与外部世界关系建构的技术化。目的性活动是人类活动的基本特征，目的的多样化是人类发展与社会进步的重要标志。技术形态就是人类在目的性活动过程建构起来的，并随着目的的多样化发展而不断丰富的。就人类社会而言，技术形态的多样化发展就是技术世界的丰富与拓展；就个体而言，技术的多样化发展就意味着个体通过技术途径，与外部世界之间建立起了愈来愈广泛的联系，愈来愈按照技术的规范或模式行事。

任何个体总是出生于一定的社会体系和人工自然环境中，成长在特定的技术世界之中。从衣、食、住、行、用到自我实现、精神文化需求的满足等方面，无一不受到技术的影响。因此，他必须自觉或不自觉地学习、引入和适应各种技术形态，把外在的技术规范内化为个体观念和行为方式。在这一过程中，生物意义上的人逐步就成长、转变为技术意义上的人。一方面，个体作为技术单元被纳入多种技术形态之中，按照技术规范与模式运作。另一方面，围绕个体需求或目的的实现，在时代所提供的技术"平台"上，个体创建各自的目的性活动的技术形态，或者参与到社会的种种技术形态的开发或引进之中。可以说，人的技术化是人的社会化的重要内容，二者并行推进，可以作为个体发展状况的衡量尺度。

在人类的技术化历程中，至少经历了两个发展阶段：一是以技巧为核心的动作技能阶段。在以手工劳动为主的历史时期，由于物化技术形态相对简单，因而对人们操纵或驾驭外在物化技术体系的动作技能要求较高。尤其是复杂、精致的人工物的制造或应用，都需要有高超的技巧。这也是农业文明时代技术形态的基本特征。二是以设计为核心的智能技术阶段。人类社会进入以机器体系为标志的工业时代以来，随着物化技术体系的复杂化、自动化发展，对人们操纵和使用技术系统的动作技能的要求逐步降低，而对创造或设计这些技术系统的智能技术的要求不断提高。这也是工业文明时代技术形态的主要特点。

(3)社会的技术化

人一开始就是技术的人，社会一开始就是技术的社会，而且一直处于技术化进程之中。社会的技术化就是技术成果向社会生活领域的转移与渗透，以及社会生活按技术理性原则要求建构、运行和改进的过程，主要表现为社会技术形态的建构与运行。今天，技术已全面渗入社会生活的各个领域，可以说只存在技术介入深浅不同的领域，而不存在不受技术影响的领域。技术的累积与加速发展趋势表明，社会的技术化程度不断加深，速度不断加快。

社会的技术化概念与马克斯·韦伯所使用的"合理化"范畴相近。"合理化或理性化(Rationalisierung)的含义首先是指服从于合理决断标准的那些社会领域的扩大。与此相应的是社会劳动的工业化，其结果是工具活动(劳动)的标准也渗透到生活的其他领域(生活方式的城市化，交通和交往的技术化)。这两种情况都涉及到目的理性活动类型的贯彻和实现：在技术化中，目的理性活动的类型涉及到工具的组织；在城市化中，目的理性活动的类型涉及到生活方式的选择。计划化的目的，是建立、改进和扩大目的理性活动系统本身。社会的不断'合理化'是同科技进步的制度化联系在一起的。"①不难看出，韦伯、哈贝马斯等人都是不彻底的广义技术论者，这里的"合理化"概念及其表现形式就是我们这里所谓的"技术化"。社会的技术化是在社会生活的诸领域同步展开、立体推进的，有多种多样的具体表现形式。

社会的技术化体现在社会生活的各个层面：一方面，以满足社会物质文化需求为核心的自然技术快速发展，思维技术与自然技术成果在社会生活领域广泛应用，成为社会运行的技术基础。另一方面，社会技术形态的创新与扩散，使社会生活愈来愈按照技术效率原则建构与运行，即通常所谓的体制化。从社会生产活动领域看，在社会物质文化需求发展的带动下，人们会不断创造出新型的人工物技术形态与流程技术形态。这些新型技术形态的发明与推广应用，不仅催生了全新的生产领域，而且也会促使原有生产活动方式不断更新。从而使以物化技术为基础的稳定、规范的技术活动方式，成为社会生产活动的主导形式。正如贝尔所言，"这个世界变得技术化、理性化了。机器主宰着一切，生活的节奏由机器来调节。……这是一个调度和编排程序的世界，部件准时汇总，加以组装。这是一个协作的世界，人、材料、市场，为了生产和分配商品而紧密结合在一起。这是一个组织的世界——等级和官僚体制的世界——人的待遇和物件没有什么不同，因为在工作中协调物件比协调人更容易。这样，在人与角色之间形成了一种明显差异，而这种差异目前在企业的人员配置和组织图表上已经正规化了。"②

从社会上层建筑领域看，新型社会技术形态的创新与应用，在促进原有社会组织、体制、制度完善的同时，也会孕育出新型的社会组织、体制、制度等，使社会愈来愈趋向于按照技术或理性的规范与效率原则运行。即使是在思想上层建筑领域，也越来越受到了技术发展的影响。由于社会精神生活与社会物质生活、社会发展进程的广泛联系，技术往往通过思维技术形态、精神活动过程的技术载体

---

① 尤尔根·哈贝马斯. 作为意识形态的技术与科学[M]. 上海：学林出版社，1999，38.

② 丹尼尔·贝尔. 资本主义文化矛盾[M]. 北京：生活·读书·新知三联书店，1989，198.

等途径,支持和促进思想上层建筑的发展,如此等等。马尔库塞深刻地洞察了这一过程,"作为一个技术的领域,发达工业社会也是一个政治领域,是实现一个特定历史设计——即对作为纯粹统治材料的自然的体验、改造和组织——的最后阶段。随着这一设计的展开,它便塑造了整个言论和行动、精神文化和物质文化的领域。以技术为中介,文化、政治和经济融合成一个无所不在的体系,这个体系吞没或抵制一切替代品。"①因此,可以说,人类社会的发展历程就是不断技术化的过程,一部社会发展史就是一部社会技术化的历史。

人是技术的动物,人的技术化就是人类发展的基本向度;社会是技术的社会,社会的技术化是社会发展的基本方向。社会的技术化与人的技术化是同一过程的两个层面,其间存在着互动促进机制。生活于技术化社会之中的人,其技术属性必然被不断强化,这就是人的技术化;同样,不断技术化的人必然会按照技术的规范交往与行事,形成符合技术要求的社会组织、机制与制度,这就是社会的技术化。因此,在人类新需求、新目的不断萌发的推动下,技术形态的创建表现为一个持续不断的过程,它的累积就是技术世界的扩张。"在技术这种控制物与人的方法中,有效性原理至高无上、无孔不入,整个世界变成一个巨大的技术集中营。政府一方面是技术的集结,另一方面是技术的政府。"②人类就生活在自己建构的技术世界之中,技术愈来愈渗透到人类活动与社会生活的各个领域、角落、环节。这就是技术的全面统治。

技术是人的本质属性,没有技术就没有人。因而,人不会也不可能走出技术。生活在技术世界之中的人们,往往被组织到多种技术系统之中,受众多技术单元与技术系统的牵连与束缚。有人形象地把技术世界称为"技术茧",人就像蚕或蜘蛛一样生活在自己编织的"技术茧"之中。正如茧是蚕生活的一部分,蜘蛛网是蜘蛛生活的一部分一样,立体的"技术之网"是人的无机身体。这是由人的技术本性所决定的。人类依靠技术之网生活,又为技术之网所束缚和奴役。因此,我们应当历史、客观、全面地评价人的技术化进程,既要肯定它的积极效果,又要关注它的消极影响。

① 马尔库塞.单向度的人[M].重庆:重庆出版社,1988,7.
② 陈昌曙 远德玉.技术选择论[M].沈阳:辽宁人民出版社,1990,24.

3. 技术的奴役性

《现代汉语词典》对“奴役”一词的解释是：“把人当作奴隶使用。”①也就是说，奴役是对待人的非人性、非人道的做法。从表面上看，“技术的奴役性”提法难以成立，因为所有的技术形态都是被人役使、为人服务的。“奴隶”总是相对于“主人”而言的。在人与技术的关系中，人创造和使用技术，人是主人，技术是奴隶，这似乎是不容置疑的事实。其实，这是一种孤立、静止、片面的观点，只看到了人与技术关系的一个层面，而忽视了另一个层面。现实中的技术联系或作用总是相互的，单向作用只在抽象的思维领域才有意义。即使在狭义技术视野中，人们也并不否认技术对使用者的反向作用。

(1)技术的异化

“异化”是一个重要的哲学范畴，不同历史时期、不同学派对“异化”概念的理解不尽相同。一般认为，异化所反映的是人的活动及其产品反对人自身的特殊性质和特殊关系。技术的异化是指人们在通过技术活动实现自身目的的过程中，技术活动及其技术系统转化为一种外在的、异己的、反对的力量，反作用于人本身，使人性扭曲或畸形发展的倾向。

对技术异化现象的揭露与批判，是西方人文主义者关注的焦点问题之一。从尼采开始，经由现象学、存在主义，到法兰克福学派、后现代主义思潮等流派的演进，始终贯穿着一条批判技术异化的主线。他们都认为，技术是诱使文明堕落、道德沦丧的祸根，是导致工业社会中人的种种异化现象的重要根源。技术的发展不仅使人类遭受到异己的技术力量的制约、塑造和折磨，沦为技术的奴隶，而且也使人的个体性、自由意志、道德情感、本能要求等都受到了冲击。

人们的物质生活和精神生活与技术活动密不可分。作为目的性活动的序列或方式，技术以一种无形的力量影响和驱使人们行动，人也转化成了技术单元与建构材料，以满足各自的种种不同需要。技术异化是技术负效应的集中体现，主要表现在自然、社会和人类自身三个层面。从自然层面看，技术异化现象表现为技术应用所引发的环境污染、能源短缺、生态危机、人口膨胀等问题；从社会层面看，技术异化后果表现为“技术统治”“技术官僚”“技术殖民”“技术专制”“技术失业”，以及误用、滥用或恶意使用技术，而导致的诸如交通事故、医疗事故、核泄

---

① 中国社会科学院语言研究所词典编辑室. 现代汉语词典(增补本)[M]. 北京：商务印书馆，2002，937.

漏、战争破坏等种种恶果；从人类本身层面看，技术异化表现为技术社会中的个人越来越不自由，技术理性的膨胀使个体人格分裂、本能压抑、心灵空虚、生活无意义、失去远大理想，等等。①

从根源上说，人以其躯体、本能、智能与技能等参与技术形态的创建与运行，技术的异化不可避免。导致技术异化的现象很多，主要体现在以下四个层面：一是由于人们不同目的之间的矛盾性，外在的技术系统在实现人们某一目的的同时，可能会危及另一目的的实现，从而使技术转化为一种反对人的异己力量。例如，空调在实现调节室温的同时，也降低了人们抗寒耐热的本能，甚至诱发多种疾病。至于处于经济竞争、政治斗争、武装冲突等利益争夺之中的不同集团，必然会以先进技术形态与对方相抗衡，使技术直接转化为一种反对人的力量。二是外在的技术系统在实现人们目的的过程中，与人们的目的、意志和愿望相吻合，而当此目的完成后，过时的、废弃的技术系统就可能转化为危及人类生存与发展的力量。例如，作为战略威慑力量，核武器可以实现核大国的战略目标，但不及时销毁超期服役的核武器，就可能诱发核事故，危及有核国家自身的安全。三是由于技术系统寿命的有限性，任何技术系统的运行都存在着失灵、失控的危险，直接威胁着人们的生命财产。例如，汽车操纵、驱动系统失灵，遭遇狂风、大雨等恶劣天气，都可能酿成车毁人亡的惨剧。四是由于个体生命或精力的有限性，越来越丰富的技术世界与技术活动侵占了人的世界，耗费了人们越来越多的精力，从而使人们失去了自由、理想等多种价值追求。

(2)技术的奴役性

技术的异化是技术奴役性的根据。人们在建构和应用技术系统的同时，技术系统的运行也会反作用于人，在人的精神与肉体上留下技术的痕迹。这是同一过程的两个层面，技术的奴役性就是对这一层面关系的概括与贬义表述。恩格斯在论及资本主义社会的奴役性时曾指出："不仅是工人，而且直接或间接剥削工人的阶级，也都因分工而被自己活动的工具所奴役；精神空虚的资产者为他自己的资本和利润欲所奴役；律师为他的僵化的法律观念所奴役，这种观念作为独立的力量支配着他；一切'有教养的等级'都为各式各样的地方局限性和片面性所奴役，为他们自己的肉体上和精神上的近视所奴役，为他们的由于受专门教育和终身束缚于这一专门技能本身而造成的畸形发展所奴役。"②可见，奴役性根源于人的异

---

① 刘文海.技术异化批判——技术负效应的人本考察[J].中国社会科学，1994(2).

② 马克思 恩格斯.马克思恩格斯选集(第三卷)[M].北京：人民出版社，1972，331.

化，广泛存在于社会生活的各个领域，是人类处于必然王国阶段的基本特征。

在广义技术视野中，技术对人的奴役体现在诸多层面上，应当进行全面的分析。首先，人以其生命、天赋本能、智能与技能等参与技术系统的建构或运行，转化为现实技术系统的构成单元。例如，没有司机的驾驶与维护，汽车就难以发挥出运载功能，成为现实的运输技术系统；没有指挥员的组织、指挥、调动，军队就是一盘散沙，难以克敌制胜。海德格尔在论及这一点时曾指出："唯就人本身已经受到促逼，去开采自然能量而言，这种订造着的解蔽才能进行。如果人为此而受促逼，被订造，那么人不也就比自然更原始地归属于持存么？"①然而，作为现实技术系统的构成单元，人们必须按照技术系统的建构原则与运行规范行事，为技术模式所奴役。同时，技术系统对于作为构成单元或操纵者的主体，具有约束或定向作用。人们只有熟悉外在物质技术单元的性质，适应技术系统的运行模式与节奏，才能使其转化为人的无机肢体或器官。恩格斯曾就此指出："'工场手工业把工人变成畸形物，它压制工人全面的生产志趣和才能，人为地培植工人片面的技巧……个体本身也被分割开来，成为某种局部劳动的自动的工具'（马克思），这种自动工具在许多情况下只有通过工人的肉体的和精神的真正的畸形发展才达到完善的程度。"②

由于个体生理寿命的有限性与技术世界分化发展的无限性之间的矛盾日趋尖锐，生活于现代技术世界的人们被分割为各行各业，专业化分工愈来愈细。虽然专业分化有利于社会的快速发展，但是人们却深深地陷入各自的"专业技术阱"之中，为狭窄的专业技术所束缚，限制了人的全面发展。"现代社会内部分工的特点，在于它产生了特长和专业，同时也产生职业的痴呆。……现在每一个人都在为自己筑起一道藩篱，把自己束缚在里面。我不知道这样分割之后集体的活动面是否会扩大，但是我却清楚地知道，这样一来，人是缩小了。"③今天，任何人已不可能熟悉和掌握所有的技术形态。在所从事的专业领域，他可能是行家里手，而在其他领域就变成了"技术盲"。面对纷繁复杂的技术世界，人们往往无所适从，不得不被动、盲目地按照众多技术系统的运行模式或节奏行动，为外在的技术所规范和奴役。

在激烈的社会竞争过程中，人们总是被纳入种种技术体系之中，被迫按技术

---

① 海德格尔. 海德格尔选集[M]. 上海：上海三联书店，1996，936.
② 马克思，恩格斯. 马克思恩格斯选集（第三卷）[M]. 北京：人民出版社，1972，331.
③ 马克思，恩格斯. 马克思恩格斯选集（第一卷）[M]. 北京：人民出版社，1972，135.

系统的模式运转，受制于外在的、非人性的物质技术单元或技术系统的调制。这也是人的技术化的必然要求。“人在江湖，身不由己”，必须按照“江湖（游戏）”规则行事。诸葛亮挥泪斩马谡的故事就充分说明了技术的这种强制性。作为有血、有肉、有感情、讲友谊的人，诸葛亮不忍斩马谡，然而，作为三军统帅和军事技术化的人，诸葛亮又必须按军法、军纪等军队技术规范行事，不得不斩马谡。

然而，在技术活动过程中，受各种生理阈限的制约，人的器官、肢体、大脑、心理等肉体与精神活动能力都有一定的限度，难以适应强制性的物质技术单元或技术系统的持续运转。人们常常在单调、机械的技术生活中煎熬，忍受着异己的技术力量的塑造与折磨。“现代技术塑造的现代世界发觉自己同时陷入了三个危机之中。首先，人性反抗非人性的技术形式、组织形式和政治形式，感到这些形式使它窒息和衰弱。”①同时，激烈竞争的社会环境往往又迫使人们超越这些生理极限，挑战自我，满负荷或超负荷地工作。这就给人们的生理与精神造成了极大的压力。生命与精力的有限性难以承受日益增大的工作量与竞争压力，“烦”与“忙”已成为现代人普遍的心理感受。

各行各业的技术能手往往都是那些生理与心理、体能与智能素质优良者，他们能比较自如地应对所属技术系统的运转与压力；而大多数技术人员则因自身素质方面的欠缺，常感身心疲惫，不得不承受着巨大的生理与精神压力。通常所谓的社会生活节奏加快，其实，都根源于种种技术系统运行节奏的加快。现代社会职业病、心血管疾病、心理疾患、精神疾病患者增多，浮躁情绪蔓延，非理性行为涌动，烟草、药物、兴奋剂、毒品的普遍使用等，都与社会竞争加剧、技术节奏或发展速度加快不无直接联系。顺便提及的是，休闲有助于消除生理与心理紧张状态，是抵消或缓解现代社会生活节奏加快所引发的一系列消极后果的必要张力。因此，休闲产业是具有广阔发展前景的朝阳产业。

其次，人在选择或使用技术的过程中，很容易形成对技术的依赖，受技术形态的奴役。技术是主体目的性活动的序列或方式。为了达到目的，人们不论是按照现成的技术形态行事，还是经过曲折的探索与多次尝试，创建新的技术形态，但都很难走出技术形态。不按技术模式行事，必然面临巨大的社会选择压力，必将在社会竞争中被无情地淘汰，这是技术存在与发展的进化论根源。然而，人们一旦踏上技术这条不归之路，就不可能摆脱技术的束缚。“我们踏上了再也下不来的

---

① E. F. 舒马赫. 小是美好的[M]. 北京：商务印书馆，1984，99.

踏车（从前罚囚犯踩踏的一种车子），再也不会回到过去那种安全时期了。"①因此，人有根据需要与境遇选择各种技术形态的自由，但却没有不选择技术形态的自由。放弃使用技术，逃避技术约束，只是暂时的、局部的，也是没有出路的。如同病人对药物的依赖、吸毒者对毒品的依赖一样，人们也会产生对技术的依赖，以及对高效率技术形态的贪婪追逐。

奴隶因主人能提供衣食而依附于他，不得不忍受他的奴役。人们也因技术能提供实现其欲望或目的的功能而依赖于它，也不得不接受它所强加的模式与节奏。在现实生活中，如同奴隶对主人的归属与依赖一样，人们总是归属和依赖于不同的技术形态。他们总是"受雇"于不同的技术系统，被迫按照这些技术形态运行的客观要求与模式生活，"忍受"技术形态的驱使和奴役。同时也应看到，技术系统的运转往往伴随着噪音、震动、烟尘、电磁辐射、强制以及失控风险等，这是技术负效应或非人性的一面。技术的两重性表明，人们在享受技术所产生的积极效果的同时，也必须忍受技术负效应或非人性的"虐待"，这就意味着人们将始终为非人性的技术所奴役。还有，在长期的技术应用过程中，人的许多天赋本能逐步退化，生存能力降低，这就更加深了对技术的依赖性。

再次，随着技术的进步，技术的奴役性有不断强化的趋势。技术的奴役性是以技术的自主性为基础的。现代技术的高技术化、复杂化、智能化、形体超人体尺度等发展方向，在提高技术效率的同时，也使技术的自主性不断增强。新技术形态强大的技术功能与更高的技术效率给人们带来了巨大的利益，但也潜伏着巨大的危险，出现了所谓的技术恐惧（Technophobia）。一是受人性的缺陷与技术发展不平衡等因素的影响，新技术形态容易为发达国家或统治阶级所利用，成为他们统治世界与被统治阶级的强有力工具。落后国家或被统治阶级将直接受到新技术形态的奴役。二战以后的核威胁、间谍卫星，当今信息技术领域的 Windows 视窗操作系统、监视技术、通讯识别与记录技术、人的生物特征识别技术等，都或多或少地扮演了这一角色。二是由于技术发展速度的加快及其社会控制体系的缺陷，对新技术的开发与扩散的社会控制难度增大，技术事故与滥用技术所带来的危险也随之增加。当今国际社会，对核扩散、克隆人、计算机病毒、恐怖主义等技术形态及其效应遏制之艰难，都反映了技术奴役性强化的趋势。

---

① 爱德华·特纳. 技术的报复——墨菲法则和事与愿违[M]. 上海：上海科技教育出版社，1999，3.

4. 技术理性主义批判

技术带给我们的决不仅仅是外在的器物层面的功效，更为重要的是它还孕育和传达着一种精神层面的思维模式与价值取向。技术理性关注事物对特定目的的有用性以及这种有用性的效率高低，表现为目的与手段的合理建构与选择。

(1)技术理性范畴的流变

一般认为，理性是以逻辑为特征的思维形式或思维活动，是人的本质属性和进化发展的依据。理性概念是一个不断演进的哲学范畴，在西方哲学的发展历程中，各哲学流派对理性的本质和作用看法不一。马尔库塞曾“列举出理性在哲学史上出现的五种含义，即：(1)理性是主体客体相互联系的中介；(2)理性是人们借以控制自然和社会从而获得多样性满足的能力；(3)理性是一种通过抽象而得到普遍规律的能力；(4)理性是自由的思维主体借以超越现实的能力；(5)理性是人们依照自然科学模式形成个人和社会生活的倾向。在这里，马尔库塞强调理性的第(4)、(5)个含义，认为理性原是一种超越现实的批判能力，即它原是一种批判的理性；而在自然科学中，理性的概念已被技术的进步所支配，它的批判性逐步为工具性所取代。依照自然科学的模式塑造人和社会生活已成为当代理性主义的趋势”①。可见，理性是一个内涵丰富的范畴，但无论是那一种具体含义，它们都是主体理智的表现。

在工具理性的起源问题上，许多学者都曾作过考察。马克斯·韦伯在探索资本主义精神的起源时，把理性分为价值理性与工具理性，并从基督教甚至犹太教思想中追溯工具理性的起源。② 霍克海默把理性明确地区分为主观理性(工具理性)和客观理性(批判理性)。他也认识到了工具理性的犹太教根源，并认为到“启蒙时期”工具理性已发展成型。③ “在许多人的心目中，希腊理性精神与希伯来信仰价值体系是近代西方文明的源头；而近代科学理性(工具理性)与希腊理性精神一脉相承。……可以认为，科学理性的发展过程也就是价值理性不断从中消退的过程：历经中世纪的唯名论到近代的唯理论、经验论和逻辑经验主义而最后完成了这个过程。”④

---

① 陈振明. 法兰克福学派与科学技术哲学[M]. 北京：中国人民大学出版社，1992，50.

② 马克斯·韦伯. 新教伦理与资本主义精神[M]. 上海：上海三联书店，1996，30.

③ 马克斯·霍克海默 特奥多·阿多尔诺. 启蒙的辩证法(哲学片断)[M]. 重庆：重庆出版社，1990.

④ 李公明. 奴役与抗争——科学与艺术的对话[M]. 南京：江苏人民出版社，2001，87—89.

对工具理性的批判是法兰克福学派思想的一个出发点和所取得的重要成果。陈振明先生曾就法兰克福学派视野中的工具理性范畴的核心，作过比较全面的概括："法兰克福学派将工具理性看作一种思维方式或思想逻辑，看作一种理解世界的方式或处理知识的方式。工具理性的基本特征是：(1)它把世界理解为工具，即把它的构成要素看作器具或手段，凭借它们，可以达到我们自己的目的，因此，它是工具主义的；(2)它关心的是实用的目的，有用的便是真理，一切以物或人的用途为转移，因而它是实用主义的；(3)它分离事实与价值，所关心的是如何去做，而不是应做什么；它排斥思维的否定性和批判性，使人消极顺应现实，而不是积极去改变现状。因此，它是一种单面性或肯定性的思维方式。"①

事实上，工具理性渊源于人们对技术模式在人类目的性活动中的效率优势的意识，是人类理智的主要表现形态之一，是促进社会物质文明进步的价值论根源。工具理性观念在各种文明的发展早期都有程度不同的反映。技术理性是伴随着近代科学技术的发展而迅速崛起的一种理性形式，是工具理性的现代形态。技术理性主义的核心在于，以理性形式对目的性活动的模式、效率或功利的追求，或者说是理性在功利维度上的集中体现。"理性最终被当作一种合作协调的智力，当作可以通过方法的使用和对任何非智力因素的消除来增加效率。"②因此，从人类理智演化发展角度看，作为理性的一种具体形态，技术理性本身是无可厚非的。因为它是人类得以生存和发展的重要支点之一，有其存在的合理根据。但是，技术理性的危害却在于，它就像理性苗圃里一株疯长的"树木"，侵占了其他理性之"树"的生长空间，抢夺了它们生长所需的"阳光、水分和养料"，排斥和吞噬着其他价值理性形态的发展。"当理性一边舍弃价值、一边在工具合理性的坦途上发足狂奔的时候，它同时还养成了高高在上、唯我独尊、宰割一切的品格。"③技术性思维正在成为人类的主导性思维模式，从而使人类理性处于畸形发展之中。

(2)技术理性膨胀的根源

技术理性与价值理性的发展是不平衡的，其间的张力也是不对称的。这就形成了技术理性对价值理性的创造性、批判性或否定性的销蚀与排斥作用，从而构成了对价值理性传承与发展的威胁。同资本掘取利润的本性相似，技术自从来到人间，它的每个毛孔里都浸透着功用的汗液，并为提高其功效性而不辞辛劳，力图

① 陈振明.法兰克福学派与科学技术哲学[M].北京：中国人民大学出版社，1992，51.
② 陈振明.法兰克福学派与科学技术哲学[M].北京：中国人民大学出版社，1992，51.
③ 李公明.奴役与抗争——科学与艺术的对话[M].南京：江苏人民出版社，2001，90.

把整个世界都淹没在技术的海洋里。拉普曾就此作过精辟的分析:“由于技术是日常生活的一个组成部分,因此,它必然影响人的思想感情。在工匠技术阶段,这种影响只是现存文化和社会关系的一部分。工业革命从根本上改变了这种状况,从此一切活动的目标都变成以最短时间、最少耗费产生最大的效益。由于采用技术手段与科学方法,这条原则带来了更大的‘成功’。寻求更完善的手段最终必然成为一条规范。这样一来,这种有效的技术活动,由于它的内在合理性,就有可能变成目的本身。在极端情况下,目的不再决定手段,反而是现有技术手段决定所要实现的目的。”①由此而来的便是技术逐步演变为现实生活的核心,排挤或替代人类对其他目的或价值的追求。

马尔库塞在论述技术理性的排他性时也指出,“社会组织它的成员生活的方式,牵涉到最初的在历史的替代品中间的选择,这些替代品是由继承下来的物质文化和精神文化的水平决定的。这种选择本身来自占统治地位的利益的作用。它预定着改造和利用人和自然的特定方式,并拒绝其他方式。同别的设计相比,它是一个现实化的‘设计’。但一旦这个设计在基本制度和关系中起作用,他就倾向于排他的,并决定着整个社会的发展。作为一个技术的领域,发达工业社会也是一个政治领域,是实现一个特定历史设计——即对作为纯粹统治材料的自然的体验、改造和组织——的最后阶段。”②技术及其思维模式,以它的效率优势排斥着人类的其他创造或活动方式。这就是技术的合理性与统治的逻辑。现实生活中科学精神与人文精神的对立,自然科学与人文社会科学之间的鸿沟等矛盾,都根源于技术理性与价值理性的分野。

技术理性之所以能够迅速发展并取得君临天下的优势地位,是有其深刻社会历史根源的。因为人类生活在一个资源相对匮乏的星球上,而人类的欲望又是无止境的,这就注定会发生激烈的利益争夺。社会发展历史表明,价值理性虽有助于人的全面协调发展、社会的稳定和谐,但它与社会竞争力之间并不存在必然的正向相关性,而单向度的技术理性与竞争力之间却存在着内在的正向相干性。也就是说,技术理性愈发达,就愈有利于社会竞争力的提高,反之亦然。“优胜劣汰,适者生存”是社会竞争的法则与社会选择的残酷结局,也是任何个人与团体都不得不面对的现实。在社会各个层面展开的激烈竞争,迫切需要不断增强竞争力,而技术理性正好迎合了这种社会需要。因而,与价值理性相比,技术理性理所当

① F. 拉普.技术哲学导论[M].沈阳:辽宁科学技术出版社,1986,48.

② 马尔库塞.单向度的人[M].重庆:重庆出版社,1988,7.

然地会得到重视和优先发展。

纵观人类社会发展史，野蛮民族打败或消灭文明民族的历史事实屡见不鲜。其中一个很重要的原因就在于后者的价值理性发达，技术理性相对滞后，军事等竞争实力较弱，而前者则恰恰相反。例如，赫梯人攻占古巴比伦，斯巴达人战胜迈锡尼，罗马人征服希腊各城邦，等等。崇尚技术理性观念的民族，往往在短期内就能积聚较强的军事竞争实力，在与其他民族的较量中多处于有利地位。T. 科塔宾斯基在分析社会的技术化趋势时也曾指出，"想延缓工具化的进程是徒劳无益的，而想要废弃已经实现的工具化简直就是反动的。……一个社会若胆敢拒绝工具化带来的进步，那它很快就会面临邻国入侵的危险。"①技术理性的优越性是社会发展对人类理性定向选择的结果。因此，在人类文明的演进历程中，技术理性多以正反馈机理推进，显现出明显的发展优势。这是应当引起我们特别关注的。

(3)技术理性主义批判

在科学技术与物质文明高度发达的今天，技术、生产、消费等社会活动普遍异化。生活在物欲横流、充满变数的现代社会中的芸芸众生，比以往任何时代更需要人文关怀。科学技术文明是现代社会的基本特征，它所彰显的技术理性正在不断地销蚀着传统的价值理性，使技术理性逐步占据现代人的精神世界。"奥特加认为，科学的技术之臻于完善导致唯一的现代问题是：进行想象和产生希望的能力将会枯竭或消失，而正是这种自然产生的能力首先说明了人的思想创造的原因。……人们缺乏想象力，技术是'一个空的形式——像最形式化的逻辑那样；它不能决定生活的内容'。科学的技术专家依赖于一种他不能控制的根源。"②科学与技术的发展正在泯灭人性中最可贵、最本质的创造性、批判性品质。而当初正是依靠这种天赋品质，人类才逐步踏上了科学与技术之路。

技术理性是实用主义哲学的核心观念之一，兼具实用主义哲学的基本缺陷。实用主义是一种缺乏远见、保守、初级的价值观念，根源于农业文明与个体寿命的有限性。③ 对功效、有用性的追逐是人类生活的重要内容与基本价值取向，但这并不是人类生活意义的全部所在。有用是从无用转化而来的，任何有用的东西当

---

① F. 拉普. 技术科学的思维结构[M]. 长春：吉林人民出版社，1988，172.

② 卡尔·米切姆. 技术哲学概论[M]. 天津：天津科学技术出版社，1999，26.

③ 在农业时代，农产品是人们生活的主要来源。在粮食、棉花等农产品储备并不丰裕的情况下，人们总是以对秋后收成的期盼和预见来决定春天的播种，久而久之就形成了一种近视的实用价值观念。同样，人的生命是有限的，人们总是倾向于用有限的时间或精力解决最为紧迫的问题。这也是萌生实用主义观念的社会历史根源。

初并不都是有用的,现在有用的东西将来不一定也有用。例如,贝克勒尔当初发现的放射性现象及其研究工作,并未显示出多大的实用价值,然而,正是这些看似“无用”的求知性研究,却孕育出了今天的核技术与核工业;古代的炼丹术、占星术曾经风靡近千年,十分有用,而今天却早已为社会的发展所淘汰。因此,如果人们只关注现实生活中有用性、合理性的东西,而无视这些东西的发现与演进历程,忽视对非效用性东西的探究和发掘,那么现实的有用性源泉终将会枯竭。由此可见,技术理性只是一种残缺的近视的理性形态或价值观念,是不利于人类全面而健康地发展的。

当代科学技术的发展,在带来物质财富极大丰富的同时,却引发了一系列精神危机与社会危机:生命科学对生命奥秘的揭示,使传统的人生意义的超验性解释面临严峻挑战;社会生活完全依赖于庞大的技术系统和技术化的社会运行体制,科技的高风险后果与生活的不确定性,使个人的盲目感与无力感加剧,邪教与迷信等非理性活动时有发生;现代社会竞争激烈,工作节奏加快,使人的肉体和精神承受着巨大的压力;物质消费的膨胀加剧了自然资源的掠夺式开发,环境污染、资源枯竭、生态危机、文化冲突等一系列全球性问题困扰着现代人;等等。人类生活在某种程度上正在失去精神支点,陷入精神家园失落的危机之中。

舒尔曼在论及技术的奴役性时指出:“世俗化的人类已经堵塞了意义的源头。在其假冒的自主中,人类以为它自己可以拯救自己,而且它仍然想要这样做。现代技术通过自己的成功和进步,已经证明对人们有特别的诱惑力。……在由似乎支持它自己的完全自主性的观念的现代技术所提供的参照点上,人们相信自己为允许和提高这种自主找到了根据。人们允许自己受到技术的管制。他们丧失了看穿技术性和体制性自主论的表面现象的能力。而这就带来了这样的后果:人类出面、活动得似乎他们也是某种技术事物。”①人的技术化与社会的技术化进程,使人性处于严重的异化与危机状态。在技术理性的全面统治下,人类正在逐步异化蜕化变为技术的动物。换句话说,脱掉技术的外衣,他们与依靠本能生活的动物无异。从这一点来说,人类正在向它的起点回归。

技术理性膨胀的恶果之一,就是导致社会价值体系的单一化,人性的扁平化。“他(马克斯·韦伯)把西方社会的发展概括为一种理性化和世俗化的过程:由理性科学与技术的思维方式及功用熔铸而成的工具理性越来越成为生活的依据,这

---

① E. 舒尔曼. 科技文明与人类未来——在哲学深层的挑战[M]. 北京:东方出版社,1995,372.

种过程伴随着世界的除魅（disenchantment）、奇理斯玛式的权威衰落、道德信仰的沦丧；在社会组织的层面上，如机器般精确、固定的科层制权力体系牢固建立；所有个人的整体价值、人与工具和过程的密切联系均已消失，代之以单一方面的价值和深度的孤离感。”①技术的广泛渗透性，推进了技术理性对传统价值观念的侵袭与消解进程。例如，人们之间的交往具有偶然性、建构性，感情真挚、淳朴。然而，对人际交往模式、人类性格类型、人性弱点等交往活动的科学分析，以及由此而发展出来的交际礼仪、交往技巧等技术形态，就体现出了功利性特点。按照交往技术规范交往，成效显著，但却使纯真的友情中渗入功利因素，侵蚀了情感价值。还有，语言是人类文明的“活化石”，记录和保存着丰富的文化信息。在日趋频繁的国内外交流中，推广使用英语和普通话，虽有利于提高交往效率，但也会使许多语言文化形态衰亡，所承载和保留的文化信息丢失。再如，恻隐之心，人皆有之。有些别有用心的人正是利用了人性的这一特征，精心策划、组织孤残儿童乞讨，假扮遭遇盗窃或流离失所者骗取钱财。如此，不仅行骗者的感情被技术化，而且也伤害了人类这种原始、淳朴的美好情感，使社会生活趋于冷漠与理性化。

在现代社会生活中，以技术为灵魂的货币的功能愈来愈突出，吞噬着丰富、健全的人性。正如马克思、恩格斯当年对资产阶级革命作用的评价一样，“它无情地斩断了把人们束缚于天然首长的形形色色的封建羁绊，它使人和人之间除了赤裸裸的利害关系，除了冷酷无情的‘现金交易’，就再也没有任何别的联系。它把宗教的虔诚、骑士的热忱、小市民的伤感这些情感的神圣激发，淹没在利己主义打算的冰水之中。它把人的尊严变成了交换价值，用一种没有良心的贸易自由代替了无数特许的和自力挣得的自由。”②许多为技术理性所统治的现代人，把挣钱或占有更多的资源设定为生活的第一目标。他们对货币符号价值的追求，掩盖了作为符号价值基础的生活本身的内在价值。他们的行为方式就是以赚钱为中心线索的，完全按照赚钱要求进行行为技术系统的建构与运作，如此就陷入了“生活就是为了挣钱，而挣钱就是为了赚取更多的钱”的怪圈之中。虽然他们拥有优越的物质生活条件，但是却普遍缺乏幸福感、充实感、神圣感。虽然别人通过“全球通”、手机很容易找到他们，但他们自己却找不到“自我”，完全被异化为经济技术体系中的一个技术单元——经济动物，被剥夺了本该属于人的意义和价值世界。难怪他们拥有金钱和财富后，感到生活空虚，吃什么都觉得不香！穿什么都觉得不美！

---

① 李公明. 奴役与抗争——科学与艺术的对话[M]. 南京：江苏人民出版社，2001，92.

② 马克思，恩格斯. 马克思恩格斯选集（第一卷）[M]. 北京：人民出版社，1972，253.

生活在危机与困境中的现代人，呼唤着价值理性的全面复兴与快速发展，以便重建衰败的人类精神家园，安顿处于流离、迷惘之中的生命。

正是由于技术理性的这种生长发展优势，构成了对人类其他理性形态发展的排斥和威胁。现代价值理性与技术理性之间张力的弱化，难以遏制技术理性主义的畸形发展，这就为各种非理性主义的生长提供了适宜的条件。进入20世纪以来，以反科学、反技术为核心的非理性主义思潮的盛行，就是对技术理性主义专制的抗争与反动。非理性主义在一定程度上张扬了人性，抵制了技术理性对人性的吞噬，这是应当肯定的。然而，非理性主义也是抵制价值理性的，这又是值得我们警惕的。

四、人类解放的技术途径

人类自诞生以来，就一直处于自然、社会、文化、思想观念等内外环境的多重束缚之中。人类的解放就是从自然力、社会压迫和旧思想观念的束缚中摆脱出来，获得自由的过程。人类社会的历史就是冲破束缚，获得解放、自由与尊严的过程，就是由必然王国向自由王国的不断飞跃。社会发展历史表明，在旧束缚被解除的同时，人类往往又会陷入新的束缚之中，面临新的解放任务。因此，人类解放是人类社会发展的永恒主题，有必要在广义技术视野中重新审视人类解放问题。

1.不断推进的人类解放历程

"解放"就是摆脱束缚，获得自由与发展的过程。"解放"与"自由"是同等程度的概念，而自由又总是相对于束缚而言的。人类的解放就是人类自由与幸福程度的不断增加。然而，离开了现实的自然、社会、思想观念等关系的承载与约束，也就无所谓人类的解放或自由。正如列宁所言，"当我们不知道自然规律的时候，自然规律是在我们的意识之外独立地存在着并起着作用，使我们成为'盲目的必然性'的奴隶。一经我们认识了这种不依赖于我们的意志和我们的意识而起作用的(马克思把这点重复了千百次)规律，我们就成为自然界的主人。"①可见，解放与自由不是在幻想中摆脱必然，而是对必然性的认识和支配。人们对必然性的认识愈深，对必然性的支配愈多，得到的解放与自由程度就愈高。

---

① 列宁.列宁选集(第2卷)[M].北京:人民出版社,1972,192.

辩证法认为，自由总是相对于约束而言的，约束是自由实现的基础和条件，离开了约束就无所谓自由。没有红绿灯对交通活动的规范和约束，便没有自由通畅的交通可言；没有法治对越轨行为的处罚与制裁，守法有序的生活就无从谈起。因此，人类解放的实质并不是要完全摆脱这些现实的约束关系，而是要在社会的不断进步中，逐步消除这些关系中异己的、非人性的、束缚性的、消极被动的、不公正的成分，求得个性的张扬，人的自由、幸福、尊严与全面发展。

我们应当历史地、全面地看待人类解放问题。从根本上说，人类解放是一个历史的现实过程，是在社会的不断发展中逐步实现的。正如马克思所说，"'解放'是一种历史活动，而不是思想活动，'解放'是由历史的关系，是由工业状况、商业状况、农业状况、交往关系的状况促成的。"①因此，人类的解放绝不意味着必须跳出自然、社会、思想观念等体系的限制，相反，而是要在这些关系的不断丰富和发展中，逐步实现人类的自由、幸福、尊严与全面发展。因为"人的本质并不是单个人所固有的抽象物。在其现实性上，它是一切社会关系的总和"②。事实上，正是自然、社会、思想文化观念等多维度的丰富的关系构成了人的本质，它们是人类解放与发展的基础与出发点。人类不可能走出这些关系，相反，摆脱了这些关系，人也就不成其为人了。从对人类解放的抽象的绝对的理解出发，必然会推出人类消亡的结论来。这与自杀、癫狂、精神超越、宗教超度等另类的解放无异。

俄国存在主义思想家别尔嘉耶夫（Nikolaj Berdjajew，1874—1948），虽然没有专门论述技术的奴役性问题，但是他对人所受的其他奴役的分析却是深刻的、精辟的。"奴役的世界是精神与自己异化的世界。外化是奴役的根源。自由是内化。奴役总是意味着异化，意味着人的本质的向外抛出。……人的精神本质的异化、外化、向外抛出就标志着人的奴役。无疑，人的经济上的奴役就意味着人的本质的异化，意味着把人变成物。在这一点上马克思是对的。但是，为了解放人，应该把他的精神本质归还给他，他应该意识到自己是自由的和精神的存在物。"③然而，别尔嘉耶夫只提到了人类精神解放的途径，未能深入论述人类从自然、社会与精神关系的束缚中解放出来的具体道路。精神解放虽是人类解放的基础或重要领域，但它却是难以单独展开的。

人类解放与人的全面发展，是在社会进步基础上展开的同一过程的两个方

---

① 马克思，恩格斯. 马克思恩格斯全集（第42卷）[M]. 北京：人民出版社，1972，368.
② 马克思，恩格斯. 马克思恩格斯选集（第1卷）[M]. 北京：人民出版社，1972，18.
③ 尼古拉·别尔嘉耶夫. 论人的奴役与自由[M]. 北京：中国城市出版社，2002，66.

面。两者互为条件,相互制约,从不同侧面反映了人的发展状况。一般而言,人类解放就是原有约束的解除或超越,原有的潜在需要转化为现实目的,是人类发展的具体表现。同样,人的发展就是人的主观愿望的逐步实现与新型自然或社会关系的建立,但往往又伴随着新束缚、新依赖关系的形成,成为人类进一步解放的目标。因此,人的解放与发展既意味着旧约束的解除,也意味着新约束的生成,或者说是以忍受新约束为代价来换取旧约束解除的。只是从历史发展的角度看,新约束的形式、性质与旧约束不同,对人性的压抑与异化趋于减轻,人的自由、幸福与尊严程度提高。

事实上,新约束已转化为当下人类解放与发展的必不可少的条件。正如克兰兹贝格所言,"当美国学者指出现代工厂工作的不人道性质时,伟大的印度作者D.奈帕尔从他的文化的立场作出了不同的评价:'印度的贫困比任何机器更不人道。'"①事实上,在人类解放问题上,除文化差异的影响外,主观的、片面的、静止的技术评价观念也是致命的。我们不能以技术负效应或奴役性的存在,而否认技术对人类解放和社会发展的巨大贡献。

应当指出的是,人类解放并不是匀速、线性推进的,也不能排除这一过程中的曲折和倒退。人类就是在这种约束的交替更迭中逐步获得发展与解放的。这就是人类解放的辩证法。例如,在封建社会代替奴隶社会的进程中,奴隶从对奴隶主的人身依附关系中挣脱了出来。同以往的奴隶相比,封建社会的农民享有一定程度的自由与发展机会,是人类解放与社会发展成就的体现,但是这种发展又是以农民与地主之间新型的依存关系的形成为基础的,是以农民忍受地主阶级的残酷剥削,以及被束缚在土地上等新型约束为代价的。

2. 人类解放的技术困境

人是矛盾的统一体,除灵魂与肉体、知与行、精神世界等层面的多重对立外,技术层面上的对立也不容忽视。如前所述,由于负效应与奴役性的存在,技术是套在人类身上的一副枷锁,是人类解放的重要对象。然而,人类的全面解放又表现为目的性活动过程,又是直接或间接地通过技术途径实现的。一方面,技术是冲破种种束缚,获取人类自由与发展的基本条件;另一方面,技术又是限制人类自由的桎梏。真可谓"成也萧何,败也萧何"。这既是技术自身的矛盾性,也是在人

① 中国社会科学院自然辩证法研究室.国外自然科学哲学问题[M].北京:中国社会科学出版社,1991,193.

类解放问题上，人类所面临的技术困境。对技术困境的分析是探讨人类解放问题的关键，也是正确理解广义技术世界功能的重要内容。

技术本身就是一个对立统一体，既有正效应，也有负效应；既有解放性，也有奴役性；既有稳定性，也有可塑性。人类解放的技术困境就是技术矛盾性的具体表现。只看到技术的负效应与奴役性的观点，是片面的、静止的，多是悲观主义的体现；同样，只关注技术的正效应与解放性的观点，也是孤立的、静止的，多与乐观主义相关联。二者都未全面、客观、动态地反映技术的内在本质，因而都是不足取的。我们应当遵循实事求是的原则，全面、客观、公正地评价技术，辩证地看待技术的属性与发展趋势。

从历史的角度看，技术困境是在人类解放与社会发展进程中形成与演进的，是作为物种的人类必须面对的困境，是与人类命运共始终的。新的技术奴役性的出现，总是以人类所承受的种种旧奴役的消解或人类的局部解放为基础的，可以视为人类所接受的原有奴役方式的转化或替代形态。例如，航空航天技术把人类从重力与地球引力的奴役下解放出来，它的奴役性替代了人类所忍受的重力、地球引力等自然奴役。有线通讯技术把人们从书信、烽火、旗语等传统通讯技术的奴役中解放出来，无线通讯技术又把人类从有线通讯技术的奴役中解脱出来。无线通讯技术的奴役是有线通讯技术奴役的转换，有线通讯技术的奴役又是传统通讯技术奴役性的转换，等等。可见，新技术的解放性与奴役性并存。从本质上说，新技术的奴役性源于对旧技术或人类所忍受的其他奴役形态的解放作用。或者说，新技术的解放性是以其新的奴役性为代价的。只不过在这种新旧奴役性的转换过程中，随着新技术形态的不断涌现，技术奴役性的种类增多，程度趋于减轻。当然，这其中不乏众多实现“虚假”需求的技术奴役性。①

事实上，对于技术奴役性与解放性的评价，最好的办法就是把它们置于人类历史的长河之中，用进化发展的眼光进行审视。在历史事实的全面对比基础上，定量地说明技术奴役性与解放性的消长趋势。在广义技术视野中，作为主体目的性活动的序列或方式，技术负载着价值。然而，不同的技术形态又具有不同的属性与功能，呈现出不同的价值指向，其间往往存在着对立与冲突。其实，技术价值的矛盾性源于人类目的之间的对立性，而目的之间的对立又源于主体之间的世界观、价值观、现实利益等层面的差异与冲突。这就导致了现实中大量相互对立、彼此矛盾的技术形态的出现。如进攻技术形态与防御技术形态并存，杀人技术形态

---

① 马尔库塞. 单向度的人[M]. 重庆：重庆出版社，1988，6.

与抢救技术形态相伴，计算机病毒制作技术形态与监测、封杀病毒技术形态同行，等等。这一层面技术矛盾的消除有赖于社会的进步与人性的完善。这是坚信社会历史进步观念的必然结论。

人类终将会消除和走出这种技术异化状态，从异己的、非人性的技术奴役之中解放出来，技术也将随之“善”化。正是基于对人性不断完善的信念，具有基督教思想倾向的舒尔曼，在分析了民主化趋势、更多的闲暇时间和新形式的禁欲主义，对技术奴役性的抑制作用后，指出：“技术的强烈的一体化倾向就迫切要求在人们之中产生一种新的宗教共同体意识。如果不从根本上恢复宗教意识，如果人类的错误观念不得到纠正，对自主性的任何突破的影响都将只是暂时性的。如果人类用一种绝对化的自由或一种绝对化的政治民主制的观念来取代一种绝对化的技术力量的观念的话，那它真是仅仅从炸锅里跳到了火中。”①笔者虽然不赞成舒尔曼思想的这一推论，但却赞同他对人性与社会进步前景的乐观估计。

根源于技术的非人性、负效应的技术矛盾，也有望在技术进步过程中得到缓和或削弱。事实上，在社会发展过程中，除了基于人性矛盾的对立技术形态的发展外，技术的非人性、负效应属性也可能转化为技术进步的目标。这就是技术的人性化、自动化、绿色化等发展方向。例如，以叉车、吊车为核心的现代装载技术形态的形成，不仅提高了装载效率，而且把码头工人从以往繁重的体力劳动中解放出来，获得了一定程度的自由与尊严。再如，智能交通、探测与自动控制、充气气囊等技术形态的发展，有望把人们从交通事故的威胁中解脱出来。还有，各类工业消烟除尘技术形态的发明与运用，既保证了工作场所的清洁，也减少了排入大气之中的烟尘。因此，从技术进步角度看，技术的负效应或奴役性趋于减轻，人类有望从技术奴役性的阴影中逐步解放出来。这就是技术发展的否定之否定过程。

除了精神领域的理性超越外，现实中的人不可能走出自然与社会关系；同样，人也不可能走出技术世界。我们不能以技术困境的存在而否定技术的积极价值。因此，人类解放的目标不是要摆脱技术，抛弃技术世界，而是要在技术进步与技术世界的建构过程中，求得人的自由、幸福、尊严与全面发展。人类的解放就是在这一技术困境中艰难、缓慢前行的。反科学主义者所倡导的放弃现代技术发展，回归原始质朴生活状态的设想，是因噎废食的幼稚之举，是极端浪漫主义的具体体

---

① E. 舒尔曼. 科技文明与人类未来——在哲学深层的挑战[M]. 北京：东方出版社，1995，375.

现。它是以人类解放与社会发展的巨大倒退为代价,来换取部分现代技术奴役性的消除的。

且不论这一设想可行与否,单就放弃现代科学技术这一点而言,它必然会使人类重新退回食不裹腹、衣不蔽体的野蛮时代,重新忍受更为严酷的自然、社会、思想观念等层面的多重束缚与奴役。这是在开历史的倒车,是注定行不通的。别尔嘉耶夫对此有更为深刻的洞悉,"实际上,他(列夫·托尔斯泰)是想使物质生活简单化,以便使人能够转向精神生活,文明所阻碍的就是这个。对文明及其技术的否定从来不是彻底的,有许多超级的科学成就来自史前古老的文明,只是在更简化的和更简单的形式里。"①事实上,人是技术的动物,技术是人的根本属性,即使退回到刀耕火种的史前时代,人类仍生活在简单质朴的技术世界之中。他们可以不用现代技术,但不能不使用原始技术。因此,技术困境始终伴随人类发展,是客观存在的,人类解放的目标也只有在技术的发展过程中才能逐步实现。这才是人类解放与社会发展的现实路径,也是历史与辩证法所昭示的真理。

3. 人类解放的技术途径

揭示技术的负效应与奴役性,是为了更全面地认识技术,促进技术的改进与完善,而并不意味着要摒弃技术。技术的正效应与负效应、解放性与奴役性同时并存,是人类必须面对的永恒困境。事实上,人类的解放活动就是在技术困境中展开的,是在技术世界的"沼泽"中艰难前行的。人是技术的人,技术是人类的命运,技术世界是人类解放必须依赖的现实基础。技术在人类生活中的这一基础地位与积极作用,决定了它是促进社会发展,谋求人类解放的根本途径。

马尔库塞对技术本质的揭示与技术理性主义的批判是透彻的。但是,他把技术进步与人的解放相对立的观点,却是笔者不敢苟同的。"在这个宇宙中,技术也给人的不自由提供了巨大的合理性,并且证明,人要成为自主的人、要决定自己的生活,在'技术上'是不可能的。因为这种不自由既不表现为不合理的,又不表现为政治的,而是表现为对扩大舒服生活和提高劳动生产率的技术设备的屈从。"②马尔库塞是不彻底的广义技术论者,虽然他看到了技术的广泛存在,但是却忽视了技术与人的不可分离性,以及技术在人类生活中的基础性地位;虽然他看到了现代技术对人的奴役,但是却未能正确地指出未来技术发展在人类解放过程中的

---

① 尼古拉·别尔嘉耶夫. 论人的奴役与自由[M]. 北京:中国城市出版社,2002,140.

② 尤尔根·哈贝马斯. 作为意识形态的技术与科学[M]. 上海:学林出版社,1999,42.

积极作用。因此,在技术评价问题上,我们不仅要走出“生产力之阱”,还要走出“技术悲观主义之阱”。

舒尔曼并不否认技术对人类解放的积极作用,所不同的只是他认为这种解放作用的前提就是信奉上帝、皈依宗教,即置技术进步和人类解放于基督教信仰的统摄之下。“世界被推向完全的解救和完成,推向上帝之国的完满实现。这一上帝之国正是通过由世俗化动机所引导,并且在今天充满了深远后果的技术发展所引起的意义的扰乱和错置中开辟着自己的道路。……解放了的技术于是就将能医治人们‘凭借自然’而生活其中的困难环境。它将提供一种对生活机会的扩大,减轻工作的苦痛和困难,抵御自然灾害,征服疾病,改善社会安全状况,扩大联络,增加信息,扩大责任,大大地增加与精神健康相和谐的物质繁荣,消灭自然、文化和人的异化。”①其实,这种意义上的人类解放是以精神上臣服上帝,自觉接受宗教的清规戒律约束为代价的。舒尔曼对人类社会发展前景的描绘,是与历史唯物主义论断尤其是宗教消亡论的观点相对立的,这也是我们所不能接受的。

由于技术发展的历史局限性,现实生活中的技术形态总是表现出多种多样的负效应或奴役性,但技术并不是万恶之源。我们在关注技术负效应与奴役性的同时,也应该看到技术的正效应与解放性,更应该看到它的进步性与未来发展趋势。这才是客观、公正和全面的技术评价观。人类解放事业是在社会发展进程中不断推进的。在狭义技术视野中,技术不仅是直接的现实的生产力,而且是第一生产力。也就是说,在现代生产活动中,技术愈来愈成为影响社会生产发展的决定性因素。② 从社会基本矛盾运动角度看,技术进步促进生产力的发展,生产力的发展又会促进生产关系的变革;生产关系的变革进而引发经济基础的更新,经济基础的更新迟早会导致上层建筑的相应变化,从而带动整个社会的发展。这就是历史唯物主义为我们勾勒出的社会发展的基本线索与环节。

一般地说,社会进步就意味着与历史状况相比,现实社会生活的主要指标有了明显改善,社会成员获得的自由与幸福程度在增加,人的全面发展在推进。社

---

① E. 舒尔曼. 科技文明与人类未来——在哲学深层的挑战[M]. 北京:东方出版社,1995,382.

② 有的学者把科学技术的生产力属性概括为:“生产力 =(劳动者 + 劳动资料 + 劳动对象)×科学技术”;有的学者则认为,把科学技术置于乘数位置还不足以反映现代科学技术的巨大作用,应当把它进一步提升到指数的位置,即把上述公式修改为:“生产力 =(劳动者 + 劳动资料 + 劳动对象)^{科学技术}。

会发展的历史表明,人类的每一次解放都是在生产力的飞跃与社会制度变革中实现的。随着技术进步与劳动生产率的提高,社会财富增长速度加快,人们的劳动条件得到了改善,工作时间逐步缩短,闲暇时间增多,等等。这就部分地把人们从以往繁重而紧张的劳动束缚中解放出来,促进了人的自由而全面的发展。“机械化、标准化的技术过程可以使个人的能量释放到一个超出必然性的未知的自由王国中。人类生存的结构将会被改变;个人将会从把异己的需要和异己的可能性强加于他的那个工作世界中解放出来。个人将会对他自己的生活自由地行使自主权。如果能把生产机制组织和引导得满足根本需要的话,那么它的控制力可以很好地集中起来;这种控制力将不会妨碍个人的自主权,而是使得这个自主权成为可能。”①例如,1993 年以来,我国逐步推行的把周工作时间缩短到 40 小时,国庆节假期延长的做法,就是在改革开放以来中国社会的快速发展成就的基础上实现的。

在广义技术视野中,作为主体目的性活动的序列或方式,技术进步与社会发展和人类解放进程息息相关。在人类解放问题上,笔者持现实主义立场,认为技术不仅体现出生产力功能,通过社会基本矛盾途径促进社会发展与人类解放,而且还通过向人类活动诸领域的全方位渗透,以及提高人类活动效率的基本途径,把人类全方位、多层面地从自然、社会以及落后思想观念的束缚中逐步解放出来。历史发展表明,人类的每一次解放都是在技术发明与技术改进的基础上取得的。例如,电灯的发明把人类从黑暗的束缚中解放出来;电话、互联网等技术发明,把人们从信息的空间阻隔与禁锢中解放出来;广播、电视等大众传媒技术的发展,把人们从对领导人及其政治活动的神秘感中解放出来;专家组、顾问团等社会组织形式的发明,把人们从各自学科的狭隘领域中解放出来;在科学实验技术基础上取得的科学认识成果,把人们从宗教观念的蒙蔽中解放出来;家庭联产承包责任制的推行,把农民从人民公社的束缚中解放出来;等等。尽管由于新技术形态的历史局限性,也会带来新的束缚或奴役,但与此前人类所承受的束缚或奴役相比,毕竟在程度上有所减轻或在范围上有所缩小,而它带给人们的自由与幸福却在不断增加。正是从这个意义上说,技术是人类解放根本的现实途径。

虽然技术进步促进了技术理性的畸形发展,但并不能因此就断定二者之间就存在着永恒的线性关系,更不意味着技术理性的统治地位是不可动摇的。其实,

---

① 马尔库塞.单向度的人[M].重庆:重庆出版社,1988,4.

工具理性在逻辑上后于价值理性,在掌握了强有力的工具后,如若没有终极价值的引导,我们就会在关键时刻不知所措。因此,价值(或批判)理性是难以泯灭的,它将会自觉地抵制技术理性的过度扩张,完成人类理性发展的否定之否定过程。随着人性的完善和社会竞争的弱化,技术理性恶性膨胀的社会条件将被逐步铲除。物极必反,作为技术理性的对立面,价值理性的觉醒与人文精神的回归,将会抑制技术理性对人性的进一步异化。事实上,今天学术界对技术理性的批判,对价值理性的呼唤,就预示着遏制技术理性膨胀的内部张力的逐步恢复。在人类社会的未来发展进程中,技术理性与价值理性之间的张力将得以重建,物质文明、政治文明与精神文明的发展将日趋协调,人性与社会的全面、和谐、均衡发展的局面将会来临。

未来既是历史与现实发展的直接产物,同时也是主体积极建构的结果。[①] 社会发展的现实与历史,是支持和勾画人类未来的客观基础。对事物未来的描绘或预测,就是在观念中对事物发展态势的模拟、推演与塑造,一定程度上依赖于主体信念与主观能动性。因此,未来是不确定的、可塑的。人类的创造性是不可泯灭的,正如它创造出的历史文明一样,人类必将在技术世界及其进步的支持下,创造出更加绚丽的未来文明。技术理性主导下的现代文化的技术单一化趋势,必将为未来技术进步支持下的文化的多元化协调发展所取代;现代社会趋于"单向度的人",必将为未来"多向度的、全面充分发展的人"所取代。这就是技术自身的辩证法。

尽管未来人也是技术的人,未来社会也是技术的社会,人类不可能走出技术,也不可能彻底摆脱技术困境,但是,我们坚信,经过在漫长而"泥泞"的技术道路上的艰难跋涉,人类一定会逐步减轻技术困境的痛苦与困扰,在技术世界中实现人类的梦想。追求真、善、美、圣的人类目的性发展指向,必将促使技术为人类造福;趋于人性化的技术世界,将日益成为人类全面发展的内在支持条件,支撑着未来的人类解放与社会进步。

---

① 王伯鲁.发展战略研究理论基础初探[J].中国软科学,1997(3)

结束语

本书从技术概念的广义界定出发,运用历史与逻辑相统一的方法,在广义技术视野中重新审视了技术的表现形态,剖析了广义技术世界的静态结构与动态演化,并简要论述了技术世界的社会功能。虽然涉及问题较多,但探讨多不深入、透彻,阐述也缺乏系统性,这是做学问之大忌。至此,笔者也才真切地体会到了“学无止境”的深刻含义。在初步完成了本选题所设定的基本目标,即将搁笔之际,应该对这次思想之旅作一简要回顾,以便明确现在所处的位置,指出存在的主要问题和今后研究的设想。

一、研究取得的主要进展

技术世界潜藏于现实世界之中,只有通过理性思维才能抽象把握。不同技术观念者心目中的技术世界面目各不相同。本书就是围绕“广义技术世界”这个核心范畴展开的。笔者在广义技术视野中,粗线条地描绘了技术世界的整体面貌,并就技术世界的属性、结构与运行机理、社会功能等相关问题作了理论上的阐释,力求解决广义技术哲学的主要问题。这些探究工作,在如下几个方面取得了初步进展:

(1)给出了技术的广义界定

技术是一个内涵丰富又使用混乱的基本概念。虽然关于技术的众多定义可以大致归入狭义界定与广义界定两大类,但是在同类界定中也没有公认的权威定义。鉴于理论上的这一混乱局面,以及技术范畴在本选题探究过程中的基础地位,本书重点分析了技术概念的界定问题。笔者在广泛吸收前人研究成果的基础上,给出了技术的广义界定:“围绕如何有效地实现目的的现实课题,主体后天不断创造和应用的目的性活动序列或方式。"这一技术定义外延广泛,包容性强,纳入其中的众多具体技术形态就构成了广义技术世界。

(2)技术的多维形相

给出一个抽象的技术定义并不算难,而要使这一定义经得起推敲,并得到普遍认同就不那么容易了。除了抽象适度、概括恰当、表述精炼等基本要求外,以该定义为基石的技术哲学理论的丰富性、自洽性、完备性、解释力与预见性等品质,也是影响该技术定义为人们接受程度的重要因素。笔者正是基于这一认识,没有仅仅停留在给出这一抽象的技术定义上,而是在广义技术视野中,从语言、历史、逻辑、人类活动等维度分析和阐述了技术的具体表现形态。这一工作旨在把相关文化形态整合到统一的广义技术哲学理论框架之中。

(3)广义技术世界的建构

本书把形态各异、复杂多变的技术形态,归结为流程技术与人工物技术两种基本形态,并从其相互作用角度,分析了广义技术世界的基本结构与建构机理。在此基础上,笔者又进一步阐述了技术系统建构的嵌套模式,以及技术世界的层次结构,进而探讨了广义技术世界在客观世界中的本体论地位。

(4)广义技术世界的演化

本书从历史与逻辑相结合的角度,审视了技术世界的演进历程及其未来发展趋势,揭示了技术世界的时间结构与演化特点。笔者认为,技术运动可以划分为纵向运动与横向运动两种基本形式,"外推内驱"是技术发展的基本动力。扩大和提高技术的正效应,减轻或部分消除技术的负效应,是人类技术活动的基本原则与技术进步的基本方向。笔者还分析了新技术形态的创建与旧技术形态消亡的机理和过程,并概括出了人择原理、加速发展原理、"链式"传导原理、累积与淘汰原理、"生态"原理等技术世界演化发展的基本规律。

(5)广义技术世界功能的评价

技术是一种具有广泛渗透性的"元文化"因素,负载着价值,在现实生活中发挥着多重功能。通过人的目的性活动方式,技术已经广泛渗入认识、实践、审美、评价等几乎人类活动的所有领域,改变着这些领域的文化形态与发展样式,承载和滋生着伦理、经济、政治等多重社会文化关系。广义技术世界是人类文明的重要组成部分,在人类生活中发挥着积极的建设性作用。然而,技术的建构与运行过程又潜伏着风险,存在着种种负效应。本书分析了技术负效应存在的根源、技术风险的不确定性,以及技术的社会控制机制,并就人的技术化、技术理性主义、技术的奴役性与人类解放等理论问题作了简要论述。

(6)广义技术范式的确立

笔者坚持认为,由现象到本质、从分立走向统一,是人类认识发展的大趋势。工程学的技术哲学与人文主义的技术哲学之间的分歧不是绝对的,前者迟早会为后者的发展所消解和包容,后者必须充实和吸收前者的研究成果,进而在广义技术哲学的理论框架中实现二者的统一。虽然技术哲学领域的两种学术传统形成的历史已不算短,但与工程学的技术哲学传统相比,人文主义的技术哲学发育与成熟相对滞后。同时,由于技术概念外延的扩大,分散了研究者的注意力,增加了归纳概括的难度与理论研究的工作量,因此,有影响力的广义技术哲学的研究范式始终未能真正确立起来。本书给出的广义技术定义以及所形成的广义技术研究范式,有望推进人文主义的技术哲学研究的深化。

总之,本书围绕广义技术世界而展开的理论分析,为广义技术研究范式的形成与广义技术哲学理论的确立奠定了基础。这对于推动人文主义的技术哲学的发展与完善,对于促进两种技术哲学传统的融合与统一,都具有积极的理论意义。

二、有待深入探究的问题

广义技术世界的理论阐释,涉及领域广泛,需要深入探讨的问题众多。本书只是在这一方面的一个初步尝试,尚有许多理论问题需要深入细致地分析。对这些问题进行简单的梳理,可以作为今后进一步研究的目标或起点。这也是贯彻广义技术研究范式,发展和完善广义技术哲学理论的基础性环节。

(1)广义技术哲学理论的发展与完善问题

广义技术哲学是尚处于探讨和建构之中的开放的理论体系,本选题的探索就是在这一理论框架中展开的。本书所取得的进展有助于该理论体系的丰富和发展,当然,广义技术哲学研究的深化,又会推动对广义技术世界问题的理论阐释,其间存在着互动促进的正反馈机理。目前,广义技术哲学的许多理论问题有待澄清,理论体系远未成型。笔者以为,只有贯彻广义技术研究范式,全面系统地探究这些问题,才能促进广义技术哲学理论的发展与完善,也才能把对广义技术世界的认识引向深入。

(2)广义技术世界理论阐释的深化

本书对广义技术世界问题的研究只是初步的,且不论所涉及问题的许多细节仍需要进一步深化,单就该主题而言,仍有许多重大问题尚未触及。例如,社会技术的结构及其创新途径,技术世界各领域之间的互动机理,技术世界及其发展的定量分析,技术认识活动与技术知识的特征,广义技术哲学理论体系的结构,等等。因此,为了使广义技术世界的理论阐释全面而深入,不仅需要在广义技术哲学领域适当拓展研究范围,而且还需要对已涉及的理论问题继续进行深入而细致的探究。

(3)广义技术世界相关问题的探讨

本选题属技术哲学领域的内部问题,对这些问题的探讨,为与此相关的外部问题的解决奠定了理论基础。在广义技术世界理论阐释的基础上,把研究重心适时引向对相关外部问题的探究,是本选题扩展研究领域的必然选择。例如,广义技术世界在人类文明发展中的地位与作用,广义技术世界建构的社会文化支持系统,技术的社会功能与人文价值,等等。这些问题的研究是广义技术哲学发展的一个重要方向。

(4)广义技术视野与狭义技术视野的对应问题

广义技术视野的优势或生命力就在于,它比狭义技术视野具有更强大的解释功能。除狭义技术视野所能解释的技术现象外,它还能把其他文化现象归入统一的广义技术哲学理论框架中进行解释。为了能说服理论界尤其是狭义技术论者接受广义技术观念,除理论本身的统一性与逻辑力量外,还应当实现它与狭义技术理论之间的对接与过渡。即当把人类目的性活动限定在人与自然关系领域时,广义技术理论就应过渡或转化为狭义技术理论。然而,受本书主题所限,这一工作也未能触及。

三、技术未来发展趋势展望

技术是人的创造物,并服务于人类目的的实现。随着人的全面发展和社会的不断进步,作为人性的体现与社会发展的标志,技术的属性与形态也将随之出现新的变化。在第四章中,我们曾就现代技术尤其是产业技术的发展方向作过简要分析。这里将从人类解放与社会进步的高度,在广义技术视野中沿着这一思路,进一步展望未来技术发展的趋势和特点。

(1)科学化趋势

技术发展史表明,技术创建活动总是与科学、技术认识活动结伴而行的,其间形成了正反馈互动促进机制。近代以前的技术创新活动基本上是在感性经验基础上展开的，近代以来的技术创新活动则主要是在科学认识规范下进行的。技术对科学发展的依赖性不断加深，这就是所谓的技术科学化。技术科学化进程促进了技术科学与工程科学的分化与繁荣，以经验摸索为主导的传统技术创新模式，逐步为科学理论规范和引导下的现代定向技术创新模式所代替。

定向技术创新就是在技术科学与工程科学研究的引导下，有方向、分步骤地探求实现技术目标的具体途径和环节。定向技术创新模式要求把技术创新活动纳入科学研究的范围之内，通过科学研究活动探求解决技术难题的路径。人们将在技术科学与工程科学视野中审视技术目标与技术构想，从科学发展中推演出新技术形态的工作原理；围绕技术创新难题组织和开展科学研究，通过设计活动把科学理论成果转化为技术设计方案，再按照技术设计方案进行研制与试验。这就大大提高了技术创新活动的针对性与成功率。

虽然技术的科学化趋势在今天已经显现出来，但这只是初步的、片面的。进入高度文明的未来社会，这一趋势将得到全面发展。定向技术创新模式的核心就在于，形成了一个能够实现多种技术创新目标的一般性的程序或方式。也就是说，形成了一个以创建不同技术形态为目标的"全能"技术形态。在现代技术创新活动中，由于众多不确定性因素的影响，这一技术形态尚未成型，经验成分较多，运作效率低下。在高度文明的未来社会，随着技术科学与工程科学的全面发展，技术科学化的趋势将不断加强。这一演进过程的标志之一就在于技术试验的轮次减少，而技术的预测与设计等环节得到强化。与此同时，技术创新活动中的不确定性因素、非逻辑因素将逐步为科学的发展所消解，扎根科学研究土壤之中的定向技术创新模式将日趋成熟。这一特殊的"母体"技术形态的出现，必将大大提高技术创新活动的效率。

(2)人性化趋势

作为客体主体化的产物，技术是外在于主体的异己存在物。虽然它是人的"无机身体"，但与人的有机的器官毕竟是有差异的。在技术的建构与运行过程中体现出了许多非人性的特征，这就是前述的技术奴役性。消除技术的非人性以及对人的异化，减轻或摆脱技术的奴役，让技术回归人文，应该成为未来技术进步的基本方向。现代技术发展过程中出现的自动化、智能化、绿色化、艺术化趋势，都可以看作技术人性化进程的具体表现。

所谓技术的人性化，就是按照人的生理、心理（或肉体与精神）特点建构技术形态的过程，可视为人的技术化的内在要求。技术的人性化力求消除作为人的"无机身体"的技术，与人的"有机身体"之间的"排异反应"，使二者日趋协调、和

谐。在高度文明的未来社会,技术的人性化将得到充分的长足发展,主要体现在以下几个方面:

一是技术形态日趋丰富多样,标准化、批量化的技术形态逐步为个性化、分散化和个别订制的技术形态所代替。这就为人们依据各自偏好或目的特点,灵活地选择技术形态提供了可能,也使人们以往的许多梦想有可能实现。新技术形态的运用还会创造出更多的社会财富,使更多的人摆脱贫穷落后状态。这乃是技术人性化之根本。

二是技术形态的自动化或智能化水平进一步提高,不仅使人们从繁重的体力劳作中摆脱出来,而且也将把人们从脑力劳动中部分地解放出来。技术系统的运行节奏与人的生理活动节奏更趋协调、匹配,劳动时间缩短,闲暇时间增加。在高度文明的未来社会,技术形态也将被赋予更多的人性与文化特征,如具有情感表达、语音交流、图像识别、推理判断等功能。未来技术系统外形优美、亲切可爱,更易于与人类沟通和和谐相处。

三是以牺牲生态环境为代价的技术形态将被全面淘汰,代之而起的是生态负效应微弱的绿色技术形态。生态文明是后工业时代的重要特征,技术的生态化是未来技术发展的基本方向。绿色技术形态的建构与运行不仅有利于修复和重建生态平衡,而且也将把人们从恶劣的劳动与生存环境中解放出来,促使人与自然关系更趋和谐。

四是旨在改善人类生理品质的生物医疗技术的发展,将极大地提高生命质量。人类将首次打破数百万年来被动进化的局面,积极主动地干预自身的进化发展。未来生物医疗技术的发展,将不仅把人类从多种疾病的折磨中解脱出来,延长寿命,而且还有望通过基因技术、医疗技术等新技术途径,改善人的生理、心理乃至智力活动的生命基础,加快人类进化进程。

五是技术作为竞争或战争武器的功能趋于弱化。在高度文明的未来社会,随着物质财富的丰富与人类精神境界的提升,人性与社会道德有望得到极大改善,社会制度将更加趋于合理。随着经济、政治与文化全球化的高度发展,社会竞争与地区冲突的程度将趋于减弱、范围逐步缩小,谋求或维护私利的活动将沦为社会末流,以谋取私利为目标的技术形态也将逐步退出历史舞台。

(3)艺术化趋势

现代技术活动中广泛渗透着艺术因素,现代技术也是在艺术规范的参与和调制下形成的,是按照艺术美的原则建构起来的。“工程技术的构思与设计,统一了哲学的思辨性、科学的现实性、技术的操作性、艺术的鉴赏性、社会的实用性。它所涵盖的理论与实践的内容,几乎是全面无遗的。"①技术的艺术化是指艺术原则、审美理念等对技术活动的影响和调制,可理解为以艺术的形式实现或重塑技术形态,为技术寻求更具有审美表现力的形式,促使其功能的完善、完备和完美,达到实用、美观、经济、高效等多重价值的有机统一。技术艺术化要求技术活动既要遵循技术原则与规范,又应该符合美学原理和艺术原则,力求实现技术性与艺术性的和谐统一。20世纪初期,在欧洲兴起的新艺术运动以及工业设计活动,就是技术艺术化的现代表现形式。

进入高度文明的未来社会,技术的艺术化进程将是全方位、多层次、立体推进的,贯穿于技术形态的构思、设计、建构和运行的全过程,代表着未来技术的发展方向。技术的艺术化是推动艺术向实用化、大众化、普及化方向发展的重要力量,必将扩大艺术表现形式与影响深度与广度,有助于弥补技术理性对人文价值的侵蚀,维持科学精神与人文精神之间必要的张力。

(4)适用化趋势

社会竞争是现代技术发展的重要动力,然而进入高度文明的未来社会,社会竞争将趋于弱化,代之而来的将是合作的主旋律。在这一问题上,笔者不赞成许多学者对未来的悲观主义估计。其实,从来就不存在永恒的人性,也没有固定不变的社会体制。既然技术是推动人的全面发展与社会进步的基础性力量,那么,技术进化发展就一定会促进人性的改善与社会的进步。这与进化论理念和共产主义信念是一致的。《黑客帝国》等科幻影片中所反映的技术进步趋势应当肯定,而它们所刻意渲染的打斗场面,却是把残酷竞争的现实生活或历史场景简单地平移到了未来。虽然它有助于增强了影片的娱乐性和票房收入,但对未来人性与社会发展的描绘却是干瘪的、苍白的,不能当真。这些影片对以技术为基础的社会发展的预测,是不全面、不真实的,违反了系统进化原则。因而,它们只具有商业娱乐性,而并不具备科学或学术价值。

如前所述,不积极开发或采用先进技术,迟早会被社会竞争所淘汰。进入高度文明的未来社会,社会竞争的弱化将促使人们从被迫追逐高性能技术形态的误区中走出来,使技术的选择和使用更为理智,更加合理。依据目的、地域、实际需求等特点,机动灵活地选择或建构适用技术形态,将成为未来技术发展的重要趋势。技术世界的多样化发展为这种选择提供了可能。也只有到了这个阶段,舒马

① 萧焜焘.科学认识论史[M].南京:江苏人民出版社,1995,784.

赫为落后国家或地区所设想的"中间技术"道路才有可能实现。① 进入高度文明的未来社会,技术效率原则的统治地位将会发生动摇,技术理性主义的恶性膨胀也必将受到扼制。

技术是人性的体现,技术的未来发展趋势必将体现出人类对真、善、美等多重价值的不懈追求。在这里,技术的科学化趋势所折射的就是对"真"的追求,人性化与适用化趋势体现的就是对"善"的追求,艺术化趋势则是对"美"的追求。从这一点来说,技术的未来发展有望实现真、善、美的统一。进入高度文明的未来社会,技术所引起的人的异化状态将会逐步得到消除,并开始向人文回归。也只有到了那一个阶段,芒福德所期望的综合技术取代单一技术,②埃吕尔所谓的技术操作代替技术现象等人类理想,③才有可能逐步变为现实。

---

① E. F. 舒马赫. 小的是美好的[M]. 北京:商务印书馆,1984,120.

② 综合技术"'大体上是以生活发展为方向,而不是以工作或权力为中心的。这是一种与生活的多种需要和愿望一致的技术,而且它以一种民主方式为了实现人的多种多样的潜能而起作用。相反,单一技术或权力主义的技术则是基于科学智力和大量生产,目的主要在于经济扩张、物质丰盈和军事优势。'简言之,就是为了权力。"(详见卡尔·米切姆. 技术哲学概论[M]. 天津:天津科学技术出版社,1999,21.)

③ "技术操作是很多的,传统的,而且受到它们发生于其中的多种多样情景局限的;技术现象——或'技术'——是单一的,并且构成了制造和使用人工物的唯一现代形式,这种形式趋于占支配地位,而且把各种别的人类活动形式并入自身。"(详见卡尔·米切姆. 技术哲学概论[M]. 天津:天津科学技术出版社,1999,36.)

主要参考文献

中文部分

1. D. C. 菲立普. 社会科学中的整体论思想[M]. 银川:宁夏人民出版社,1988.

2. E. F. 舒马赫. 小的是美好的[M]. 北京:商务印书馆,1984.

3. E. 舒尔曼. 科技文明与人类未来——在哲学深层的挑战[M]. 北京:东方出版社,1995.

4. F. 拉普. 技术科学的思维结构[M]. 长春:吉林人民出版社,1988.

5. F. 拉普. 技术哲学导论[M]. 沈阳:辽宁科学技术出版社,1986.

6. H. W. 刘易斯. 技术与风险[M]. 北京:中国对外翻译出版公司,1994.

7. R. 库姆斯 P. 萨维奥蒂 V. 沃尔什. 经济学与技术进步[M]. 北京:商务印书馆,1989.

8. R. 舍普. 技术帝国[M]. 北京:生活·读书·新知三联书店,1999.

9. W. C. 丹皮尔. 科学史及其与哲学和宗教的关系[M]. 北京:商务印书馆,1975.

10. 爱德华. C. 托尔曼. 动物和人的目的性行为[M]. 杭州:浙江教育出版社,1999.

11. 爱德华·特纳. 技术的报复——墨菲法则和事与愿违[M]. 上海:上海科技教育出版社,1999.

12. 贝尔纳. 历史上的科学[M]. 北京:科学出版社,1959.

13. 贝尔纳·斯蒂格勒. 技术与时间——爱比修斯的过失[M]. 南京:译林出版社,2002.

14. 车铭洲. 现代语言哲学[M]. 成都:四川人民出版社,1989.

15. 陈昌曙 远德玉. 技术选择论[M]. 沈阳:辽宁人民出版社,1990.

16. 陈昌曙. 陈昌曙技术哲学文集[M]. 沈阳:东北大学出版社,2002.

17. 陈昌曙. 技术哲学引论[M]. 北京:科学出版社,1999.

18. 陈凡 张明国. 解析技术——"技术—社会—文化"互动论[M]. 福州:福建人民出版社,2002.

19. 陈凡. 技术社会化引论——一种对技术的社会学研究[M]. 北京:中国人民大学出版社,1995.

20. 陈振明. 法兰克福学派与科学技术哲学[M]. 北京:中国人民大学出版社,1992.

21. 丹尼尔·贝尔. 后工业社会的来临[M]. 北京:商务印书馆,1986.

22. 丹尼尔·贝尔. 资本主义文化矛盾[M]. 北京:生活·读书·新知三联书店,1989.

23. 傅家骥. 技术创新学[M]. 北京:清华大学出版社,1998.

24. 冈特·绍伊博尔德. 海德格尔分析新时代的技术[M]. 北京:中国社会科学出版社,1993.

25. 高亮华. 人文主义视野中的技术[M]. 北京:中国社会科学出版社,1996.

26. 郭贵春. 后现代科学哲学[M]. 长沙:湖南教育出版社,1998.

27. 国家教委社会科学研究与艺术教育司. 自然辩证法概论[M]. 北京:高等教育出版社,1991.

28. 海德格尔. 海德格尔选集[M]. 上海:上海三联书店,1996.

29. 赫伯特 . A. 西蒙. 人工科学[M]. 北京:商务印书馆,1987.

30. 黄顺基. 大杠杆——震撼社会的新技术革命[M]. 济南:山东大学出版社,1985.

31. 纪树立. 科学知识进化论——波普尔科学哲学选集[M]. 北京:三联书店,1987.

32. 杰里米·里夫金. 生物技术世纪——用基因重塑世界[M]. 上海:上海科技教育出版社,2000.

33. 金吾伦. 生成哲学[M]. 保定:河北大学出版社,2000.

34. 卡尔·波普尔. 客观知识[M]. 上海:上海译文出版社,1987.

35. 卡尔·曼海姆. 重建时代的人与社会:现代社会的结构研究[M]. 北京:生活·读书·新知三联书店,2002.

36. 卡尔·米切姆. 技术哲学概论[M]. 天津:天津科学技术出版社,1999.

37. 卡尔·雅斯贝尔斯. 历史的起源和目标[M]. 北京:华夏出版社,1989.

38. 凯文·渥维克. 机器的征程——为什么机器人将统治世界[M]. 呼和浩特：内蒙古人民出版社,1998.

39. 科林伍德. 艺术原理[M]. 北京：中国社会科学出版社,1985.

40. 李伯聪. 工程哲学引论——我造物故我在[M]. 郑州：大象出版社,2002.

41. 李公明. 奴役与抗争——科学与艺术的对话[M]. 南京：江苏人民出版社,2001.

42. 林耀华. 民族学通论[M]. 北京：中央民族大学出版社,1997,410.

43. 刘大椿. 科学活动论 互补方法论[M]. 桂林：广西师范大学大学出版社,2002.

44. 刘杰. 科学的形而上学基础及其现象学的超越[M]. 济南：山东大学出版社,1999.

45. 罗伯特·金·默顿. 十七世纪英格兰的科学、技术与社会[M]. 北京：商务印书馆,2000.

46. 马尔库塞. 单向度的人[M]. 重庆：重庆出版社,1988.

47. 马克斯·韦伯. 新教伦理与资本主义精神[M]. 北京：三联书店,1987.

48. 米歇尔·克罗齐埃. 科层现象[M]. 上海：上海人民出版社,2002.

49. 欧内斯特·内格尔. 科学的结构——科学说明的逻辑问题[M]. 上海：上海译文出版社,2002.

50. 潘天群. 行动科学方法论导论[M]. 北京：中央编译出版社,1999.

51. 皮亚杰. 发生认识论原理[M]. 北京：商务印书馆,1986.

52. 乔瑞金. 马克思技术哲学纲要[M]. 北京：人民出版社,2002.

53. 乔治·巴萨拉. 技术发展简史[M]. 上海：复旦大学出版社,2000.

54. 让—伊夫·戈菲. 技术哲学[M]. 北京：商务印书馆,2000.

55. 舍梅涅夫. 哲学与技术科学[M]. 北京：中国人民大学出版社,1989.

56. 托马斯·库恩. 科学革命的结构[M]. 北京：北京大学出版社,2003.

57. 王滨. 技术创新过程论——对中间试验的哲学探索[M]. 上海：同济大学出版社,2002.

58. 王前. 现代技术的哲学反思[M]. 沈阳：辽宁人民出版社,2003.

59. 王树恩 陈士俊. 科学技术与科学技术创新方法论[M]. 天津：南开大学出版社,2001.

60. 吴国盛. 让科学回归人文[M]. 南京：江苏人民出版社,2003,34.

61. 肖峰. 技术发展的社会形成——一种关联中国实践的 SST 研究[M]. 北

京:人民出版社,1992.

62. 星野芳郎. 未来文明的原点[M]. 哈尔滨:哈尔滨工业大学出版社,1985.

63. 徐长福. 理论思维与工程思维——两种思维方式的僭越与划界[M]. 上海:上海人民出版社,2002.

64. 徐恒醇. 科技美学——理性与情感世界的对话[M]. 西安:陕西人民教育出版社,1997.

65. 尤尔根·哈贝马斯. 作为意识形态的技术与科学[M]. 上海:学林出版社,1999.

66. 远德玉 陈昌曙. 论技术[M]. 沈阳:辽宁科学技术出版社,1986.

67. 约翰·齐曼. 技术创新进化论[M]. 上海:上海科技教育出版社,2002.

68. 张斌. 技术知识论[M]. 北京:中国人民大学出版社,1994.

69. 中国社会科学院自然辩证法研究室. 国外自然科学哲学问题[M]. 北京:中国社会科学出版社,1991.

70. 邹珊刚. 技术与技术哲学[M]. 北京:知识出版社,1987.

英文部分

1. Andrew Feenberg, Questioning Technology (London: Routledge, 1999).

2. Carl Mitcham, Thinking through Technology—the path between Engineering and Philosophy (Chicago: The University of Chicago Press, 1994).

3. David Kipnis, Technology and Power (New York: Springer-Verlag New York Inc, 1989).

4. Don Ihde, Philosophy ofTechnology 1975—1995. Society for Philosophy & Technology, Volume1, No. 1 and 2, Fall 1995.

5. Donald MacKenzie, Judy Wajcman. The Social Shaping of Technology (Open University Press, 1999).

6. Hugh Lacey, Is Science Value Free? ——Values and Scientific Understanding (London: Routledge, 1999).

7. Jacques Ellul, the Technological Society (New York: Random House, 1964).

8. Joseph C. Pitt, New Directions in the Philosophy of Technology (London: Kluwer Academic Publishers, 1995).

9. Langdon Winner, Autonomous Technology: Technics-out-of-control as a Theme in Political (Cambridge, mass.: MIIT Press, 1977).

10. Larry A. Hickman, Technology as a Human Affair (New York: Mcgraw-hill

Publishing Company, 1990).

11. Lewis Mumford, the Myth of the Machine——the pentagon of power (New York: Harcourt Brace Joranovich, Inc. 1970).

12. Lewis Mumford, Technics and Civilization (New York: Harcourt Brace and Company, 1934).

13. Marco Lansiti, Technology Integration——Making Critical Choices in a Dynamic World (Boston: Harvard Business School Press, 1998).

14. Paul Levinson, Mind at Large: Knowing in the Technological Age (London: Jai Press Inc, 1988)

15. Paul T. Durbin, Broad and Narrow Interpretations of Philosophy of Technology (London: Kluwer Academic Publishers, 1990).

16. Sal Restivo, Science, Society, and Values——Toward a Sociology of Objectivity (Bethlehem: Lehigh University Press, 1994).

17. Thomas Soderqvist, The Historiography of Contemporary Science and Technology (Amsterdam: Harwood academic Publishers, 1997).

后 记

记得当我还是一名小学生的时候,“三十不学艺”的古训,就伴随着“好好学习,天天向上”的教诲飘入耳蜗。不过那时涉世不深,对这一古训也只是听听而已,并未入心。只是到了这个年龄,才真正体会到这其中所包含的人生哲理。人到中年,已逐步转变为社会的中坚力量,开始扮演更多的社会角色,承担起更为重大的社会责任,很难再腾出大块时间专门学习或钻研学问。即便是有学习时间,也很难安下心来,做到全神贯注,一心一意。

我是在将届不惑之年开始我的博士生生涯的。带着几丝白发,跋涉数千公里,与比我小十几岁的青年才俊们同窗苦读,心头自然别有一番感慨。“老牛自知夕阳短,不用扬鞭自奋蹄。”对于这一迟到的学习机会,自然是倍感珍惜。勤奋努力,刻苦攻读,自不待言。应当说明的是,这姗姗来迟的读书机会来之不易,其中也带着几分苦涩。

记得有一次,与一位身居地方政府要职的孩提时代的同学,谈起自己正在读哲学博士时,他不禁哑然失笑,俨然是在听一个几个世纪以前的外国黑色幽默故事。这件事对我触动很大,他没有说出的潜台词是:“这把年纪去读书,真是不识时务啊!”但仔细想来,也有几分宽慰。在社会飞速发展、知识更新日趋加快的今天,接受继续教育已是大势所趋,我只是当了追赶这一时代潮流的弄潮儿而已。同时,只有人人都追求自己的价值实现,社会才能丰富多彩,也才能全面健康地发展。如果没有我们这些追求人文价值的莘莘学子的献身精神,中华民族的精神家园将由谁人来守护?未来精神家园的建设将由何人增砖添瓦?

人到中年的社会特征是难以逾越的,各种社会责任常常会分散学习的注意力,责任感与事业心的对立与冲突尤为尖锐。作为人子,必须承担起赡养父母的重任。虽然年逾七旬、满头白发、步履蹒跚的双亲常常叮嘱:“不要挂念家里,安心读书。”但辛劳一生,为我们的成长付出了一切的父母,还能在世间平安地度过多少岁月，怎能不让人牵肠挂肚呢？作为人夫，又必须养家糊口，承担起家庭重担。能让丈夫远离尘世，安心做哲学学问，实在是一位妻子所能做出的最大牺牲。作为人父，又必须承担起教育儿子的义务。不能因为自己的学习与事业追求，而影响到下一代的成长，背上“养子不教父之过”的骂名。作为人师，又必须肩负起教书育人的历史重任。不能因工作马虎而遭受“误人子弟”的谴责。……事实上，在人生舞台上，需要出场扮演的角色何止这些？需要应对的人或事的繁杂与玄机，又岂是寥寥几行文字符号能穷尽得了的？如此下来，常感智穷力竭，分身无术，用于学问的心思自然就被分散了。

还应该提到的就是“耕读”家训之激励。我出生在山陕交界的韩城市，是黄河之水、黄土地的乳汁哺育了我，赋予了我不向命运低头、不媚权贵的倔强性格，塑造了我认真做事、老实做人的行为模式。韩城是中国历史文化名城，文化积淀丰厚，人才辈出。读书人常以史学泰斗司马迁自励。韩城的民居古朴典雅，颇具特色，家家户户的门额上都镌刻有几个醒目的大字，或木雕、或石刻、或砖铸、或瓷制，不一而足。“谦受益”“耕读第”“平为福”“今胜昔”“福居鸿光”“紫气东来”等词条最为常见，它直观地标明了宅院主人的价值观念与人生信念。

我家门额上是砖刻的“耕读第”几个大字，可解释为“耕种与读书之家”。“耕种与读书”之间存在着内在的天然联系和结构相似性，是立身、立家乃至立国之根本。它是祖辈们的价值追求，又在以潜移默化的独特方式影响和引导着后辈们的成长。仔细品来，“耕读”二字的概括十分凝练、精辟，富有诗意，勾勒出了农业文明时代理想的生活画卷。我甚至认为“物质文明与精神文明一起抓”“活到老，学到老”“终身教育”等现代社会观念都可以被它涵括其中。我就是在“耕读”家训的影响下，在人生即将升格为“奔4”型时，踏进中国人民大学校门的，也正是在它的激励下才完成博士生学业的。

我的毕业论文的开题与撰写是在“非典”时期开始的。2003年春，一场突如其来的SARS病毒袭击中华大地，京城灾难尤甚。确诊患者与疑似患者人数节节攀升。为科学技术成就所陶醉的现代人，在自然力的打击面前，其生理、心理与精神的脆弱性暴露无遗。三分之二以上的高校学生“逃离”京城，昔日繁华拥挤的校园一下子变得空旷、萧条起来。这反倒给我们这些坚守校园者，营造了一个难得的钻研学问的氛围。

社会仿佛一下子停止了运转，平日里许多必须做的紧要琐事都被无限期推迟。眼前的时间都完全为自己所拥有和支配，可以在精神家园里静心修炼。然而，肆虐的SARS病毒却给每个人都蒙上了一层阴影。也只有到了这个时候，我才真正体会到处变不惊的坦然心态与应对自若的"定力"有多么重要！也才真正意识到生命与时间有多么宝贵！因为明天你就有可能因感染或怀疑感染SARS病毒而被隔离，甚至因此而被夺去生命。现在想来，如果人人都能把明天作为生命的最后一天，作为被隔离、被确诊的日子来对待，那么工作和学习的效率不知将会提高多少倍？

我对技术哲学问题感兴趣，还是十年以前的事情。有幸在1998年得到国家社会科学基金的支持，才使这一兴趣得以维持。但是远离全国学术中心，信息闭塞，学术朋友难觅。这种学术钻研无异于闭门造车，势必事倍功半，因而萌生了攻读博士的念头。在读博期间，很早就确定了技术哲学的研究方向。然而，选什么样的题目做博士论文，却迟迟拿不定主意。无非是在保守与激进、稳妥与挑战之间徘徊。经过激烈的思想斗争，最后还是确定了这个虽感兴趣，但却比较陌生，且富有挑战性的题目。因此，这一选题是在没有把握的前提下启动的，探究和写作得十分艰辛。起初只有一个笼统的目标，并无深思熟虑、明确细致的撰写提纲。可以说是在边摸索、边思考、边写作中逐步推进的，中间经历了近十次重大调整。

广义技术理念是一个诱人和富有生命力的研究范式，广义技术世界是一个值得深入探究的未知领域。本论文只是对这一选题初步研究成果的总结，属走马观花、浮光掠影式的探索，许多问题还有待于深入细致地钻研。只是到了这个时候，才真正体会到"学无止境"的深邃意境。如果文中所叙述的基本观点能为学术界所认可或得到批判，那将是对我这一年多来辛勤劳作的最大褒奖。

本文是在恩师刘大椿教授的悉心指导下完成的。从论文题目的确定、开题报告的审查、撰写提纲的推敲到初稿的修改，都得到他富有全局性、建设性的指导，受益匪浅。可以说，没有他耐心细致、卓有成效的工作，本论文是难以按期完成的，至少会逊色得多。刘老师身兼数职、工作繁忙，能抽出这么多时间指导和审阅我的论文，实属不易。刘老师道德修养极深，他为人宽厚、谦和，作风严谨而有序；他诲人不倦，大智若愚，境界高尚。刘老师本人就是一本读不完的大部头著作，从他平日的言传身教中，我们悟出了许多人生哲理。三年来，他与师母万老师处处关心我们的学习与生活，使许多同学羡慕不已，传为佳话。

这里必须提到的是，中国人民大学的欧阳志远教授、王鸿生教授、何立松教授、安启念教授、赵总宽教授，在本论文选题方面都提出了许多富有启发性的中肯意见。东北大学的陈凡教授、西南交通大学的陈光教授、何云庵教授、刘军大教授、范怡红教授、王永杰教授，四川省社会科学院的查有梁研究员等多位专家学者，都以不同的方式为本论文的完成提供过帮助。兰州交通大学的张克让教授、骆进仁教授、罗冠伟教授、邵瓘菊教授一直关心本人的生活与学业。特别应当提到的是张克让教授，他代本人指导学生的毕业论文，鼎立支持我爱人的工作，耐心辅导犬子的学习，照料他的饮食。手足之情也不过如此！在求学期间，如果没有他及家人的无私帮助，我是很难完成学业的。

此外，徐治立、刘劲杨、陆秀红、林振玮、陈广仁、雷新强、呼延华、刘永谋、张星昭、邬晓燕等同门师兄弟，都在生活、学习和论文撰写等方面给予了很多帮助。在日常生活、学习和讨论中，郭立东、查常平、周枫、祁润兴、王为民、王贻社、杨维富、董子峰、卫建国、景中强、周立斌、夏鑫等同学都给予我许多启迪和帮助。能与这些富有个性和充满智慧的同学一起学习和生活，实乃人生一大幸事！这里谨向给予过我支持、鼓励和帮助的师长、同事、同学致以崇高的敬意！感谢他们为本论文的完成所付出的一切，愿他们事业有成，生活幸福！

王伯鲁

2004 年 4 月 10 日于北京

补 记

本书是在本人博士论文的基础上修改完成的。在修改过程中，笔者广泛吸收了论文评阅人胡新和教授、刘兵教授、吴延涪教授、欧阳志远教授、王鸿生教授，以及答辩委员金吾伦教授、李伯聪教授、吴彤教授、欧阳志远教授等先生的中肯意见。在此谨对各位学界前辈的指点和鼓励致以诚挚的谢意！

为了能使这一研究成果付梓，我又按照学术著作的格式要求作了部分修改。之所以给本书冠以《技术究竟是什么？》的名称，一是出于市场因素的考虑，以便赢得更多的读者，扩大学术影响；二是学术界以往对技术哲学问题的讨论较多，笔者的研究视角与范式有所不同，以示对技术哲学问题探究的深化；三是这一名称虽然略显宽泛，但与本书内容比较贴切，并不会产生歧义与误解，没有哗众取宠之嫌。

本书初稿曾作为西南交通大学科学技术哲学专业硕士生的"技术哲学导论"课程教材。在教学过程中，何岚、邓杉杉、胥莉、何芬、郑敏、刘利、田小庆等同学都提出了许多宝贵意见，特此致谢！

在本书的出版过程中，得到了西南交通大学出版基金的资助，还得到了科学出版社胡升华、王贻社等有识之士的大力支持，特此鸣谢！

王伯鲁

2005年5月20日于成都